對本書的讚譽

這本書適合的讀者包括軟體品質界的新手與進階人士，內容涵蓋從手動探索測試到建構完整的測試策略等各個面向的軟體品質議題，作者 Gayathri 不僅整理了所有與軟體測試相關的理論精華，並同時附上眾多實務範例，讓讀者可以將書中介紹的工具立即應用在實際的工作上。

—*Bharani Subramaniam*，
Thoughtworks 印度公司技術主管

本書廣泛的涵蓋了軟體測試的策略與模式議題，兼具深度與廣度，各個章節中的實務範例為書中的測試理論構築了堅實的基礎，Gayathri 的書應該出現在所有寫軟體（以及測軟體）的人桌上。

—*Saleem Siddiqui*，
《*Test-Driven Development* 學習手冊》作者

這本書從宏觀的視角帶領我們走進全棧測試的世界，讀者將可以從中學習到在公司內改善軟體測試流程的方法，我將此書推薦給軟體品質工程師、技術專案經理、軟體架構師，不論您手上的專案的規模大小、預算高低、時限長短，這本書都提供了明確的路徑，為我們的測試之路指明了方向。

—*Nigar Akif Movsumova*，
EPAM Systems 軟體工程師

全棧開發（全端開發）指的是在軟體開發工作上所具備的那些技能，而全棧測試則是指與軟體測試相關的那部分事務，其中包括測試的技術、流程、技能，以及任何與增進軟體品質相關的所有事務，而這本來自 Gayathri Mohan 的《全棧測試》完整涵蓋以上提及的所有面向，藉由本書，讀者將能提高軟體產出的品質。

—*Srinivasan Desikan*，客座教授、
《*Software Testing: Principles and Practices*》作者

Gayathri 的書能為團隊帶來測試的全面性觀點，避免讓我們落入瞎子摸象的窘境，讓團隊的每個成員都能藉由測試為彼此帶來正向的回饋，也為整體專案帶來更好的產出以及回報。

—*Neal Ford*，*Thoughtworks* 總監 / 架構師 / *Meme Wrangler*、
《軟體架構：困難部分》作者

全棧測試
交付高品質軟體的實務指南

Full Stack Testing
A Practical Guide for Delivering
High Quality Software

Gayathri Mohan　著

洪國梁　譯

O'REILLY®

目錄

推薦序 .... **xiii**

前言 .... **xv**

第一章   **全棧測試簡介** **1**

      以全棧測試塑造品質 2

      左移測試 4

      十項全棧測試技能 7

      本章要點 10

第二章   **手動探索測試** **11**

      組成元素 13

         探索測試框架 13

         探索某個功能 21

      手動探索測試策略 25

         理解應用 26

         分部探索 27

         階段性重複 29

      演練 29

         API 測試 30

         Web UI 測試 36

觀點：健康的測試環境 42

本章要點 44

第三章　　自動化功能測試 **47**

組成元素 49

　微觀、宏觀測試簡介 49

自動化功能測試策略 54

演練 56

　UI 功能測試 57

　服務測試 75

　單元測試 79

其他測試工具 84

　Pact 84

　Karate 88

　AI/ML 自動化功能測試工具 88

觀點 90

　克服反模式 90

　百分百測試覆蓋！ 92

本章要點 93

第四章　　持續測試 **95**

組成元素 96

　持續測試簡介 96

　CI/CT/CD 流程 97

　準則 101

持續測試策略 102

　好處 107

演練 108

　Git 108

　Jenkins 112

四大關鍵指標 116

本章要點 118

第五章　　資料測試 **119**

　組成元素 120

　　資料庫 122

　　快取 126

　　批次處理系統 127

　　事件串流 128

　資料測試策略 130

　演練 131

　　SQL 132

　　JDBC 137

　　Apache Kafka 與 Zerocode 140

　其他測試工具 149

　　測試容器 149

　　Deequ 150

　本章要點 151

第六章　　視覺測試 **153**

　組成元素 154

　　視覺測試簡介 154

　　專案與商業應用中的情境關鍵 155

　前端測試策略 157

　　單元測試 158

　　整合、元件測試 159

　　快照測試 160

　　功能性 E2E 測試 161

　　視覺測試 161

　　跨瀏覽器測試 162

　　前端性能測試 163

　　可用性測試 164

　演練 164

　　BackstopJS 164

　　Cypress 169

其他測試工具 172

    AI 測試工具 Applitools Eyes 173

    Storybook 174

觀點：視覺測試的挑戰 175

本章要點 175

第七章　安全測試 **177**

組成元素 179

    常見的網路攻擊 180

    STRIDE 威脅模型 182

    應用弱點 184

    威脅模型 187

安全測試策略 194

演練 197

    OWASP Dependency-Check 197

    OWASP ZAP 199

其他測試工具 207

    Snyk IDE 外掛 207

    Talisman 提交檢測 207

    Chrome DevTools 與 Postman 208

觀點：安全是習慣 209

本章要點 210

第八章　性能測試 **211**

後端性能測試組成元素 211

    性能、銷售、週末特賣都是相關的！ 212

    單純的性能目標 213

    性能影響因子 213

    關鍵性能指標 215

    性能測試類型 216

    負載模式類型 217

    性能測試步驟 219

演練 222

   第一步：定義性能指標 222

   第二步：設定測試案例 223

   第三至五步：準備資料、環境、工具 224

   第六步：寫腳本給 JMeter 跑 225

其他測試工具 232

   Gatling 232

   Apache Benchmark 233

前端性能測試組成元素 234

   前端性能影響因子 236

   RAIL 模型 237

   前端性能指標 238

演練 239

   WebPageTest 239

   Lighthouse 242

其他測試工具 245

   PageSpeed Insight 245

   Chrome DevTools 246

性能測試策略 247

本章要點 249

第九章　　**可用性測試** **251**

組成元素 252

   可用性用戶角色 253

   可用性生態 254

   範例：螢幕閱讀器 255

   WCAG 2.0：指導原則與級別 256

   A 級標準 257

   支援可用性的開發框架 260

可用性測試策略 260

   使用情境內的可用性檢查清單 261

   自動化可用性稽核工具 262

手動測試 263

演練 264

    WAVE 265

    Lighthouse 268

    Lighthouse Node 套件 270

其他測試工具 272

    Pally CI Node 套件 272

    Axe-core 273

觀點：可用性文化 273

本章要點 273

第十章　　**跨功能需求測試** **275**

組成元素 276

跨功能測試策略 279

    功能性 280

    使用性 281

    可靠性 282

    性能 283

    可支援性 283

其他跨功能測試方法 284

    混沌工程 284

    架構測試 287

    基礎設施測試 289

    合規測試 291

觀點：讓軟體與時俱進 295

本章要點 295

第十一章　　**行動測試** **297**

組成元素 298

    行動領域介紹 298

    行動應用架構 302

行動測試策略 304

    手動探索測試 306

    自動化功能測試 307

    資料測試 307

    視覺測試 308

    安全測試 308

    性能測試 309

    可用性測試 309

    跨功能需求測試 310

演練 312

    Appium 312

    Appium 視覺測試外掛 319

其他測試工具 323

    Android Studio Database Inspector 323

    性能測試工具 324

    安全測試工具 326

    無障礙功能掃描工具 328

觀點：行動測試金字塔 329

本章要點 329

第十二章   邁出測試之外 **331**

測試的第一性原則 331

    缺陷預防勝於缺陷檢測 332

    同感測試 333

    微觀與宏觀測試 333

    快速回饋 334

    持續回饋 335

    衡量品質指標 335

    品質的關鍵是溝通和合作 337

用軟技能建立品質第一思維 338

結語 339

第十三章　　新興技術測試簡介 **341**

　　AI 與 ML 342

　　　ML 簡介 342

　　　ML 應用測試 344

　　區塊鏈 346

　　　區塊鏈概念簡介 347

　　　區塊鏈應用測試 349

　　IoT 351

　　　IoT 五層架構簡介 352

　　　IoT 應用測試 353

　　AR 和 VR 355

　　　AR/VR 應用測試 356

索引 **358**

推薦序

所謂的*左移*意思是把事務往時間軸的左邊移動，近年來這種超前部署的概念頻繁出現，我們也聽聞左移的重要性，以及它在軟體設計、安全性與測試等面向上的影響，測試越早進行，就越有可能在臭蟲發生的當下就立刻解決它，因此降低了未來需要大幅修正或重構的可能性，並意味著成本與複雜度的降低，而如果是性能測試，我們也可以從性能走勢圖中看出性能瓶頸並加以改善，而無須擔心真實上線後的表現，藉由測試，我們可以從中發掘出架構中的低性能因子，或者是某些造成性能損失的人為失誤。

然而測試左移也就意味著測試當下的軟體還是未完成、施工中的，因此我們需要更強的問題解決能力，為此付出的精力有可能高於於持續測試（continuous testing）所要付出的成本，特別是當自動化測試大量部署之後，一般來說，除了探索測試會以人工進行，大部分的測試最好都盡可能自動化。

實務上要完善一套系統的確有太多的測試必須進行，就如同此書的標題，全棧測試帶給我們的是覆蓋整個系統的測試議題總覽，我們關注系統的性能、UI、API 規約（contract）、E2E（端對端）功能、單元測試、可用性測試等各個面向，但問題是許多人不知道該如何著手進行如此大規模的測試，這也是本書的價值所在，市面上也有許多以測試或敏捷測試為主題的書籍，它們也同樣倡導測試左移，而 Gayathri 的書則更深入探討現代化應用框架下的測試觀點，本書描述了各種層面的測試議題，以及各自適用的測試原則與策略。

本書包含了一系列的動手練習，從中具體展示測試的實際施作方式，儘管練習中的工具可能會隨著時代而淘汰，但這樣的練習依然是相當有價值的，它讓我們知道該如何用適當的工具建構正確的測試類型，讓讀者感受測試具體運行的方式，並且工具提供了對測試進行試驗的可能性，因此儘管工具會迭代更換，但從中學習到的測試策略實踐經驗，才是真正的價值所在。

本書所談及的測試議題相當廣泛，包括靜態測試、資料測試策略、探索測試等等，特別是當代軟體的複雜度越來越高，探索性測試就更顯重要，此外還有一章專門探討安全測試，讓我們知道系統上有哪些可能存在的弱點，可用性測試也是獨立的一個章節，探討的是如何讓系統更簡單易用的方法，特別是針對那些身心障礙人士而言。

對於各種層面的測試，我們都尋求找出其中可能會失誤之處，並且藉由強化測試策略來完善那些失誤，完整的測試策略有助於我們建構出更強健的資訊系統，在這本書中，Gayathri 憑借她豐富的個人經驗，告訴我們該如何將測試落實在各種不同的系統之中，讓軟體從業人員能藉此發展出專業又適切的測試策略，來完善軟體的品質。

—*Rebecca Parsons* 博士
Thoughtworks CTO、《建立演進式系統架構》共同作者

前言

如果您身處軟體產業，不論角色為何，不太可能完全沒碰到一點測試，因為測試是成就一套軟體的必經之路，它融入軟體開發週期的每個階段，隨著數位時代的降臨，人們的生活中充斥大量的應用，或許是網頁或許是手機，如此多元場景下，多維度測試也顯得更為重要。

當我們在檢視軟體測試的種種時，也可以看到它在這幾十年來間的演進，不斷的有新的實踐法則、新的方法、新的框架、新的工具出現，像是手動測試演化成手動探索測試並成為當代測試的基本方法之一，以及自動化測試與 CI/CD 的整合又為測試帶來更大的價值，自動化測試的範圍不僅針對功能性，更涵蓋了跨功能的面向，包括性能、安全性、可靠性等，這些都是當代資訊系統所重視的，也是作為一個高品質資訊系統所必須的，這些也是當代軟體產業把全棧測試視為一門專業的原因，我相信讀者之所以閱讀本書也是為了能提高自身軟體的品質而來，我首先為我們共同的目標致上敬意，並且歡迎您的加入。

為何我寫下此書

首先我想表示的是，在我之外有許多的測試專家也有能力寫出這樣一本專門談測試的書籍，只是他們可能沒有足夠的時間，或者他們並不打算成為一名作者，不論原因為何，因為他們的謙讓才給了我這樣的機會，我也很榮幸能成為此書的作者（但我更希望在我還是新手時就有人寫一本這樣的書，就可以讓我省下大量的精力去查閱、搜尋、測試一大堆的工具和方法，窮盡數年才換來這一身功力。）

在多年的顧問生涯中，我觀察到那些有規劃完善測試策略的團隊大多是成功的，反之缺乏測試策略的團隊大多是失敗的，例如某個團隊只做了 UI E2E 測試，而最終疲於奔命在應付維運工作上，或者是只做了手動測試，最終上線後跑出一大堆當初沒測到的問題，又或者是只做了功能性測試，忽視了非功能性的問題，最終這些團隊都因為不完善的測試策略導致軟體品質低落，對內士氣降低，對外缺乏競爭力，在當代的軟體產業中，還會看到這類只注重單一面向的測試規劃令人感到不可思議。近年來測試已經被視為一項專門的學問，對於上述的現象，我認為是源自市場上缺乏真正懂測試的專家，或許是因為大廠間的人才戰爭導致優秀的人才都被它們納為己用，但我認為擁有正確的知識不只是大廠的專利，更應該散播到每一個地方。

雖然市面的測試工具都已經有各自的教學，但那些教學彼此獨立缺乏連貫性，令人難以整合運用，而對於一些比較專門的測試領域，特別是安全與可用性測試方面，也欠缺較為入門的教材，而此書出版的目的就是作為一本完整的測試資源手冊，讓網頁或手機應用的測試新手都能藉此提升自身的測試技能，往上升級成「高級新手」。

如果您對「高級新手」這個稱號感到好奇，其實這是來自德雷福斯模型（Dreyfus model），這是一個技能學習階段理論的分類模型，它將人們獲取技能的程度分為五個等級：新手、高級新手、勝任者、專家，而本書的目標是透過傳授十種主要的測試技能與實務範例帶領讀者通過前面兩個等級，而對於第三級勝任者而言，得需要更多更廣的實務經驗才有可能到達，我相信這本書會盡可能帶領讀者前往這樣的目標。

誰適合閱讀此書？

本書設定的讀者為測試新手以及想要拓展既有知識的測試專家，也包括任何有沾到測試工作的工程師，例如開發工程師、DevOps 工程師等，他們也都可以透過本書豐富他們對測試的理解，不論角色為何，讀者必須對程式有基本的認識，特別是 Java，本書大部分的練習都是以 Java 撰寫，也有少部分的 JavaScript，如果您是軟體界的新手，那建議先去了解軟體開發流程，不論是敏捷或瀑布式開發流程皆可，有了基本的開發流程知識後再來閱讀本書。

本書導讀

在最開始我們會介紹到所謂的全棧測試，以及說明十種用於確保軟體品質的測試技能，有了基本認識後，後面我們為這十種技能開設獨立的章節講解其中的細節，這些章節都具有相同的構成要素：

- 與該章節主題相關的背景知識會統整於「組成元素」一節，如果您對該章主題不太熟悉，可以透過此部分來建構對其的基本理解，包括該技能的 what、why、與 where，讓您了解該技能是什麼、為什麼、以及用在哪裡。

- 接著會談到該測試技能的應用策略，包括該在哪些場景下應用此測試的議題。

- 後續是實務練習，帶領讀者一步步的以各種工具實踐該測試。

- 此外部分章節還有額外的其他工具或方法的補充，裡面會談到與演練相關的其他工具，或者是能為演練帶來額外效益的補充工具，讓讀者能藉此更加全面掌握該章所要傳達之技能。

- 最後一部分則是我本人的觀點，分享本人過往的經驗與觀察，以及本章要點，回顧此章所談到的重要議題。

經歷完這十章測試技能後，我們會談到測試的第一性原則以及個人所需的軟技能，最後是專為走在潮流前端讀者準備的額外章節，介紹新興應用所需的測試技術，例如 AI/ML、區塊鏈、IoT、AR/VR 等，讓身處前沿應用產業的讀者，也可以從中學習到該領域的測試技術。

本書編排慣例

以下是本書的編排慣例：

斜體字（*Italic*）

　　用於表示新詞彙、URL、email 信箱、檔名、副檔名等。中文以楷體表示。

定寬字（`Constant width`）

　　用於表示程式原始碼，以及在段落內表示程式中的變數、函式、資料庫、資料型態、環境變數、陳述式、關鍵字等與程式相關的元素。

定寬粗體字（**`Constant width bold`**）

　　用於表示命令或應該由用戶輸入的文字。

定寬斜體字（*`Constant width italic`*）

　　用於表示應該被用戶輸入值所取代的字串，或者表示會根據前後文所變化的字串。

這個圖示代表一個提示或建議。

 這個圖示代表一般注意事項。

 這個圖示代表一個警告性說明。

致謝

在我早年的職涯中，從未想像過我會出一本如此成熟的技術書籍，歐萊禮應該也沒想到吧！能夠走上出版的路得歸功於 Thoughtworks 這個充滿啟發、動力、與培育的環境，我非常感謝能與一群可愛又熱情的技術人員和能鼓舞人心的主管們一同共事，在此我想感謝那些在 Thoughtworks 一直以來支持我、了不起的朋友們：Prasanna Pendse，他總是支持身邊的人成就更遠大的目標，從我準備寫書時就支持我一直到最後、Bharani Subramanian，在本書撰寫期間他一直與我緊密合作，他深具啟發性的意見促成了每個章節的形成、Pallavi Vadlamani，她不僅是同事也是我的好友，她也是最早就與我合作的人士之一，並為我檢閱了每一個章節、Satish Viswanathan、Kief Morris、Sriram Narayan、Neal Ford、以及 Sudhir Tiwari，他們都在本書的不同階段給予我無數的支持。這些眾人的智慧與建言的價值對我而言真的是難以衡量，最後我想特別感謝 Rebecca Parsons 博士，她不僅是 Thoughtworks 的 CTO，也是我的學習典範，感謝她為本書所寫的推薦序以及從草稿開始就持續為我檢閱每個章節，對於所有公司同事的巨大付出，我已經不能再奢求什麼了。

在此也要對歐萊禮的夥伴表達感謝：首先要特別感謝 Jill Leonard 和 Melissa Duffield，他們給予我足夠的揮灑空間才讓本書得以出版。也要感謝負責技術校閱的 Chris Northwood、Alexander Tarlinder、Srinivasan Desikan、Saleem Siddiqui、Ian Molyneaux、and Nigar Movsumova，他們仔細檢查了每一個技術細節，讓本書得以傳達最新、最正確的資訊。

我還想表達對於我亦師亦友的 Dhivya Arunagiri 的讚賞和感激，數年來她一直是我自信的來源，在職涯發展上也給了我無數協助，作為朋友，她也是我在疫情期間，家庭事業兩頭燒時的避風港。另外藉此機會也向不斷鼓勵和支持我的爸媽表達我由衷的愛和感激。

最後還要感謝我親愛的老公 Manoj Mahalingam，他也是我人生的靈感、摯友，以及嚮導，沒有他這本書不可能誕生，我想把這本書獻給他和我可愛的女兒 Magathi Manoj，他們在我最忙的這一年多裡，給予了我許多能獨自沉澱心靈與思緒的時間和空間。

說實在的，我真的感到很榮幸身邊有這麼多好的朋友、家人、與同事，非常感謝您們，您們的愛與支持我永遠銘記在心。

第一章

全棧測試簡介

在今日的社會，數位化已是企業不可或缺也是規模增長的一部分，許多企業走在前方引領潮流，而有些則還處於數位轉型的前端。

數位化是企業走向全球化的關鍵要素之一，它能為企業帶來更高的觸及率以及更高的營收，不論是醫療、零售、旅遊、學術、社群、銀行、娛樂，幾乎任何產業都把數位化戰略視為擴大用戶和利潤成長的關鍵之一。

在數位化與現代化的道路上，創新是背後驅動的力量，幾十年來，只有持續創新的企業才能為自己帶來蓬勃的發展，Netflix 是其中典型的例子，Netflix 開始於 1990 年代，最初只是一間線上 DVD 出租店，它們在 2007 年大膽轉向線上影音串流，自此線上影音業務逐漸超越原本的 DVD 出租業務，後來他們也開始自行投資製作一系列 *Netflix Originals* 原創節目，到 2021 年底，Netflix 已是全球最大的線上影音業者（*https://oreil.ly/AyHBL*），在全球擁有超過兩億以上的訂閱用戶。

隨著推動企業創新的需求增長，技術也在持續不斷的向前演進，排隊買票只為了看一場電影、開車出遠門只為了買一樣東西、手寫清單四處找尋只為了採買生活雜貨，這些場景今日都已不復見，科技帶給我們過往不曾有過的便利生活，想要看片在客廳就有影音串流、想要試衣服有虛擬試衣間、想要採購生活雜貨有定期配送服務、想要喝咖啡有聽得懂語音指令的咖啡機，不止這些，還有更多的一切都源自於科技與創新。

隨著科技的快速發展，產品策略也必須更加多元才能滿足不同的用戶需求並藉以維持企業自身的競爭力，這絕對不是建個形象網站就能完事的了，必須有更長遠的眼光，看看 Uber 或 Lyft，它們的叫車服務深入每個管道，可以從網站叫，也可以從 Android 或 iOS 上的應用叫，還可以用 WhatsApp 叫（*https://oreil.ly/1ijA9*），像這樣盡可能覆蓋所有通路的產品策略才有可能讓他們更大、更強，直到超越對手。

創新與多元化讓企業得以接觸到大量用戶，隨之而來的挑戰是如何更進一步擴大規模、營收、與用戶，以 Amazon 為例，已經是產業巨頭的它透過交叉銷售策略更進一步壯大自己，最初的 Amazon 只專注於圖書銷售，而後它的銷售品項一路擴展，從生鮮食品到電子產品、服飾、珠寶等等無所不包，幾乎進軍了每個人日常生活的所有領域。

但為什麼我們要在一本以軟體測試為主題的書談這些呢？因為當前的軟體產業之所以創新的目的，就是為了滿足前述的商業需求，以新技術實現新的產品概念，將其實踐，最後擴展到全球的每個角落，在這樣的過程中，顯然軟體開發團隊是站在最前沿的角色，特別是還要達到所謂的高品質時。在現今競爭激烈的商業環境中，軟體品質已是絲毫不可妥協的，一旦放棄對品質的追求，就相當於參加一場註定會輸的競賽，從過往的案例中屢屢可以證明這一點，例如印度兩大電商巨頭 Snapdeal 和 Flipkart 在 2014 年都為了當時的銷售旺季籌劃多時，備足了糧草，但遺憾的是 Flipkart 卻承受不住「Big Billion Day」湧入的流量而頻頻當機（*https://oreil.ly/C20pD*），不僅損失了許多顧客，更反向壯大了對手，另一個典型的例子是 Yahoo!，儘管它是市場的先行者，但因為忽視搜尋品質的重要性（*https://oreil.ly/CiYDd*），又不重視資安，導致在 2013 年發生有史以來最大規模的資料外洩（*https://oreil.ly/CP5ma*），超過三十億筆的用戶資料外流。以此為鑑，這些案例再再證明了軟體品質的重要性。

類似的案例在全球不斷上演，不論您的產品構想有多厲害，只要軟體品質有問題，唯一的結局只有走向衰敗，而顧客也只會毫不留情的投入對手懷抱。有些時候，面對上市時程的壓力，企業難免對軟體品質有所妥協，但必須謹記，這些妥協最後都會變成隱藏的負債，最好在對手發現以前解決掉這些負債，因此我們可以認定，優良的軟體品質是企業得以長期發展的基石，而優良的軟體來自軟體開發與測試的緊密結合，也來自仔細審視整個架構內的每個細節。為了讓讀者能走入這條軟體測試之道，後續我們將介紹何謂全棧測試，以及在網頁或手機上又是如何做到全棧測試的。

以全棧測試塑造品質

一開始我們先來談談什麼是**軟體品質**，過去我們認為軟體只要沒有蟲就是有品質，但如今大概沒有多少人還是這麼想的了。如果去問用戶什麼是品質，他們多半會說要簡單、要好用、要美觀、要保護隱私、要快、要不斷線；而如果去問企業什麼叫品質，您會聽到要能帶來報酬、要有即時分析、要不停機、不要被供應商綁死、要能擴展、要注重資安、要合規、要一大堆東西，以上種種概括而言都是今日所謂品質的一部分，任何一部分的缺失都意味著品質面的缺陷，這也是為何測試如此重要的原因。

雖然前面提到要達到所謂高品質的要求那麼多又那麼雜，但所幸我們有一系列的工具和方法來幫助我們完成這些任務，這些工具就像是品質路上的橋樑，透過它們我們才得以踏入品質化境，然而對我們而言，更重要的是掌握在開發或測試上運用這些工具的技能，唯有如此才能真入涅槃。本書旨在帶領讀者建立一系列的工具橋樑，以及傳授能成就高品質軟體的那些心法與技能。

概括而言，測試指的是確保應用的行為如所預期的手段，一個成功的測試，需要同時關注宏觀與微觀兩大層面，這與應用本身的粒度密切相關，微觀方面包括測試每個類別內的方法、測試欄位的輸入值、測試紀錄輸出的正確性、測試錯誤碼的正確性等等。而宏觀方面，包括單一功能測試、多功能整合測試、E2E 流程測試等，但測試並不僅於此，還有更多非功能的測試面向：安全性、性能、可用性、易用性等等，這些都是成就一個高品質軟體所必須的要素，以上種種不同規模、不同面向的測試，我們將其概括稱為**全棧測試**！參見圖 1-1，全棧測試涵蓋了影響軟體品質的各個層面（如資料庫層、服務層、UI 層）的測試，以及橫跨整體應用面的測試。

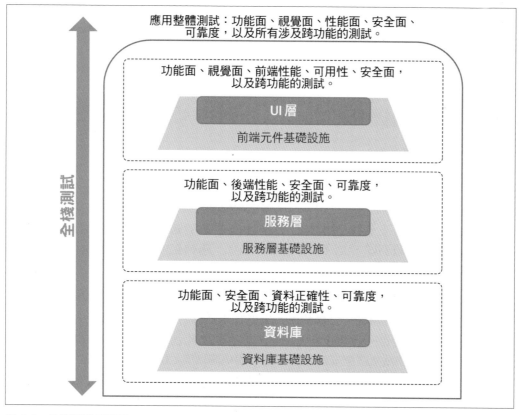

圖 1-1　全棧測試示意圖

在全棧測試的概念下，開發與測試應該是互相依賴的，就好比鐵路兩側的軌道，我們必須同時沿著它們前進才能抵達品質車站，否則脫軌將在所難免。以一個電商系統為例，裡面某個計算總金額的程式，我們既要考量到計算的正確性也要考慮到它的安全性，如果錯失其一，那就好比軌道上的缺口，如果還無意識地在不穩固的基礎上開發，最後的品質必然也是低劣的。想要把測試意識深入人心，必須先擺脫測試是開發後的事的傳統觀念，全棧測試下的測試必須與開發一同進行，並且要成為每個交付週期的一部分，讓團隊能快速取得每個週期的回饋，把測試從傳統的開發後移往開發中，這樣的測試概念我們稱之為**左移測試**（*shift-left testing*），左移測試帶給我們更有品質的產出，它也是本書遵循的關鍵原則。

左移測試

如果我們畫出傳統的軟體開發流程，依序會是需求分析、設計、開發，最後才是測試，如圖 1-2。而左移測試則提倡把測試擺到最前面，這帶來的是更高品質的作品。

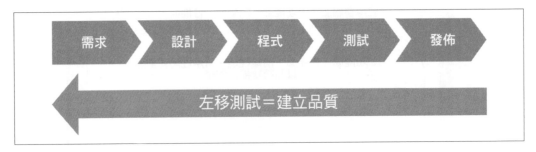

圖 1-2　左移測試

讓我們用蓋房子來比喻，試問把房子全部蓋完才做品質驗收是合理的嗎？如果最後才發現尺寸錯了、承重性不足該怎麼辦？左移測試就是為了避免上述的窘境發生，最好在規劃之初就導入品質測試，並且隨著開發的腳步一路檢查，這樣才可確保最終產品的優良。

伴隨開發過程的持續性品質檢查意味著這是一連串重複迭代的過程，隨著開發進度的推進，檢查的項目也逐個累積，這樣的模式也更有利於引進迭代中的小變動，回到房子的比喻，就好比在蓋完每一道牆後就立即實施檢查，如此就算有什麼問題也可以馬上修正，像這種廣泛的測試工作需要仰賴高度的自動化測試與 CI/CD 機制，程式碼變動後由 CI 發起自動化測試，讓測試腳本週期性的對每次的變動跑一輪測試，如此來確保應用是有被持續測試的，並且相較於耗時耗力的人工測試，自動化測試在各方面也都有成本上的優勢。

回到軟體開發層面，我們試著把左移測試展開到開發流程中，以敏捷開發為例，在開發週期內的各個階段分別施作不同的品質檢查，整理如圖 1-3。

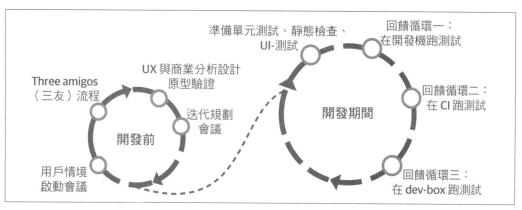

圖 1-3　測試左移概念下的一系列測試項目

圖 1-3 從左邊開始是一系列著手開發前的檢查項目：

- 在分析階段有個被稱為 *three amigos*（三友）流程（*https://oreil.ly/WFABh*）的步驟，此三友乃商業代表、開發、測試員，由此三角色負責彙整一個需求的不同面向，他們給出各自角色上對該需求的洞察，例如某些場景下的極端使用案例、某些沒被注意到的商業要求等等，這是左移測試的第一步，用以確保一個功能需求是經過彼此驗證的。

- 與此同時，商業代表還會與 UX 設計師一同合作對 UI 設計做出初步驗證。

- 當前述兩個測試確認後，就開始迭代規劃會議（*iteration planning meeting*，IPM），用於在每次迭代／衝刺（sprint）前確認情境（user story）和細節，這個場合讓開發團隊內的每位成員，都有再一次確認所有細節的機會。

- 在每次迭代之間，會有新的情境啟動會議（*story kickoff*），此步驟用於討論用戶的需求情境與極端使用案例，但沒有 three amigos 那麼正式，經過此階段，我們可以認定情境已是經過確認的了。

在開發期間，則有下面這些檢查項目，我們可以用這些檢查來得到品質上的回饋：

- 開發者根據使用情境撰寫單元測試，並將測試納入 CI 流程中，此外，程式碼的靜態檢查與分析工具也應納入 CI，讓我們可以取得每次 CI 跑完測試的回饋。

- UI 測試方面，有些人會在開發時就邊寫測試，並納入 CI 流程中，而有些人則會到開發後才寫 UI 測試，這兩種都是常見的做法。

- 在每次提交程式碼前，我們應該在自己的機台上跑一次測試，這是我們得到的第一輪回饋。

- 在提交程式碼後，CI 也會自動在測試環境跑測試（包括單元測試、服務測試、UI 測試等等），這是我們得到的第二輪回饋。

- 第三輪回饋來自 *dev-box* 測試，做法是讓商業代表和測試員在開發者的機台上實際操作實行人工探索性測試，用於快速驗證該次新開發的功能是否如預期。

經過這幾道嚴格的考驗，開發團隊馬上就能取得超過半數以上的品質回饋，反之如果走傳統老路，那就只能在開發後再用人力慢慢的檢測，前述的開發流程也就是測試左移的實踐，讓測試者在開發的各個階段就能取得不同方面的品質結果，而不用等到最後一刻才能驗證功能的正確與否。

因此我們可以說，透過在開發機和 CI 上一輪又一輪的測試，左移測試不僅能防止產品缺陷發生，還有早期發現、早期治療之效，對測試員而言，他們也有更多的機會去檢視軟體各方面的品質問題，確保交付出高品質的產品。

 極限編程（Extreme Programming，XP）是一種融合了左移測試的敏捷開發框架，如果您想親身了解極限編程，在此推薦 Kent Beck 的《Extreme Programming Explained》（Addison-Wesley Professional 出版）

把測試左移的概念並不僅限於功能性測試，也可以應用在安全測試、性能測試等其他測試，以安全測試為例，可以用 Talisman 這類工具，在每次提交前自動掃描程式碼是否有不該出現的密碼、密文，關於這方面的實務演練，在後面的章節我們還會進一步討論。

總體而言，在開發流程中提早納入品質檢測，從原型設計一路驗證到產品需求，開發團隊成員各有其角色，這整個過程具體體現了「品質是團隊責任」（Quality is the team's responsibility）的信念，因此我們也可以說，想交付高品質軟體，全體成員必須得有相關的品質學能！

十項全棧測試技能

過往談到測試,我們多半會將其粗略的分為手動測試、自動測試兩種型式,但隨著時代演進,這種分法就顯得過於籠統,面對網頁和手機應用當道,現在的人們必須學習更新、更多元的測試技能才能滿足當代多元應用的品質要求。圖 1-4 展示了當代所需的十項全棧測試技能。

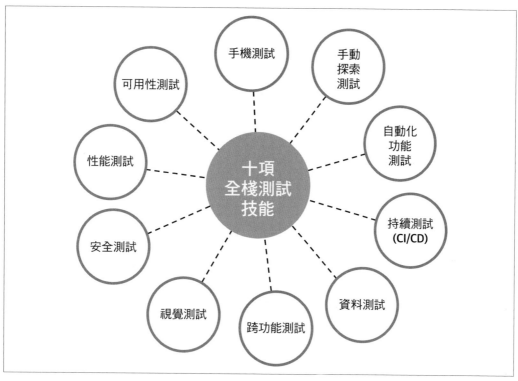

圖 1-4　符合當代網頁、手機應用品質需求的十項全棧測試技能

讓我們看看它們分別是什麼,以及為什麼我們應該學習這些技能:

手動探索測試

首先必須澄清,手動探索測試並非手動測試,手動測試純粹就是拿需求清單一項項檢查,沒有分析的思維,相較之下,探索測試講求的是依照需求的真實情境,在測試環境下進行測試,並從中觀察應用的行為是否如預期。測試者需要具備邏輯和分析思維,對於企圖打造零臭蟲的應用的我們而言,手動探索測試是最為重要的測試,在第 2 章我們會進一步探討各種探索測試的方法。

自動化功能測試

前面提過，自動化功能測試是左移測試的重點所在，自動化測試能大幅節省投入人工測試的精力，尤其是當應用的功能越來越多時自動化更顯效益。簡而言之，所謂的自動化測試就是用程式測程式，測試過程中無須人為介入，自動化測試通常必須借助一些工具來協助我們針對應用的不同層面建構相對的測試程式，然而也必須注意到，自動化測試有一些必須迴避的反模式，我們在第 3 章會進一步探討自動化測試的方方面面。

持續測試

相較於大版次發佈模式，持續交付（continuous delivery，CD）指的是小步伐、快速迭代的交付模式，在商業層面，透過持續交付讓我們可以更早更快獲得收益，並且可以快速驗證產品發展策略在市場的反應，為了達成持續交付，也就必然得透過持續測試來確保每一次交付的品質，而最好的做法就是把測試融入 CI/CD 管線（pipeline）流程中，如此既確保了品質也簡化了測試流程。對於持續測試，需要考慮的是該在哪個階段進行何種測試，這影響到測試與 CI/CD 的整合方式，也影響到我們會何時取得測試報告，關於這些議題，我們會在第 4 章做進一步討論。

資料測試

您可能聽說過「資料就是金錢」或者「資料是新時代的黑金（Data is the new Oil）」，這類說法凸顯了當今資料正確性的重要。如果把用戶資料搞丟或搞錯，無疑地我們將徹底失去他們的信任，在資料測試方面，我們必須了解各種不同的資料儲存與處理機制（如資料庫、快取、事件串流等），並為它們設計適當的測試案例。在第 5 章，我們會討論到資料測試的相關議題，包括當資料在系統元件間傳遞時應當採取的測試方式。

視覺測試

應用外觀與風格的優劣決定了品牌價值的高低，尤其是作為百萬級以上超大型 B2C 企業來說尤為如此，低下的視覺呈現對品牌的傷害也是百萬級的，因此我們有必要驗證應用的視覺讓用戶感受是和諧、愉悅的。在視覺測試方面，需要對 UI 及網頁或手機的人機互動有所理解，視覺測試也是可以自動化的，當然它與功能測試所使用的自動化工具必然有所差異，關於視覺測試化的工具，以及它與功能測試之間的差異，我們會在第 6 章進一步探討。

安全測試

在現今社會，安全漏洞的消息總是三不五時地傳出，連 Facebook 或 Twitter 這樣的巨頭都無法完全避免這類攻擊，只要發生問題，不論對個人或企業，都要付出巨大的代價，代價包括個資的洩漏、法律上的處罰、品牌商譽的損害等等，如今的產業界，安全業務已經是具有一定規模的利基市場，但許多開發團隊的做法還是只在開發的最後階段才進行滲透測試。隨著外部資安風險逐年升高，而具有資安專業的人員又普遍缺乏的情況下，開發團隊自身最好也有基本的安全思維，以及落實基本的安全測試，在第 7 章，我們會談到如何以駭客的角度檢視應用的安全性，以及介紹自動化安全測試工具。

性能測試

對企業來說，即使是微小的性能下降也可能導致巨大的財務和商譽損失，比如我們前面提過的 Flipkart 就是很典型的案例。在性能測試方面，我們會針對應用的不同層面設定幾種關鍵指標（KPI）並加以測試，性能測試同樣可以自動化進行並整合進 CI 管線（pipeline）流程中，納入成為持續測試的一部分。我們會在第 8 章深入討論如何將性能測試左移，以及與之相關的測試工具。

可用性測試

網頁或手機已經是每個人日常生活的一部分，為殘障人士設想應用的可用性不只是為了滿足法規要求，更是基於普世道德價值觀。想要進行可用性測試，必須先了解相關的法律規定或標準，再利用手動或自動化測試機制來驗證應用是否有符合那些標準，在第 9 章我們除了談應用可用性測試方法外，也會談到可用性如何為企業帶來正面效益的議題。

跨功能測試

不論是來自用戶或開發商本身，都有太多的品質面向需要被滿足，包括可用性、擴展性、維護性、觀測性等等，這些品質需求都不僅止於功能面上的追求，這類需求我們統稱為**跨功能需求**（*cross-functional requirements*，*CFRs*）。對大部分人而言，他們的眼光大多只注意到功能面有沒有被滿足，但跨功能面的需求對軟體品質也有著重大影響，這類需求一旦形成缺陷，同樣會喪失用戶的滿意度，也容易導致團隊的失敗，因此跨功能測試也應該是必要的測試之一，在第 10 章我們會進一步探討各種形式的跨功能測試的方法與工具。

 業界也有人把跨功能需求也被稱為非功能需求（*non-functional requirement*，NFR），在第 10 章我們也會談到這兩個詞彙之間的微妙差異。

手機測試

在 2021 年，Google Play 和 Apple App Store 這兩大手機應用商店上架的應用總數有多少呢？答案是嚇死人的 570 萬（*https://oreil.ly/L47MG*），這樣強勢的增長當然是拜手機設備的普及化所賜，數據也呈現相同的趨勢，根據網站分析公司 Global State 公佈的數據，在 2016 年來自手機的使用量就超過了桌機（*https://oreil.ly/mL3YF*），基於以上資料，手機應用與網頁應用對不同設備之間的相容性就尤為重要了。

前面我們已經談過好幾種不同的測試，這些測試在手機端也同樣需要被重視，但不僅如此，還有一些手機端獨有的測試，並且在手機方面的測試也必須從手機的角度去思考與規劃，因此我們針對手機測試開立了一個獨立的章節，在第 11 章，我們將會討論到手機測試與常規測試之間的差異。

以上談到的這十種測試技能，將能使我們覆蓋網頁、手機應用的全方面品質需求，如同我們前面提過的，身處開發團隊的每個人應該都要具備一部分的品質思維與測試技能，而這本書將帶領您一步一步的從實務演練中學習到這些技能。

本章要點

以下為本章要點：

- 當今的軟體品質要求不僅只是功能正常，還包括功能以外的面向（安全、性能、視覺等等），只要某個面向有所缺陷，那就意味著整體品質的下降。

- 全棧測試是面向一款應用的所有品質層面的測試概念，並藉此確保產出高品質的軟體。

- 全棧測試的目標就是交付高品質軟體，為了滿足這樣的目標，我們應該將測試左移，讓測試從需求分析階段就一同展開，並持續與整個開發週期一同進行。

- 全棧測試體現了「品質是團隊責任」的信念，為此我們要求每個人都必須具有品質觀念，並且在各自的角色上為自己的品質把關，並且團隊同仁必須學習相關的測試技能，並加以精進。

- 籠統的自動測試、手動測試二分法已經不足以表示當前多元的測試形式，在本章我們介紹了十種不同的測試，他們都是滿足當代對軟體高品質需求的根基，而在後續的章節中，我們將會一一深入探討它們各自特性。

第二章

手動探索測試

流浪者未必皆迷失。

—*J.R.R. Tolkien*

手動探索測試是需要投注大量心思的工作，測試者必須親自使用一款應用，模擬真實的使用情境，感受它的實際行為，還要去評估某些沒有被明確定義到的特性是否符合品質標準，在探索測試的過程中，常會發現到一些當初沒有被設想到的操作動線，也很常會挖掘到使用上的臭蟲，對測試者來說，找到新動線或隱藏的臭蟲的確會帶來一種微妙的成就感，因為這證明了他具有足夠敏銳的洞察力以及駕馭一個複雜系統的能力。

一般來說，探索測試的測試環境會事先做完應用部署，而後測試員會在測試環境內模擬各種真實的使用情境，並同時觀察應用的各項行為，也會檢視資料庫、服務、背景程序等系統元件的狀態，確保它們在各種流程下的正確性。這裡的手動探索測試並不同於以往傳統的手動測試，傳統手動測試僅只是先定義一份來自需求文件或用戶情境的檢查清單，再透過人手機械般的去一項項的執行確認而已，在傳統的手動測試作業中，並不要求測試者具有主動分析與挖掘的能力，而手動探索測試除了確認那些有被定義的已知規格外，還需要測試者有能力自行探索其他未被明確定義的部分。

有些人忽視了兩種手動測試之間的差異，也低估了探索背後的價值，他們認為反正事前對用戶情境的分析已經相當詳盡了，只要照分析給出的規格開發，再跑自動化測試（詳見第3章）一一檢查，應該就不需要再靠人力探索了吧！但他們沒注意到的是那些分析、情境都是站在應用的業務面出發，並且開發者在實現那些規格時更著重在單一功能的微觀視角內，缺乏從用戶、宏觀的視角去檢視一款應用的實際狀況，如果沒有探索測試，可能沒有人能察覺到系統元件之間的整合問題，又或者也不能發現到某條操作動線走不下去的問題，而手動探索測試恰恰好可以補足這一部分的落差。

探索測試同時從業務需求、技術細節、用戶需求三個面向檢視應用，去挑戰這三個面向上所有被認定為 *true* 的部分，其中一種最佳實踐是唯有在那些從探索測試挖掘到的新動線、新案例也都被列入自動化測試範圍內，並且測試通過後，才將一個新功能視為完工。

對於探索測試的施行，並不一定要找專人負責，雖然有專人負責的話更好，他會有更豐富的經驗，更能滿足這項工作對分析與洞察力的需求，進而有更好的測試結果，但如果受限於成本或人力，也可以在每一次的迭代中由團隊成員輪流負責探索測試的工作，他們也可以藉此培養出探索測試的技能，並對自身的工作產生正向的回饋。

如果您正好就是有心為自己加點探索測試技能的人，那本章就是為您準備的。在本章我們會談到有哪些工具可以協助我們規劃或施行探索測試，而本章的演練會聚焦在探索 UI 和 API 的實務練習，此外我們也會提到一些有助於我們維持測試環境健康的實務法則，唯有健全的測試環境才是奠定成功探索測試的基石。

通用術語

以下是本章會見到的一些術語：

- **特性**或**功能**，表示應用提供給用戶的價值，例如登入的價值是能為用戶提供基本的安全。

- **操作動線**，表示用戶透過應用操作的一連串功能，並透過操作這些功能來獲取對用戶有意義的價值，同樣以登入為例，用戶必須先輸入他的帳密再按登入，這就是登入的動線。

- **測試案例**，表示用於測試功能是否如預期的一系列行為，例如測試輸入有效的帳密驗證正常登入，又或者輸入無效的帳密，驗證是否有錯誤訊息及其內容，它們都是測試案例，前者是正向的測試案例，確認功能能夠正確的為人所用；後者是負向的測試案例，確認功能有阻擋無效的登入，以及給出適當的提示，對於追求一個功能的完整測試，正向、負向的行為都應該被檢測與驗證。

- **極端案例**，表示那些很少發生、只為了某些極端情況下準備的測試案例。

組成元素

下面讓我們一一檢視八個探索測試框架以及它們的使用範例，最後則是探索測試的實務演練。

探索測試框架

探索測試框架的目的，是協助我們將心裡的規劃直觀的落實到應用上，利用測試框架將測試目標解構成較小的模塊，讓測試範圍變得明確而清晰。舉例來說，常見到的數字輸入框就是我們測試的目標，與其自行任意設想各種可能的值去測它，更好的做法是利用框架協助我們歸納出幾個有代表性的值來做測試，同樣的方式也可以應用在範圍更大的業務邏輯上面，利用框架協助我們定義出幾套不同的測試動線與案例，類似的應用我們會在後面的範例中一一帶到。

在第一個範例中，用戶需要在網頁中輸入所得，如圖 2-1，之後便會算出該戶所要負擔的稅金，並且在圖 2-1 右邊我們還可以看到有一個稅率級距表。

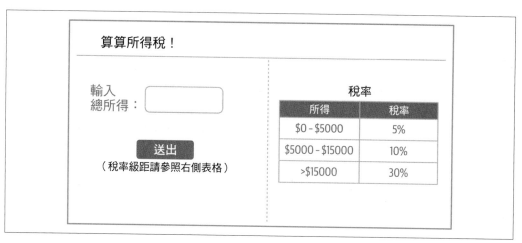

圖 2-1　簡單的所得稅計算器範例

想要驗證這個計算器的正確與否，我們可以分別測試它對正負值輸入的反應，當然所謂的收入指的一定是某個大於 0 的數字，但為了要做到正負兩方向的測試，我們先暫時忽略常理上的定義。下面介紹兩種測試框架來幫助我們完成測試值域的設定，分別是等價劃分（equivalence class partitioning）和邊值分析（boundary value analysis）。

等價劃分

等價劃分的基礎概念是依照輸入值產出的結果或被處理的方式，將輸入值劃分成特定的幾個群組，之後我們就只需要針對每個群組設定一個具有代表性的測試值，用測試值去做一次測試即可，避免陷入對所有輸入值做無限窮舉般的測試輪迴。

以上述所得稅計算器為例，嘗試套用等價劃分原則，第一類最直接的劃分就是根據稅率級距分為三組，分別是：[0 – 5000]、[5001 – 15000]、[>15000] 這三者，我們將其稱為**等價類別**（*equivalence classes*），意即只要輸入值屬於其中一個類別，那這些輸入值都會被同一套規則去處理，所以針對這個案例，我們只要為每個類別各準備一個代表性的測試值即可，例如 2,000、10,000、20,000，就足以涵蓋到所有正向的測試了，當然吃飽了閒著想要多測一點也沒問題。除了正向測試，等價劃分也適用於負向測試，以常理判斷，負向測試的值會至少會有 [負數]、[文字]、[符號] 等等，同樣地，只要從這三類中各取一個值就能代表該類的所有負向測試值了。

等價劃分不僅適用於探索測試，也很適合用在單元測試（詳見第 3 章），它也不只用來劃分數值，也可以用來對應用中其他種類的測試值做劃分，例如時間（某某事件發生前、發生後）、系統內部狀態等等。

邊值分析

以等價劃分法為基礎，取出每個分類的邊界值再另外做測試的方法就是邊值分析，這些邊界值有助於我們找到應用中的錯誤狀況，因為凡是邊界，在程式碼中的定義與邏輯很有可能是不正確的。在前述的稅率案例中，所得低於 5,000 的稅率是 5%，所得介於 5,000 至 15,000 的稅率是 10%，而所得超過 15,000 的稅率則是 30%，但是它們之間的界線其實是模糊不清的，如果所得剛好是 5,000，那該適用哪個稅率呢？如果所得剛好是 15,000，又該適用哪個稅率呢？像這樣的情況我們就可以以邊界分析法將這些邊界值納入測試中，藉此確認應用是否有正確的計算這些邊界值。

讓我們來對稅金計算器實際演練看看，首先第一個類別 [0 – 5000] 有 0 及 5,000 兩個邊界值，但依照邏輯而論，所得為 0 不可能還要繳所得稅，所以我們將其拆分成 [0] 及 [1 – 5000] 兩個類別，以及把每個類別中重疊的數字拆開，就會得到以下這些邊界值：[0、1、5000、5001、15000、15001]，整理如圖 2-2。

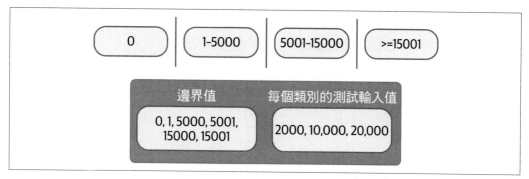

圖 2-2　等價類別與邊值條件

如圖所示，儘管我們目前只把這兩種方法用於測試，但分析後的測試值域也可用於開發與交付時的驗證，讓分析成果為團隊帶來更多的效益。

透過等價類別與邊值分析，我們得以精簡測試值的範圍，只需要幾個有代表性的值就可以涵蓋全部的情況，還包括正向和負向的測試。目前為止我們的範例還很簡單，只有單個輸入框，接著我們開始看到多輸入框等更複雜的案例，如登入畫面，最典型的情況就是兩個輸入框，一個輸入 email，另一個輸入密碼，我們下面會討論到這個情境下的狀態轉移（state transition）、決策表（decision table）、因果圖（cause-effect graphing）等幾種不同的邏輯視覺化工具，並示範如何利用它們理清一個功能的邏輯關係。

狀態轉移

狀態轉移用於協助我們處理會根據輸入值的歷史而改變應用行為的測試，以登入為例，有可能在用戶第一次與第二次登入失敗時應用給出錯誤提示，但如果是第三次登入失敗，那可能就直接鎖帳號了，根據這樣的行為，我們可以畫出樹狀的狀態轉移圖來協助我們理清應用的狀態變化，如圖 2-3。在狀態樹中，我們用節點表示應用的每一個狀態，而操作又會讓狀態改變，改變後的狀態則列為前一個狀態的子節點，並在線段上標示觸發狀態改變之行為或事件。

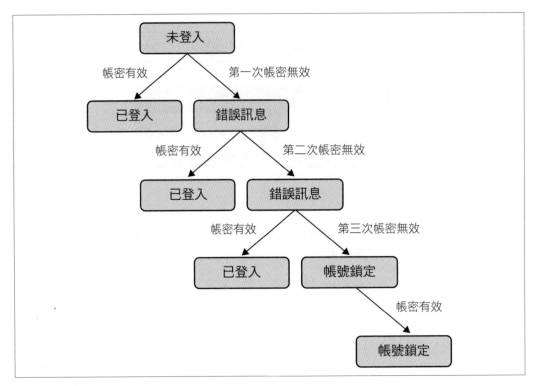

圖 2-3　登入畫面的狀態轉移樹狀圖

整理出這樣的樹狀圖後，就可以明白的呈現出每個測試案例開始時是什麼狀態，那些行為又會觸發怎樣的狀態改變，讓應用的行為更加一目瞭然。此外，有了狀態圖後，也讓我們得以感知到測試的複雜度，也更好評估這一個測試需要耗費多少的時間或精力，這些資訊都有助於我們在規劃階段對工作的衡量。

實際上還有更多更複雜的狀態轉移案例，例如訂單管理系統，裡面的訂單會有已付款、待處理、已出貨、取消、已到貨等等諸多狀態，像這樣複雜的情況就更需要把狀態和行為的關係圖整理出來，才能讓人更好的明白這一個功能。

決策表

如果輸入值之間有邏輯上的關聯性（如 AND、OR 等等），我們可以用決策表來整理它們的關係，只要在動手測試前事先整理好，就可以節省非常多的測試時間，我們不需要像無頭蒼蠅般在螢幕前亂填亂試，只要根據決策表整理出來的組合就可以有條理的一一測試。延續登入的例子，email 和密碼兩者是 AND 的關係，意即兩者必須皆為正確才可登入，這個場景下整理出來的決策表見表 2-1。

表 2-1　登入畫面的決策表

決策表		測試案例 1	測試案例 2	測試案例 3	測試案例 4
條件	Email	True	False	False	True
	密碼	False	True	False	True
行動	登入	-	-	-	True
	錯誤訊息	True	True	True	-

同樣地，整理出來的決策表也可以讓我們知道哪些測試是必要的，哪些是不必要的，例如表格中的案例 3 就是可以省略的，因為在案例 1 和案例 2 中已經能夠驗證 email 或密碼錯誤的情況，因此案例 3 中兩者皆錯的情況就可以跳過了。

因果圖

因果圖是另一種將多重輸入與產出之間的邏輯具象化的方法，因果圖能讓我們綜覽功能的邏輯全貌，也很適合在分析階段使用。因果圖也可以轉換成決策表以及相對的測試組合。圖 2-4 為登入範例的因果圖。

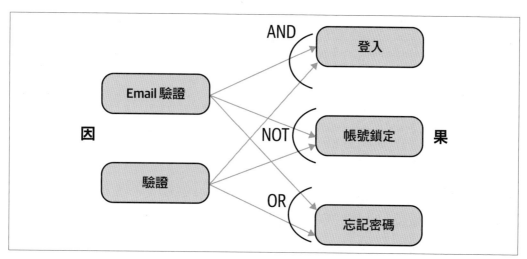

圖 2-4　登入畫面的因果圖

因果圖的左邊為因，右邊為果，中間則是因果之間的邏輯關係線和邏輯標示。

目前為止我們已經見過幾種不同的工具，它們可以幫我們制定測試的輸入值、理清多重輸入值之間的關係，後面我們要再介紹另外兩個工具，用於幫助我們處理獨立的變數以及大資料集的狀況。

成對測試

在很多場合我們都會遇到有多個輸入值的應用，想要在測試中管理好它們有點麻煩，這裡我們介紹成對測試（pairwise testing），又稱為全對測試（all-pairs testing），在碰到結果會被多個值影響的情境中，它能幫我們精簡所需要的測試組合，下面我們用案例來示範這個方法。

假設有某個需要填入三個值的表單，分別為：作業系統、製造商、螢幕解析度，其中作業系統可能是 Android 或 Windows，製造商可能是 Samsung、Google、Oppo，螢幕解析度可能是低、中、高，把以上三種參數排列組合，會得到 2 * 3 * 3 = 18 種可能的測試組合，如表 2-2。

表 2-2　使用成對測試前的 18 套測試組合

測試案例	裝置	螢幕解析度	作業系統
1	Samsung	低	Android
2	Samsung	中	Android
3	Samsung	高	Android
4	Google	低	Android
5	Google	中	Android
6	Google	高	Android
7	Oppo	低	Android
8	Oppo	中	Android
9	Oppo	高	Android
10	Samsung	低	Windows
11	Samsung	中	Windows
12	Samsung	高	Windows
13	Google	低	Windows
14	Google	中	Windows
15	Google	高	Windows
16	Oppo	低	Windows

測試案例	裝置	螢幕解析度	作業系統
17	Oppo	中	Windows
18	Oppo	高	Windows

成對測試的概念是，如果這幾種值之間的關係是彼此獨立的，那麼每一對裡面只要測試一個輸入值就夠了，經過精簡之後原本 18 套測試案例只剩下 9 套，見表 2-3。

表 2-3　使用成對測試後的 9 套測試組合

測試案例	裝置	螢幕解析度	作業系統
1	Oppo	低	Android
2	Samsung	低	Windows
3	Google	低	Android
4	Oppo	中	Windows
5	Samsung	中	Android
6	Google	中	Windows
7	Oppo	高	Android
8	Samsung	高	Windows
9	Google	高	Android / Windows

精簡化的表格去掉了許多重複的對，像是 [Google、中] 和 [Google、Windows] 這兩對都只剩下一個測試案例做代表。

抽樣

到目前為止，我們的範例都只有少量的參數，大多可以被我們的腦袋瓜消化，不需要動用什麼抽樣工具，但如果我們要測試的是一個大的資料集的話該怎麼辦呢？例如某個遷移到新系統的保險系統，我們必須測試那些經年累月的舊資料在新系統跑出來的結果是不是正確的，像這種情況前面介紹的幾種工具好像都幫不上忙，例如等價類別，每張保單的承保年齡、保費、合約期限、甚至資料欄位都不一樣，也因此難以分出等價類別，同樣的因為數據太分散，成對測試也派不上用場，像這種情況我們會就會用抽樣方法來解決。

抽樣方法適用於任何連續並且數據量大的資料，從一大群母體數據中取出一些小的子集，而我們的測試工作只要針對抽樣後的子集施作即可，如圖 2-5 所示。抽樣的方法可以是隨機抽樣或依特定標準抽樣。

圖 2-5　從母體數據集中隨機抽樣或依特定標準抽樣

隨機抽樣就是從母體數據中挑出若干任意樣本再加以測試，例如母體樣本有一千個保戶，那我們可以從中隨機挑出五十至一百個保戶，再去驗證他們在舊系統與新系統之間的資料正確性。而另一種依標準抽樣則會事先制定抽樣的標準，例如保戶的年紀、合約期限（加保年數）、付款方式、職業等，或者是保單的付款區間、保費等，設定條件後再加以抽樣，也可以更進一步對抽樣模型進行比例分配，使抽出的樣本子集具有和母體相同的統計分配模式，子集就具有與母體相近的統計特性，而數據量又小得多。

相較於之前介紹的方法都有一些現成的規則可循，最後我們要介紹一種更注重測試者的分析與邏輯性思考能力的方法，讓我們看下去。

錯誤猜測法

錯誤猜測根據的是過往的經驗，例如串接的問題、輸入驗證的問題、極端案例的問題等等，這些曾經遭遇過的問題當然也可以合理懷疑會再次發生，除了這些過往的問題外，還可以根據自身對應用與邏輯的理解來預估那些地方也比較有可能會出問題，透過不斷的經驗累積與思考，能大大提升我們對探索測試技能的掌握。

以下是筆者過往經驗中歸納出的幾種常見問題：

- 忘記處理無效值或空白值，並缺乏適當的錯誤提示讓用戶去更正。

- 資料驗證後，或者某些邏輯處理完畢後沒有回傳正確的 HTTP 狀態碼。（在第 30 頁〈API 測試〉有相關案例）

- 沒有處理到某些領域、資料型態、狀態等的邊界條件。

- 沒有在前端 UI 顯示來自後端的問題訊息，例如服務斷線、逾時等。

- 前端 UI 在做轉場過渡效果或換頁時的問題（如抖動或殘像）。

- 誤用 SQL 的 like 和 equals，導致查詢結果完全錯誤。

- 忘記清除快取或沒有定義 session 的有效時間。

- 當用戶按上一頁時讓前端又送出重複的請求。

- 忘記檢查來自不同 OS 的副檔名。

面對種種可能發生問題之處，我們可以用本章介紹的八種探索性測試方法來建構出我們的探索程序，賦予測試更大的意義，雖然我們只以輸入框做範例，但這些方法完全可以使用在應用的任何層面，絕不只有輸入框。學習了這麼多功夫，在前往實務演練之前，讓我們談談所謂的功能探索到底是什麼。

探索某個功能

假設您正在針對某個電商系統的下單功能做探索測試，您該怎麼進行呢？為了回答這個問題，這一節我們會介紹四種適用於各類應用的探索方向，這四個面向乃探索測試的四個基本要素，如圖 2-6。

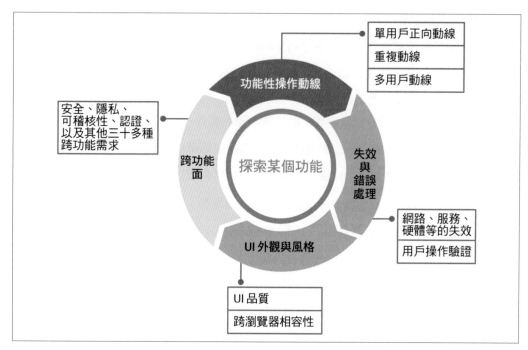

圖 2-6　探索測試的四個基本面向

功能性操作動線

功能性操作動線表示用戶在應用內的使用旅程，例如登入、搜尋商品、加入購物車、填寫送貨地址、選擇出貨方式、付款結帳，以及確認訂單成立等等，這就是一個典型的單用戶正向操作動線，像這樣典型的動線應該是最要優先被確認的，在探索測試的過程中我們可以嘗試不同的地址、付款方式、出貨方式、商品組合等等，確保整個購物流程都是沒問題的。

在探索測試的過程中，您可能會發現到前面介紹的方法中有派的上用場的，例如在檢測營業稅的計算正確性時，就可能用到等價劃分和邊值分析，又或者在驗證出貨方式和地址的組合關係中，哪個地址有哪些出貨方式這方面，也可以用狀態樹來幫我們排列出要跑的測試組合。在這些單人、正向動線的測試都沒問題後，我們可以開始測試另外兩種稍有變化的動線：

重複動線

用戶經常在應用中重複某些特定的操作（或者部分的操作），像是反覆查找商品、反覆把商品加入購物車，但我們的測試通常只會做一次，因為我們假設只要做一次沒問題，重複做也會沒問題，但實際上這個假設不一定是對的，舉例來說，同樣一件商品被重複加入購物車，此時 UI 應該給出提示，表示該商品已在購物車內，並詢問是否要增加數量，因此重複動線的測試是必須的。

多用戶動線

一個在單一用戶操作時正常的功能，並不表示在多用戶同時操作時也會正常，我們必須考慮到衝突的問題，當兩個用戶的操作彼此互相衝突時應用必須有所處理，這點對於多人即時性系統來說相當重要，例如最後一個庫存商品同時被兩個用戶加入購物車，像這樣的情況應該怎麼辦呢？

總結以上，功能性操作動線測試是探索測試的首要測試目標，而其中又可細分為幾種不同的變體，有最基本的單用戶正向動線測試，以及衍伸的重複操作動線測試和多用戶動線測試等。

失效與錯誤處理

回顧本章最開頭提到，所謂的探索測試就是親身去測試一款應用，了解它在各種真實情境下的實際行為，上面這段詮釋中有兩個重點可以用來表達探索測試的根本意旨：**親身測試與真實情境**，而既然情境是真實的，那不可避免的會有故障的問題，預期到故障的發生以及處理也是測試的工作之一，舉例來說，網路有可能故障，導致用戶收不到回應，網路也有可能延遲，導致用戶感到卡頓，硬體也有可能故障，導致應用掛點，以上種種可能的故障，也都是在探索測試期間必須要觀測的。

除了以上談到的網路、服務、硬體故障，用戶也會做出錯誤的操作，對於一個功能而言，所謂的完整是必須把這些錯誤狀況的處理機制也考慮到才算完整，以下單功能為例，就會需要檢測許多驗證機制，像是之前範例中的登入頁有 email、密碼驗證，商品搜尋框也會有字元有效性驗證、商品存在與否等驗證，其他像是送貨地址、付款資訊、加入購物車等等也都各有其驗證機制。

探索測試應該將重點放在識別出可能發生的故障和錯誤處理機制上，當錯誤發生時，應用應該以通俗的語句，告知用戶錯誤為何以及建議的更正方式。

UI 外觀與風格

UI 是用戶最直觀感受的部分，品質當然不能有所妥協，因此 UI 也是探索測試的一大重點。以下訂單為例：與 UI 有關的測試包括地址欄的寬度，要確保容得下較長的地址（而非短到只能看得見幾個字，也不要長到超出螢幕），也包括商品圖片的畫質優劣，也要確認到用戶在任何一個瀏覽器都可以滑順的使用我們的應用，如果某些頁面需要長一點的讀取時間，那應該以載入中圖示表示讀取狀態等等。關於 UI 測試的更多細節我們會在第 6 章再次談到。

跨功能面

每個功能除了功能本身，也都還有非功能的那一面，包括安全、性能、可用性、認證、授權、可稽核性、隱私等等，這些也都是探索測試中需要被關注的面向，其中幾個較為重要者，在本書中另有專門的章節講解，而此處我們先以下訂單功能為例，簡單認識一下這些跨功能需求，以及在測試時我們檢測的重點。

安全

以下單功能來說，可能有一些惡意用戶會在某些文字框插入 SQL 語句，試圖駭進系統，對於這類攻擊，我們應該在最前面就把它擋掉。再舉一個與安全相關的例子，用戶的信用卡資訊不可以以明文儲存到資料庫，也不應該出現在系統紀錄（log）內，這樣才能確保就算資料流出，信用卡資訊依然不會洩漏，其他完整的安全面議題會在第 7 章再次談到。

隱私

在沒有經過用戶明確同意前，不應該儲存他們的個資，包括信用卡資訊、地址等，此外，用戶應該要被明確告知他們的那些資料會被蒐集，以及會被送往哪些第三方服務做後續的分析、處理，另外也應該要遵守所在國家的隱私權法規，關於隱私權的其他部分，在第 10 章會再談到。

認證／授權

目前大多數網站都有認證機制，因此認證相關的測試也是一定要有的，認證的測試項目包括單一登入、多因素認證、認證有效期限、帳號鎖定、解鎖等，也要測試登入前後的功能差異，例如未登入的用戶只能瀏覽，但無法下單。

與認證相關的是授權，有的系統是以角色（如管理員、客戶經理）定義權限（如編輯訂單），再賦予每個帳號不同角色，像這樣的授權模型也要經過測試角色與權限的正確與否，包括單一帳號多角色時的權限正確性、對角色添加權限後的行為正確性、以及當某帳號跑去執行他沒權限的操作時，系統的行為正確性等等。

關於非功能面的測試，此處所提僅是冰山一角，在第 10 章我們會談到三十多種非功能面需求以及它們的測試方法。

在本節中，我們談到探索測試的四個大面向，這四大面向涵蓋了一款應用的絕大部分，然而如果在著手測試的當下，又察覺到一些超出這四大範圍的其他想法或測試案例，那請務必要把它們記下來，等到手邊工作告一段落之後再來好好的測它一測，為測試走出新方向。

手動探索測試策略

對於手動探索測試策略規劃請見圖 2-7，圖中呈現了至今我們所有談到關於探索測試的主題以及團隊的執行流程，我們可以從圖中巨觀的看到探索測試的概要，這張圖也可以做為我們執行規劃時的參考，下面讓我們從圓外向圓心出發，逐一探索每個過程吧。

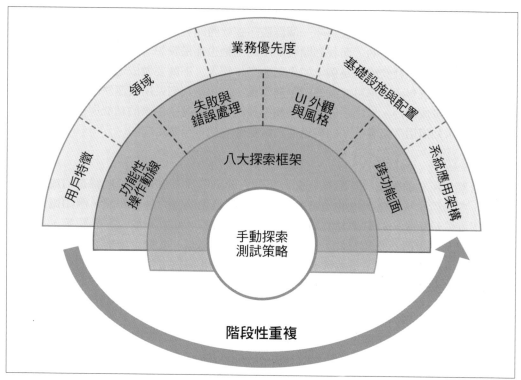

圖 2-7　手動探索測試策略

理解應用

圖中半圓的最外圍表示應用的五個基本層面的認知，這些基本認知是我們在測試前應該要先了解的，但除了這些事前的認知外，別忘了探索測試也注重那些在測試過程中的發現。

 有時候人們會分不清楚探索測試和猴子測試（*monkey testing*），猴子測試是一種刻意不事先了解應用，以零知識為前提，對應用做的隨機輸入測試，而探索測試與之相反，它注重的是事先對應用的深入理解，並在探索與測試中追求對未知部分的挖掘。

以下是我們所需要了解的五大基本領域的介紹：

用戶角色

用戶角色（persona）（*https://oreil.ly/QtpCm*）指的是終端用戶的群體特性，那些具有類似特性的用戶會被我們視為同一個群體，在軟體開發過程中，角色的確立應該是在立案之初就已經決定的，而我們開發應用的主軸也都是設想著如何為他們服務、解決他們的問題。以社交網站為例，如果對象是年輕人，那就要做成他們偏愛的華麗風，如果對象是成年人，那可能就要改走簡潔風，這也是我們做所有測試的主要前提，我們必須化身成用戶，以用戶的視角去觸摸及感受一款應用帶來的功能與體驗，對測試者來說，知道用戶是誰，並能夠以他的觀點做測試是至關重要的。

領域

對於應用所在的領域，不論是社交、運輸、健康等等，都有該領域特有的流程、程序、專業術語、行話，這些也是做測試之前必須先搞懂的基本知識，例如電商就是個很好的例子，一張訂單建立時會經歷一系列流程：建立、成立、確認等，這過程中會涉及好幾個不同的單位，有負責管理庫存的倉庫、有從倉庫配送的物流、有負責供貨進倉的供應商，這些涉及多單位的應用，若測試者沒有該領域的相關知識，也就很難實施有效的探索測試，他也因此很難達成任務。

業務優先度

試想這樣一個場景，某系統的業務首要目標是搭建一個具有擴充性（extensibility）和擴展性（scalability）的平台（*https://oreil.ly/dEd9N*），面對如此巨大的願景，測試時如果還只關注功能對不對、外觀美不美，顯然是不夠的，巨大的願景必須要有宏觀的視野，測試員的眼光應該也拉高到「平台」，去檢視哪邊的服務和 UI 過度耦合，哪邊的服務又應該被整合等等，用更大的格局去測試、去探索。

基礎設施與配置

前面我們提到過，探索測試就是模擬真實情境去實際使用一款應用，在探索這些正負向的場景時，如果能知道元件的部署位置或配置參數等技術資料，將會對測試有更好的成效，舉例來說，後端服務可能有單位時間內能被存取的最大值，也就是所謂的**速率限制**（*https://oreil.ly/TYa3z*），在有速率限制的情況下，測試時也必須觀察當存取數超過限制時應用的行為。如果我們知道服務與資料庫的部署配置（部署在單機或以多機部署）、速率限制、API 閘道設定值等等技術面參數的話，那對我們的測試工作會有巨大的助益。

應用架構

越了解應用背後的架構，越有助於我們深入探索一款應用，舉例來說，如果架構是前後端分離的，那要測的就不只是前端 UI，也要測後端 API（詳見第 30 頁〈API 測試〉一節），或者如果架構是走事件串流的（詳見第 5 章），那確認其異步通訊的正常與否就相當重要了，這些對架構的理解都有助於我們開拓測試的深度，不只測表面的功能，還包括內部元件、資料流、外部串接、錯誤處理等等，本書後面的章節也會陸續談到與架構相關的測試主題。

以上所談及的五個領域，只要測試者能加以理解，就能真正的深入探索測試的奧義。

然而如果這些讓您感到頭大，特別是欠缺比較技術層面的基礎設施、應用架構的知識的話，也不用擔心，我們完全可以從功能面的角度出發，再透過問「為什麼」來逐步深化自己對應用的理解。

分部探索

往下進入圖 2-7 的下一層，我們開始探索應用的幾個部分。

在 James Bach 於 2003 年的論文《Exploratory Testing Explained》（*https://oreil.ly/B7jaO*）中，他是這麼定義探索測試的：「同時學習、設計測試和執行測試」，這樣的論點到今天依然適用，直白的說，探索測試就是我們在應用內做出一系列操作，並且觀察應用給出的反應是否正確，同時又逐步增進自己對應用的理解，再將理解回饋到探索測試工作上，像這樣的工作需要一顆極度專注的腦袋，才能在每一次的工作迭代中逐漸深入分析我們的應用，想要真的深度投入一項工作，對人腦的工作模式來說，最好的方式是從小範圍開始，因此我們會把應用解構成幾個部分，一次掌握一點，直到全部攻克！這裡所謂解構的分部可以是前面討論過的幾個認知面向，或是由其衍生出的其他部分，可以是功能面的，像是使用動線，也可以是跨功能面的，像是安全等等。

每個部分都有其探索之路徑，路徑間或有交錯、或有分支，既深且廣的路網讓我們難以靠直覺就能深入每條路徑的最末端一探究竟，此時我們可以利用心智圖[1]幫我們把每一個部分和其子部整理成有結構的圖表，如圖 2-8，整理後的心智圖也可以與同事共享成果。

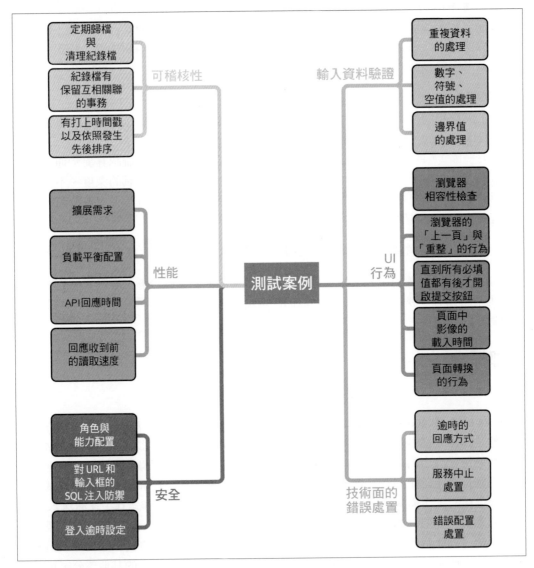

圖 2-8　探索測試心智圖

1　心智圖是一種將一個核心概念及其子系分支以樹狀圖繪製表現的圖表形式，有許多工具可以協助製作，例如 Coggle（*https://coggle.it*）或 XMind（*https://www.xmind.net*）。

除了以心智圖將應用解構之外，我們還需要搭配圖 2-7 中下一層的八大探索框架，依照前面介紹過的範例，舉一反三來進行分部探索。

階段性重複

探索測試不是一次性的，它是持續的行動，每當有新的程式碼、新的功能、新的串接，應用的部分特性也隨之改變，因此就需要再次跑測試。我們把測試認定為持續性的工作，而非一次之功，這有助於我們去合理設定每次迭代的測試範圍。以敏捷開發為例，有些團隊會跑所謂的 *dev-box* 測試，該測試模式是讓商業代表和測試員一起在開發機上針對剛做完的新功能做探索測試，在這個階段，有限的時間內，我們可以把測試的範圍限定在只針對正向動線、資料驗證機制、UI 外觀與風格三者，而在更後面的階段才會跑較完整的操作動線探索測試，例如把跨瀏覽器測試納入、把跨功能需求納入等等。還有另外一種敏捷團隊會舉辦所謂的**捕蟲大會**（*bug bash*），玩法是在特定的日子讓開發小組的每個人都集中火力一起挖掘臭蟲，經過一輪掃蕩與修正後，之後在發佈前的測試我們就可以專注在那些性能、可靠性、擴展性等跨功能需求就好，再概略性的走一遍正向動線、檢查一下串接的問題即可。總體而言，永遠要提前規劃開發週期中各階段的探索性測試計畫，如此將有助於團隊獲得持續性的反饋，並讓產品也獲得持續性的改善。

探索是有機的行為，因此我們可能會在探索的途中發現不在計畫中的新路線，這可能導致花費在測試的時間超出預期，因此對於時程的安排，我們應該預期這樣的非預期事件，或者對於那些新發現，我們可以先把它記下，留待下次測試或捕蟲大會時再來處理。

最後在此回顧本章談及的探索測試策略，在著手行動之前，首先要認識測試對象，然後寫下測試的規劃與方向，之後隨著開發進度的進行，在每一次的迭代中針對該次的重點進行深度探索，並將測試結果回饋給同仁。

演練

至目前為止我們已經談了許多測試的方法與策略，而真正想把這些工具落實到測試工作上，還需要具備多一點功夫，例如想要看資料庫就要會 SQL（詳見第 5 章），想要玩 API 就要用 Postman，這些工具的運用會隨著本書的進度逐步帶給大家，而在本章的演練部分，將會著重在 API 與 UI 的探索測試上。

API 測試

應用程式介面，或直呼其英文縮寫 API（*https://oreil.ly/jNiSY*），是系統間串接機制的統稱，我們把系統內的複雜度隱藏起來，透過對外公開的介面讓外部系統能以 HTTP 協定與其交換 XML、JSON、文字訊息，藉此達到系統間通訊的目的。目前主流的 API 通訊標準有 SOAP 和 REST，而其中 RESTful API 又較 SOAP 更為流行，有些舊系統還不惜將 SOAP 退場，重新寫套 REST API 取而代之。為了讓讀者更了解 REST API，我們用電商當範例來解釋，圖 2-9 是某套電商的架構圖，其中有 REST API 層有三個服務（訂單、認證、客服），還有 UI 層、資料庫等。

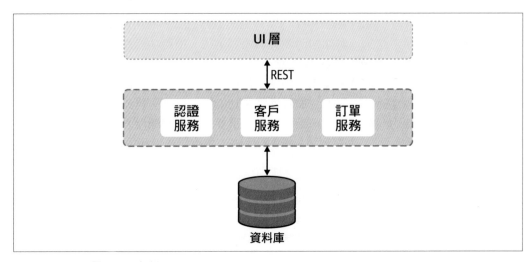

圖 2-9　簡易的電商 API 架構

其中每個服務都負責系統中的一項業務，例如訂單服務就負責訂單管理（建立、更新、刪除），而客戶服務當然就是負責管理與用戶相關的業務，這種依照業務劃分的 API 設計模式讓前端 UI 或其他服務能更好的與之串接，他們只要根據當前用戶所需去與相對應的 API 服務通訊，就可以取得所需的資訊。

 如圖 2-9 所示的架構模式稱為服務導向架構（*service-oriented architecture*，*SOA*），概念是對外提供的每支 API 服務都有其各自負責的領域。

回到實務演練的範例上，以在電商網站下單為例，見範例 2-1，前端 UI 會送出一個建立訂單的請求到訂單服務，並附上該筆訂單的資訊，訂單服務收到請求後，會開始處理該筆訂單，並將處理後的結果回覆給前端 UI，在類似這樣的情境中，我們將前端 UI 稱為客戶端。

範例 2-1 　簡單的 REST API 請求與回應

```
// 請求

POST method: http://eCommerce.com/orders/new
{
  "name":"V-Neck Tshirt",
  "sku":"ABCD1234",
  "color":"Red",
  "size":"M"
}

// 回應

Status Code: 200 OK
Response Body:
{
  "Msg": "successfully created",
  "ID": "Order1234227891"
}
```

在範例 2-1 中，我們可以看到前端是以 HTTP 的 POST 方法把請求發送給 /orders/new 這支 API，這裡的 POST 方法一般來說就是用於創建某種紀錄，而另一個 GET 方法則是用於取得某些資訊，例如說取得某人的訂單清單，除此之外還有其他的 HTTP 方法，像是 PUT、DELETE 等等，它們分別用於更新和刪除某個紀錄。在本例中請求的內容主體是建立一筆訂單的 JSON 格式的資料，有品名、單品碼（stock-keeping unit，SKU）、顏色、尺寸等等，而其中該有哪些欄位則必須遵守 API 服務端的定義，我們將此規範稱為 API 規約（API contract），如果客戶端沒有依照規約發送請求，那 API 服務端將不會處理該筆請求。

在回應部分同樣有其規約：必須有狀態碼表示請求成功或失敗，也有可能附上回應主體給出更多資訊。在範例 2-1 中，狀態碼為 200 OK，表示請求 OK，後續的訊息主體也給出了「successfully created」及附帶一組訂單 ID 資訊，這樣的訊息交換模式我們稱為同步式（synchronously）模式，意即前端 UI 在發送請求後會等到收到回應後才進行下一步動作，例如跳轉到訂單確認頁面。

在認識 API 的工作方式之後，您可能會有疑問：從前端就可以測到 API 了，為什麼還要另外針對 API 做測試？簡單來說，因為我們把 API 認定為一個獨立的產品，所以也要有自己的測試，說得完整一點，因為一款應用主要的商業邏輯和驗證都由 API 後面的系統元件負責，這讓 API 成為一款具有重用性的獨立產品，不同的內外部元件都可透過 API 互相串接，舉例來說，這個電商網站也可以再開發一套手機購物應用，並呼叫相同的訂單 API 來建立訂單，或者另外建一個獨立的客服網站，也是呼叫那一支客服 API 來處理業務，甚至他們可能做到電商以外的生意，也還是可以呼叫那一支認證 API 來實現新網站的登入功能，基於上述的理由，在高度數位化的現代，既然 API 被視為獨立的產品，那也當然要有獨立的測試。

在對 API 做探索測試時，除了主要的商業邏輯外，還要注意到以下面向：

請求規約驗證

必須驗證收到的請求內容是否符合規約定義，如果有惡意的攻擊者發出偽造的訂單請求，訂單服務應該將其拒絕。

認證

基於安全的理由，大多數的 API 都是需要通過身分認證才能使用的，認證機制有許多種，可以是在請求標頭內附加 token（通常是一段加密過的字串），在測試時也務必要確認到認證機制的有效性。

權限

API 會給予不同的權限給客戶端，例如只有管理員有權力更改訂單，一般的顧客則只能檢視訂單。

向後相容性

有時候隨著產品的演進，API 規約也會隨之變動，但仍有可能有部分客戶端依舊在使用原本的 API，此時新舊版 API 就必須同時存在才能保證那些舊版 API 的客戶端能如常運作，而測試時也要確認新舊版的 API 皆可如常使用。

HTTP 狀態碼

回應的狀態碼應該符合真實的狀況，表 2-4 列出一些常用的狀態碼。

表 2-4　常用的 HTTP 狀態碼及其涵義

狀態碼	涵義
200 OK	表示 GET、PUT、POST 的請求成功
201 Created	表示已建立新的物件，例如訂單
400 Bad Request	表示請求格式不正確
401 Unauthorized	表示該請求不被允許，客戶端應該附上授權證明再發送請求
403 Forbidden	表示該請求內容有效，也有認證，但該用戶不被允許取得指定的資源或頁面
404 Not Found	表示請求的資源不存在
500 Internal Server Error	表示情求內容有效，但由於服務端內部的問題而無法處理
503 Service Unavailable	表示服務端目前無法使用（例如正處於維護中）

在對 API 進行探索測試時，我們也會用輔助工具，下面是一些常用工具的介紹。

Postman

Postman（*https://www.postman.com*）是一款常用於 API 測試的軟體，它的桌機版是免費使用的，網頁版也有免費的方案，此處簡單介紹桌機版的使用：

1. 至 Postman 網站（*https://www.postman.com/downloads*）下載安裝。

2. 開啟 Postman，選 New → HTTP Request，會開啟新的請求畫面。

3. 到 Google 搜尋「exploratory testing」，把結果頁的 URL 複製貼到 Postman 的 URL 欄位，如圖 2-10，注意到 Postman 會自動把 HTTP 方法設為 GET。

4. 您可以看到 Postman 幫我們把 URL 後面的查詢參數自動帶進 Params 頁籤內，其中的參數 q 的值顯示為 exploratory+testing，我們可以填入不同的值來獲得不同的搜尋結果。

5. 按下 Send 紐送出請求。

6. 所收到的狀態碼、標頭、內容主體、cookie，都在下方各自的面板中，如圖 2-10。

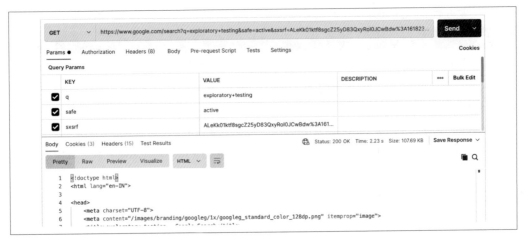

圖 2-10　用 Postman 發出請求及驗證回應

在本範例中，收到的回應是 HTML，如果我們按下 Preview 鈕，就可以看到與瀏覽器呈現的相同的搜尋結果頁，而在大多數的 API 應用中，我們會收到的是 JSON，就如之前的範例 2-1 所示，由前端 UI 把 JSON 解析後再呈現為給終端用戶的網頁。

這裡 Google 搜尋的示例是以 GET 發出請求的例子，如果是 POST 請求的話也是類似的用法：從 HTTP 方法下拉選單中選擇 POST，在 URL 欄位輸入請求的 API 網址，在 Body 頁籤輸入請求的內容主體，按下 Send，就可以收到回應了，如果想要練習的話，Any API（*https://any-api.com*）蒐集了多達一千四百個以上的公開 API 可以自行嘗試。

 Postman 預設會把我們的工作區儲存到雲端，讓我們可以在不同的電腦同步這些工作區（*https://oreil.ly/Yl5v9*），但是要記得確認這樣的同步行為有沒有違反與客戶的保密協議，或者違反公司的資安政策。

除了發送請求外，Postman 還有許多與 API 相關的功能，主要有這些：

- 在 Authorization 頁籤可以附加認證資訊，可以故意用無效的認證發送請求，測試 API 對其處置方式。

- 同樣地，Cookie 頁籤（在 Send 鈕下方）也可以附加 cookie，隨請求一同發出。

- Postman 會幫我們計算從請求發送到收到回應的時間，此時間位於狀態碼之旁，參照圖 2-10，這可以讓我們很方便的得知目前服務端的性能表現，或者驗證不同的請求是否會影響回應的快慢。

- 除了手動建立請求外，也可以直接匯入 Swagger、OpenAPI 等 API 描述文件，Postman 會自動解讀其中的 API 端點。

除了一般的 REST API 外，Postman 也支援 GraphQL 和 SOAP 的測試。

WireMock

WireMock（*http://wiremock.org*）是用於建立 *stub* 的工具，所謂的 stub 是用來模擬真實系統元件的仿品，stub 特別適合用在具有多重串接的複雜系統中，測試這類系統時，可能有部分周邊元件尚未完備，如此只要 stub 具有和真實元件相同的行為、遵守相同的 API 規約，就可以用 stub 代替它們，讓我們得以在部分周邊元件不齊全的情況下也能測試整個系統。Stub 會模仿真實元件的行為，接收請求並給出事先設定好的回應，如此只要事先設定好一些正向和負向的回應，那我們就可以測試了，當然，因為有一部分功能是假的，所以在那些功能真正完工後，務必還是要對完工的元件再次測試確認。

> 在系統內初次設置 stub 服務時可能需要靠 DevOps 或開發工程師幫忙，但之後如果是抽換 stub 的回應內容就要靠測試人員自己了，他必須能根據自身的測試需求去變更其設定，此處的演練也是為此而準備的。

讓我們拿前面的電商範例來說明 WireMock 的使用方式，假設我們已經知道支付服務的後端端點為 /makePayment，也知道它的請求與回應格式，如此即使尚未真正與支付服務進行串接，也可以透過設置該端點的 stub 讓我們得以對其進行正向與負向的測試，步驟如下：

1. 從 WireMock 網站（*https://oreil.ly/qsBOh*）下載 WireMock JAR 檔案。

2. 開啟終端機，執行下面命令，請根據手上的 JAR 版號自行變更命令內容：

   ```
   $ java -jar wiremock-jre8-standalone-x.x.x.jar
   ```

   執行後 WireMock 就會啟動，在 8080 埠提供服務。

3. 我們想要建立一個假端點 /makePayment，其規約如範例 2-2 所示。我們可以利用 Postman 送一個 POST 請求到 *http://localhost:8080/__admin/mappings/new*（在 Postman 開一個新的請求視窗，把 HTTP 方法設為 Post，在 URL 輸入前述網址，在 Body 頁籤選「raw」，下方貼上範例 2-2 之內容）。

範例 2-2　在 WireMock 建立的簡單 stub

```
{
    "request": {
        "method": "POST",
        "url": "/makePayment"
    },
    "response": {
        "status": 200,
        "body": "Payment Successful"
    }
}
```

4. 現在來確認一下剛剛建立的 stub 有沒有成功，發送另外一個 POST 請求到 *http://localhost:8080/makePayment*，我們應該會收到狀態碼為 200 OK 的回應，並且內容為「Payment Successful」，就如同我們建立時設定的，現在這個假的 API 就可以拿來模擬付款功能了，前端 UI 可以拿這 stub 來測試付款成功後的行為是否有如預期跳到訂單確認頁。

5. 現在來改一下 stub，讓它模擬請求失敗的回應，把範例 2-2 回應的部分改為下面的內容，然後再次發送 Post 請求到 */mappings/new*。

```
"response": {
    "status": 401,
    "body": "Payment Unauthorized"
}
```

回到前端測試這邊，當發送一筆無效的付款請求時，收到失敗的回應應該顯示相對的錯誤訊息予用戶。

您還可以做出更多與之類似的其他測試案例（例如無效的請求、後端服務中止等等的情境），並設定對的狀態碼及回應內容，就可以觀察前端對於各種狀況的處理邏輯是否正確。如同以上所展示的，stub 提供的假 API，可以讓我們即便在真正的 API 還不存在就可以對前端特性做探索測試。

接著我們就來談談前端 UI 的探索測試工具。

Web UI 測試

本節介紹三種基本的 Web UI 測試工具：瀏覽器、Bug Magnet、Chrome DevTools。

瀏覽器

測前端最主要也最重要的工具當然就是瀏覽器了，對於要測到哪些瀏覽器，最佳實踐為至少應該覆蓋 85% 的用戶，在本書撰寫的當下，根據 gs.statcounter（*https://gs.statcounter.com*）的全球統計數據，Chrome 大約佔有 64.5% 的市場，其次是 Safari 的 18.8%，然後是 Edge 的 4.05%、Firefox 的 3.4%，最後是 Samsung Internet 的 2.8%，根據這些數據，我們確定至少要測過 Chrome 和 Safari，但第三順位經常由 Edge 和 Firefox 互相交替，所以建議是兩個都要測，這幾個瀏覽器都可以在多數的作業系統中安裝使用。

 有時候也有必要去測一些比較老舊的瀏覽器，像是 Internet Explorer 11 或是 Edge Legacy，雖然微軟已經正式終止對它們的支援，如果真的有需要的話，可以下載 Windows VM（*https://oreil.ly/IOUWS*）在裡面測試。

除了在自己電腦裝這些瀏覽器之外，也可以改用專門的瀏覽器測試服務，像是 BrowserStack（*https://www.browserstack.com*）和 Sauce Labs（*https://saucelabs.com*）都有在雲端提供多家、多版本的瀏覽器供我們使用，使用方式也非常簡單：付費訂閱（或者先試用），登入它們的平台，選擇想要的瀏覽器及版本，開始測試。

Quick Launch							
Android	89 Latest	11 Latest	87 Latest	89 Latest	75 Latest	14.12 Latest	5.1 Latest
iOS	90 Beta	10	88 Beta	90 Beta	76 Dev		5
Windows	91 Dev	9	86	91 Dev	74		4
10	88	8	85	88	73		
8.1	87		84	87	72		
8	86		83	86	71		
7	85		82	85	70		
XP	84		81	84	69		
Mac +	83		80	83	68		
	81		79	81	67		
	1 more		77 more	66 more	58 more		

圖 2-11　BrowserStack 以及與其類似的服務都能讓我們自由的選用各種作業系統及瀏覽器來跑測試

對於組織內部的應用，BrowserStack 也提供本地使用的方案（*https://oreil.ly/6DLat*），讓我們可以在內部的 QA 環境（quality assurance environment，品質保證環境）或 staging 環境（生產前環境）跑它們的多瀏覽器服務，這樣的服務值不值得付費就看我們的測試需求有多複雜了，如果真的要測到那麼多瀏覽器的話，還是頗有價值的。

Bug Magnet

Bug Magnet（*https://bugmagnet.org*）是 Chrome 和 Firefox 的插件，它可以讓我們很方便的測試出各種極限案例，它內建一大堆常用的輸入值，讓我們可以直接選用填入文字框來測試各種正常值和異常值的處置狀況，用來確認探索測試中的那些測試項目清單很有效率，下面是它的使用介紹：

1. 在 Chrome 中安裝 Bug Magnet（*https://oreil.ly/5sbqz*）。

2. 打開 Google（*https://www.google.com*），在搜尋框按右鍵。

3. 如圖 2-12，在右鍵選單中可以看到 Bug Magnet，它提供一大堆各式各樣的輸入值供我們選用，例如想用人名的話，選 Names → Name Length，再選其中一個特別長的人名，該人名就會被輸進搜尋框了，如果是我們自己的應用，而且有檢查人名長度的話，那此時應該要跳出相對的錯誤訊息。

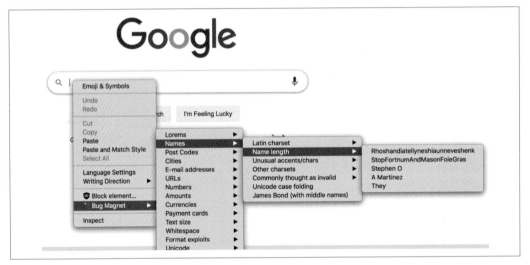

圖 2-12　利用 Bug Magnet 在手動探索測試中協助我們填入各種值

 對於測試值的列舉，除了 Bug Magnet 外，也有別人蒐集探索測時所需要考量到的各種案例（*https://oreil.ly/O29Em*），我們可以用這些輔助工具來建構我們的測試案例，這類小工具對新手來說特別實用。

Chrome DevTools

Chrome DevTools（*https://oreil.ly/T0rlU*）就像馬蓋仙的瑞士刀，它是多功能的網頁開發工具箱，裡面的工具五花八門，有的可以在我們的探索測試和性能測試幫得上忙，本書後面也會陸續提到 Chrome DevTools 的其他工具，在此我們先簡單認識一下它的用法：

1. 開啟 Chrome 瀏覽器，搜尋「exploratory testing」。

2. 在結果頁上按右鍵，選擇「檢查」，Chrome DevTools 視窗就會開出來，或者我們也可以按快捷鍵叫出 Chrome DevTools，如果是 macOS，按 Cmd-Option-C 或 Cmd-Option-I；如果是 Windows，則是按 Shift-Ctrl-J。

開起來之後，有許多頁籤，下面介紹一些目前比較會用到的功能：

查看頁面錯誤

如圖 2-13，在主控台（Console）頁籤會顯示當前頁面的錯誤，一般來說正常的網頁不應該有任何錯誤，所以在做測試時，可以先來這邊看一下頁面是不是本來就有問題，此外，如果在探索測試過程中發現哪裡怪怪的，也可以先來這邊看一下是不是有錯誤噴出，例如有圖片掉圖就可以來看一下，如果有錯誤的話，可以在寫問題報告的時候把這裡的資訊附上。

圖 2-13　主控台（Console）頁籤會顯示網頁的錯誤訊息

查看網頁發出的請求數量

有時候由於某些邏輯錯誤，網頁會發出異常大量的請求打向 API（*https://oreil.ly/wUswC*），這些巨量請求會造成電腦卡頓，我們可以在「網路」（Network）頁籤的最左下角看到網頁總共發出了幾次請求。

模擬新用戶

當我們重複訪問頁面時，一部分的資源（例如圖片）會被瀏覽器快取，如果在開發期間圖片有被更換過的話，我們可能因為快取的關係會以為還是放著舊圖片，在「網路」（Network）頁籤可以勾選「停用快取」，停用之後再重整頁面就可以看到新的圖片了，另外此功能也可以用來模擬初次訪問的行為，可用來測試我們的應用對新用戶的感受。

慢速網路下的應用行為

想要測試低速網路下的行為與用戶感受，也可以在「網路」（Network）頁籤設定，如圖 2-4，在「停用快取」旁的下拉選單可以調整節流設定，讓我們模擬各種網速下的應用感受，選定節流速度之後，一樣把快取關掉，重整頁面，就會看到如圖 2-4 那樣，有一系列的載入過程截圖，可以很直觀的感受到在網速的限制下網頁載入的每一步，如果是要測試離線狀態下的 PWA（progressive web app，漸進式網頁應用）（見第 11 章），那也可以在此把節流設為離線來驗證離線後的功能。

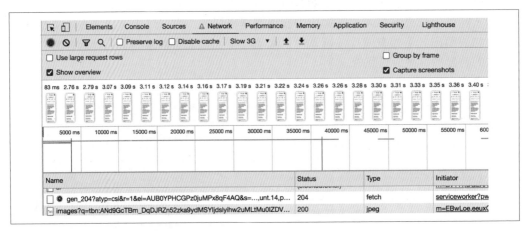

圖 2-14　網路（Network）頁籤的節流效果

查看前後端互動

「網路」（Network）頁籤可以看到完整的網路去回的所有資訊，包括前端打了哪些 API、請求與回應的標頭（含認證 token）、查詢參數、回應等各式各樣前後端來來回回的內容，參照圖 2-15。

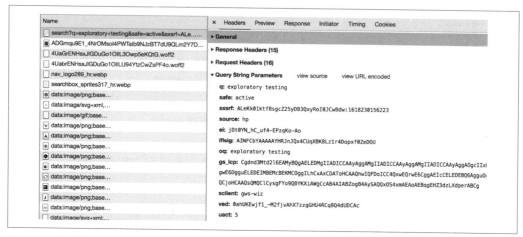

圖 2-15　請求與回應的詳細資訊

這些請求、回應的資訊對探索測試也是很有用的，我們可以看看前端 UI 有沒有正確的擷取用戶的輸入值、有沒有正確的把值送出，有沒有送到正確的 API 端點，此外，也可以看看收到各種不同的回應值時，前端的行為正不正常，像是如果受到某個品項的 404 狀態，前端應該要在頁面上呈現出「物件不存在」這樣的訊息。

查看服務斷線時的行為

如果想要測一些故障的案例，也可以故意封掉一些網址來看看應用的行為，像是前面搜尋「exploratory testing」的頁面，從「網路」（Network）頁籤對第一張圖片按右鍵，選「封鎖要求網址」，重整頁面後，那張圖片應該就掉圖了，這種用法很適合拿來測試服務掛點時前端的行為，而且不用真的去剪網路線。

查看 Cookie

Cookie 一般是用來存放一些登入相關的資訊，如圖 2-16 所示，「應用程式」（Application）頁籤可以檢視該網站所有的 cookie，也可以編輯 cookie 的值，我們可以利用這個工具在測試時依個案需求直接改掉 cookie，並看看應用的行為為何。

圖 2-16　「應用程式」（Application）頁籤可以檢視、編輯、刪除 cookie

如果想了解更多 Chrome DevTools 有哪些功能，可以去看其官方網站（*https://oreil.ly/ J34ry*）的介紹。

在學習那麼多功夫和工具之後，總算可以開始進場把 API 和 UI 測它一測了，但是進場之前還有最後一個不可錯過的重要主題：維持健康的測試環境，讓我們進入下一節。

觀點：健康的測試環境

測試環境就像一個能讓測試員在裡面任意玩耍的遊樂場，如果沒有適當的維護，將會影響到測試的工作及產出，下面我們列出幾種常見維護測試環境的觀點、它們的影響，以及應對的思考：

共享或專屬的測試環境

對於大型團隊，常見的作法是建立一個測試環境，由內部的多個小組共享，但此種模式限制了探索測試的可能性，測試者可能得受制於其他小組而難以自在的探索，例如他想讓某個服務斷開一下就還要先去問問別人，或者更糟一點，別的小組直接要求他先不要動，等誰誰先搞定什麼什麼再說，這一等可能就是幾天甚至幾週，因此對於測試環境的建置，最好還是每個小組都有自己可以掌控的、專屬的測試環境，或者將某些系統子元件交由一個小組完全負責，這才能讓測試者在其中不受限制的任意探索把玩。

健康的部署模式

一旦有了專屬的環境，建議關掉 CD 自動化部署改用手動觸發部署，避免測試員建立的配置文件被自動部署覆蓋掉。在 CI 方面，管線（pipeline）流程應該設計成只給通過自動化測試的組建版本前進到部署階段，這樣才能確保在進行探索測試時，測試環境有基本的穩定性，不會被那些不應該出現的問題卡住。在第 4 章我們會更進一步談到相關的 CI 及部署策略。

此外，測試環境應該盡可能和生產環境有相似的配置，包括相同的防火牆配置、相同的元件分層架構、相同的流量限制等等，如此才能正確的進行前面提過的故障測試。

健康的測試資料

身為一位探索測試人員，他有責任備妥所需要的測試資料，測試資料的準備應該遵循一定的做法，以確保不會偏離該次測試的主要目的。當針對一個新功能進行探索測試時，要注意到準備好相關測試資料與配置文件，應避免用到過期、失效的資料，為了防止這樣的情況，我們會建議每當要跑一個新的情境測試前，一定要重新建置應用（建置過程應該會清掉所有舊資料及配置文件，確保拿到的是最新鮮的測試組建版次）。此外我們也建議為每個情境測試準備獨立的測試資料，讓每個情境都以新用戶的角度去跑，而不要以前一個情境的狀態延續著跑，避免發生劇本不一致的情況。

如果互相關聯的資料表很多，那測試資料準備起來也會很繁瑣，可以在每次部署後把所有資料清除並重置成一份標準的測試資料，或者另外準備一份 SQL 腳本來負責清除與重置標準資料的工作，並在部署流程中執行它，對於測試資料的來源，可以考慮拿生產環境的資料加以匿名化後製成，但這份工作必須做好盡職調查（due diligence），否則可能會有安全疑慮。

團隊自主權

很多時候組織管理上有很多的限制，例如只有誰誰誰才能登入系統、才能修改配置、才能查看紀錄檔、才能設定 stub、才能這個才能那個，想要幹嘛都要求夫人託老爺的，這些限制對測試人員來說只會帶來無盡的挫折，其實粗暴的限制大可不必，必須明白到，測試之所以為測試就是要能測到系統的每一個角落，請確保團隊有權限能自行管理所有會碰到的系統，不用想幹嘛還要東請西求的，徹底跟那些無謂的拖延和浪費斷捨離。

第三方服務設置

通常測試環境會省略設置真正的第三方服務，因為人們覺得那只能在生產環境測試，但是這麼做就是把風險轉嫁到生產環境，如果真的到生產環境才發現串接問題，那一切就只能推遲了，所以最好是在測試環境也能有測到第三方服務的方法，可以是自己做一套 stub 模擬一下，或者是付點錢給服務商，讓我們手上真的有實際的服務可以測試串接的正常與否。

至此，我們已經談了關於手動探索測試的 what、why、與 how，但探索是門藝術，發揮的好與壞終究要看測試者的分析力與洞察力，而這又取決於測試者的資質與天賦，所以實際上並沒有固定的方法來驗證探索性測試的結果，或者說，今天的我能全力發揮找到一個深層的臭蟲，但明天的我卻未必能夠，因為一切都是如此的不可預測，所以遵循本章中提到的概念，對探索性測試保持嚴謹的方法是很重要的。

本章要點

以下為本章要點：

- 手動探索測試就是讓測試者真實地在應用中探索與發現，目的在理解應用的行為，在理解的過程中可能又會發掘新的使用動線或是新的問題。

- 手動探索測試不同與手動測試，手動測試只專注在對檢查清單的逐一確認，而手動探索測試注重的是分析與洞察。

- 手動探索測試融合商業面、技術面、使用面三方觀點，以來自這三方面的已知為基礎去探索、去發現。

- 在本章中，我們談到了探索測試框架，這八種探索測試方法可以用於協助建立測試人員的測試思維，並賦予測試更多的意義。

- 探索測試強調的是對應用的理解，首先建立對五大領域的基本認知，再對應用的這四大面向進行探索：功能性操作動線、失敗與錯誤處理、UI 外觀與風格、跨功能面。

- 探索測試是持續的，在軟體交付的週期中的每個階段都有各自的探索測試，例如 dev-box 測試、動線測試、抓蟲大會、發佈測試等等，並且隨軟體演化持續循環。

- 為了能良好的實施探索，我們必須學著使用新工具，在本章我們介紹了幾款適合 API 和 UI 測試的工具，包括 Postman、WireMock、Bug Magnet、Chrome DevTools 等等。

- 測試環境是測試員的遊園地，想要讓測試員盡興的探索，必須確保測試環境的健康，在本章中我們也談到了如何建立與維護測試環境的議題、迷思，以及正確的做法。

- 探索測試是講求個人才能的工作，測試員必須要有良好的分析與洞察能力，也必須有能力建構完善的測試案例，才能讓整個測試工作產出富有意義的成果。

第三章

自動化功能測試

帶上您的自動駕駛！

自動化測試指的是以自動化工具取代人工的測試，檢測應用及其行為。自動化測試最早起源於 1970 年代，並伴隨軟體開發技術演進至今。回顧過往，在 1970 年代，當時主要的軟體開發語言是 FORTRAN，而與之搭配的自動化測試工具為 RXVP。到了 1980 年代，那是個人電腦興起的年代，當時的自動化測試工具是 AutoTester。到 1990 年代，網路開始爆發，當時流行的自動化測試工具是 Mercury Interactive 和 QuickTest，同時期也誕生了壓力測試工具 Apache JMeter。之後隨著網路不斷普及，2000 年開始我們有了 Selenium 以及其他許多自動化測試工具出現。直到今日，測試工具也已經走向 AI/ML 技術，更進一步推動了測試的發展。

這幾十年來，軟體之所以能創新，自動化是其中的關鍵因素，自動化測試降低了測試的成本，也讓我們能更快得知軟體的品質，這些都是靠手動測試難以達成的，想像一下，面對同樣的應用，一邊是純手測，一邊是自動測，假設一個功能平均有二十個測試案例，而用人工測一個案例需要兩分鐘，如此測完一輪就要四十分鐘，而每當有新功能，除了功能本身外，為了確保沒有任何功能被改壞，還要測與它關聯的周邊功能，這些測試我們稱為**回歸測試**（*regression testing*），如果沒有回歸測試，那些隱藏的風險就會被拖到最後一刻爆發，並且最終讓我們趕不上預定的交付日。回到前面的例子，如果有一個新功能，因為回歸測試又要多測一個原有功能，那這樣就是兩組測試，人工要花八十分鐘，如果是回歸測試測兩個原有功能，那就是一百二十分鐘，以此呈倍數增長。

很快的，應用的功能多達十五個，您的測試時間也成倍增長到六百分鐘，這還不是最可怕的，可怕的是有些老牌系統版本眾多，需要測試多個版本，測試時間又因此再次翻倍，兩個版本就是一千兩百分鐘，如果您抓到問題了，如果又是個大問題（例如要動到資料庫欄位），那修正後又要再度迎來額外的一千兩百分鐘測試輪迴，並且每一次的發佈前都要再次重複這無間測試，直到永遠。

對於如此龐大的測試工作，沒有導入自動化的公司唯一能做的只有加派人手，但不管怎麼加，人腦還是快不過電腦，以前面的假設為例，就算放十二個人去分擔，每個人也還是要一百分鐘，改用自動化，並且配置得當的話，應該三兩下就測完了，而且也不用去找那十二個人拼命加班只為了測完在出貨前才緊急打上的補釘，就算真的願意這麼拚，也很難保證測試的品質，畢竟計畫得再好，只要是人，忙中總是難免有錯。

當然，導入自動化的確有其成本，但自動化帶給我們的優勢遠大於成本，自動化能更快速的把產品投入市場，又能節省人力開銷（人力工時與人力成本），也因為自動化，不論開發或除錯，都讓我們對產品更有信心。

綜上所述，如果企業對於品質有所追求，那麼其實不論是手動或自動都是不可或缺的，我們需要的是以明智的策略分配工作負擔，而不是一定要在兩者間取其一，分配的原則也很簡單：*探索*測試以人工負責，並在探索間挖掘新的測試案例，再將這些測試案例交給自動化工具測而試之。

關於手動探索測試，我們已經在第 2 章介紹過，而這一章的目標是賦予您高效的自動化功能測試能力，並且將其運用於應用的每一個層面。我們會談到自動化測試策略，它能讓我們迅速的獲得品質反饋，也會談到如何設置各個層面的自動化工具與框架，以及 AL/ML 相關的測試工具介紹，另外會談到自動化測試的反模式，以及避開它們的方法，準備好了嗎？我們上吧！

組成元素

首先讓我們回顧第 1 章，當時我們說到微觀與宏觀的測試如何影響軟體的品質，在本章中我想繼續延伸這些觀點。

在做測試時，有些組織只關注高層次的那一面，導入一大堆 E2E 測試，完全忽略底層的部分，以我輔導過的某間公司為例，它們有超過兩百個測試項目全都是 E2E 的，整套跑下來要花掉整整八個小時，但由於測試覆蓋面向不足，還是導致了最終的失敗，這樣的做法顯然是一種反模式，不僅與快速取得品質反饋的目標背道而馳，也沒辦法產出穩定的反饋，這也是為什麼我們提倡在自動化測試上，必須兼顧宏觀與微觀的面向，因為微觀面的測試往往跑得更快，也更能產出穩定的反饋。

現在讓我們開始介紹幾種不同類型的宏觀與微觀測試吧！然後我們會走過一些實務演練，讓讀者知道該如何運用它們。

微觀、宏觀測試簡介

當我們在談測試類別時，會從這四個方面去檢視：它們的測試範圍、它們的測試目的、它們提供反饋的速度，以及建立與維護所需要的工作量，只要能掌握這四點，就可以很好的評估一個測試的類別（也因此更能根據專案需求導入最適合自己的測試）。接下來我們將沿用第 2 章那間電商公司的案例繼續後面的講解。

參見圖 3-1，該架構有三層：前端 UI 層、RESTful 服務層（認證、客服、訂單）、資料庫層。其中前端負責處理與用戶間的互動，並將資訊交由服務層處理，而服務層將資訊處理後交由資料庫儲存，或者從資料庫提取出資料，除了這些，該系統還有串接外部的產品管理系統（product information management，PIM）及幾個下游系統（倉管系統等等），以此來構成完整的訂單管理系統，在這樣的系統中，典型的操作動線如下：用戶在前端輸入帳密，帳密送交認證服務驗證，驗證成功，用戶開始搜尋商品及下單，其中我們的訂單服務負責接受來自前端的下單請求、從產品管理系統取得商品資訊，以及將訂單資訊傳至倉管系統準備出貨作業等等。

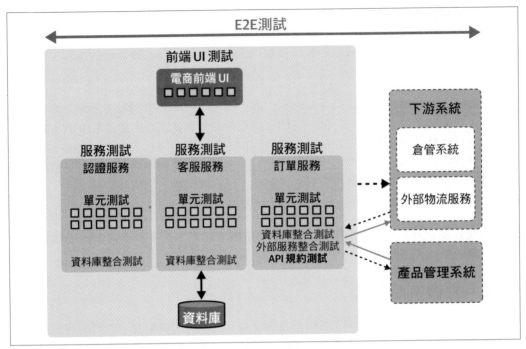

圖 3-1　一個服務導向架構（SOA）的電商系統及其微觀／宏觀測試項目

從圖 3-1 可以看到，這個系統的構成中，每個層面都有各自適合的測試，有的是微觀面的，有的是宏觀面的，接著讓我們一個個娓娓道來。

單元測試

您可以看到單元測試散佈於各個元件，每個服務都有單元測試，前端 UI 也有自己的單元測試，單元測試是系統最基本的防護網，它是粒度最小的測試，用於驗證每個單一的功能正常與否，例如測試某個類別下的方法，對於單元測試，我們會盡量讓它自動化，透過自動化方式去做到基本的參數驗證。

以電商的訂單服務為例，假設裡面有個 return_order_total(item_prices) 方法，用於返回訂單總金額，為了驗證它的行為，我們可以對它進行以下的單元測試：

- 模擬折扣，將 item_prices 以負值傳入，看總金額是否正確。

- 將 item_prices 以空值傳入，看總金額是否正確。

- 在 item_prices 填入無效字元（例如插入字母或符號等），看總金額是否正確。

- 將品項金額以不同的幣別或分位符號傳入，看有沒有正確辨別。

- 確認回傳的總金額有沒有正確的四捨五入以及小數位數。

對於單元測試，一般是由開發者負責撰寫，並且與主要程式碼共同存放在專案程式碼庫內，對於走測試驅動開發（test-driven development，TDD）的團隊，他們會先寫單元測試再實作功能，透過那些單元測試不斷的驗證功能與修正，直到實作都通過測試，這種模式能夠減少多餘的測試與實作邏輯。單元測試可以透過許多框架實現，像是 JUnit、TestNG、NUnit 等等，它們都是被廣泛採用的後端單元測試框架，而前端則有 Jest、Mocha、Jasmine 等幾個主流的單元測試框架。

單元測試與主要程式碼共存於同一程式碼庫，建置與管理都很簡便，它們的規模最小，跑得最快。開發團隊通常會把單元測試納入成為專案建置流程的一部分，讓開發者在本機跑過建置就可以立刻知道單元測試的結果，這種作法也是我們一直提倡的「左移」。

整合測試

絕大多數的中大型應用一定都有串接，包括對內與對外的串接，串接對象可能是前端 UI、資料庫、快取、檔案系統等等，這些系統元件各自分佈在基礎設施之中，為了確保它們工作正常，也有必要對串接做測試。整合測試的重點在於驗證正負向動線時該元件的行為，而不是跑一整套完整的 E2E 測試劇本，換句話說，整合測試就好比針對串接元件的單元測試。

在我們的電商案例中，與訂單服務串接的內部元件有前端 UI、資料庫等等，外部系統則有產品管理系統（PIM）與幾個下游系統，針對這些串接，我們都需要對其進行測試，以驗證它們之間能正常運作，以及資料有正確的讀寫至資料庫，此外我們也要看看是否需要對訂單服務本身撰寫整合測試，以確保訂單服務能與這些串接正常運作。

整合測試腳本的撰寫可以使用前面提過的幾個框架，也可以再加上別的工具去模擬串接行為，例如 JUnit 就可以搭配 Spring Data JPA（*https://oreil.ly/jeu9l*）去撰寫資料庫整合測試腳本，這些測試腳本會和主要程式碼存放在同一個程式碼庫，讓開發者可以方便的建立與維護，整合測試要跑多久受限於外部系統的回應時間，因此可能比單純的單元測試跑起來要慢一些。

API 規約測試

如果要串接的另一邊也還在開發，那整合測試就測無可測了，這種情況比較常發生在大型應用上，它們會分成好幾個團隊，每隊負責幾個服務，在這樣的工作模式中，服務間必須制定各自的 API 規約，串接兩端的實作或 stub 也必須遵守該規約，但問題是在開發期間我們不會知道另外一邊的服務有沒有改動它們的規約，如果有的話，那我們依照舊規約實作的串接到最後一定串不起來，而且這會在最後兩邊跑實際整合測試時才會發現，但一切都為時已晚，這就是為什麼我們需要做規約測試的原因。

規約測試用於驗證 stub 是否符合其模擬對象的規約，讓開發團隊得以確保串接功能的正確性，規約測試的重點在於是否符合規約，而不是測試資料的準確性，在我們的電商案例中，規約測試可以用於與產品管理系統（PIM）的串接中，每當該服務規變動，規約測試馬上就可以告訴我們，使我方的串接實作也能緊跟對方的變動。如果前後端是各自開發的，那規約測試也很適合用在前後端的串接之中，而這需要雙邊團隊的共同合作，也需要一些額外的自動化測試工具，像是 Postman、Pact 等等，關於這方面的議題在後面的章節會再深入討論。

因為測試規模小（僅針對規約本身），規約測試跑的應該很快，並且它也是共存於程式碼庫內的，對開發者而言同樣相當好建置與維護，但因為規約測試的撰寫需要與外部團隊溝通，所以建制起來會比單元測試複雜一點點。

服務測試

在第 2 章我們談到，對於 API，我們將其視為產品，因此它也有自己的測試，其獨立於前端 UI 測試，這也就是服務測試主要的測試對象。

每個服務各有其負責之領域，服務自行掌控該領域之商業邏輯、錯誤準則、重試機制、資料儲存機制等等，服務也負責驗證所收到的請求，如果請求的資料結構或格式有問題，服務會將其退回，這些驗證也就是我們所說的宏觀測試，因為其中包含了服務與串接的驗證、服務本身工作流程的驗證等等，以我們的電商應用為例，訂單服務就可以加入以下這幾項測試：

- 驗證建立訂單之用戶是否為已認證之用戶。
- 驗證訂單之品項在建立的當下是否還有庫存。
- 驗證以有效值與無效值分別輸入時，是否有回傳正確的 HTTP 狀態碼。

當然除訂單服務外，其他各項服務也都要有自己的測試。

有些人會把服務測試腳本放在獨立的程式碼庫，但為了便於測試的進行與即使取得回饋，最好還是把它們和主要程式碼放在一起。在複雜度方面，相較於單元測試，服務測試也複雜一點，因為它牽扯的層面較廣，需要事先在資料庫內準備測試資料，一般來說，服務測試會由測試人員主導，在測試的時間上，比起完整的 E2E 測試要快，但略慢於前面所提的那三種微觀面的測試（單元測試、整合測試、規約測試），在輔助工具方面，有 REST Assured、Karate、Postman 等可用於服務測試的自動化。

對於那些經過完善封裝，並且獨立、可重用、可抽換的實體（entity），例如服務（service），我們統稱為元件（component），所以當您聽到元件測試時，其涵義也包括服務測試。

UI 功能測試

這項測試乃以瀏覽器模擬真人操作的行為之測試，透過 UI 功能測試，我們可以知道系統中那些服務、UI、資料庫等元件之整體運作狀況，像這樣的宏觀測試著重於驗證主要的用戶操作動線，例如電商系統中用戶搜尋商品、把商品加入購物車、付款、確認訂單等這樣的操作就是典型的主要動線，這條動線也會是 UI 功能測試之其中一個測試案例。在做 UI 功能測試時，應避免對微觀面的測試項目再做重複的驗證，一直重複測既多餘又浪費時間，以訂單為例，各種組合的總金額測試應該在單元測試階段就已經確認，沒有必要在 UI 這邊還要一測再測。

一般來說會把 UI 功能測試腳本獨立於主要程式碼庫之外，交由測試人員主導，開發人員只負責協助。UI 功能測試跑起來是最久的，也是最容易出問題的，因為測試牽動的是整個系統，包括基礎設施、網路等等，也因此這類測試需要花費更多精力去維護，不然很容易一處錯處處錯，舉例來說，某個元素的 ID 變了、某個頁面的延遲超出預期了、某個服務在某種環境下沒有了，這些變動都需要一同對測試腳本進行變更。

在 UI 功能測試方面，主流的相關工具有 Selenium、Cypress 等等，在後面的章節中也有它們的實務演練。

當想要添加一項 UI 功能測試前，最好想清楚它的目的（是要驗證輸入值嗎？還是驗證某個服務的邏輯呢？），然後再想想是不是其實只要針對底層元件測試就可以達到目的了。

E2E 測試

E2E 即端到端（end-to-end），測試的範圍是最廣的，如同 E2E 之名，涵蓋從前端到後端之系統整體，也包含與之串接的外部服務。在電商案例中，用戶在網站下單成立後，下游系統（倉庫、物流等）就開始為此訂單處理備貨、出貨作業，像這樣牽涉到串接系統的使用情境就需要 E2E 測試來驗證系統整體的正常性。

根據應用本身的性質，很多 E2E 測試腳本都是自 UI 功能測試腳本修改而來，因此混在同一個程式碼庫內，如果讀者不打算這麼做，那可以開一個獨立的 E2E 測試專案，在裡面放會用到的測試工具，包括 UI 層、服務層、資料庫層等等的測試工具以便撰寫測試腳本之用。相較於前面幾種自動測試，E2E 測試顯然會是跑最久的，也更需要專人維護測試用的資料與環境等等。E2E 測試的目的是為了檢驗系統內，從用戶端到大後端的每個元件是否都運作得當，看的是大格局而不是某個元件的單一功能，它的一個測試案例往往就會牽動到後端的諸多元件。

對於不同類型測試的分工，一種常見的實務做法是讓開發人員負責那些微觀面的測試，在開發主要程式的同時一併撰寫單元測試等，讓測試人員負責宏觀面的測試，並為自身工作所用，當然要走哪種方式取決於團隊成員的組成分配，可以根據自身團隊的特質做最好的安排。

走過一輪各種類型的測試之後，讀者應該可以了解它們各自的特性了。下一節我們要討論業界常用的自動化測試策略，您可以以此為基礎發展出最適合自己的策略。

自動化功能測試策略

如果要用一段話講完自動化測試，那會是：「用測試去驗證功能具有正確的範圍，且位於正確的架構層，並且從測試中獲得最快速的品質反饋！」這段話是 Mike Cohn 在他 2009 年的書《Succeeding with Agile》（Addison-Wesley Professional 出版）所提出的測試金字塔（test pyramid）概念給出的總結，測試金字塔提倡的是，對於小範圍的微觀測試，可以準備較多的測試案例去跑，而對較大範圍的宏觀測試，則以較少的測試案例來跑，舉例來說，如果單元測試和整合測試的數量是十個，那服務測試應該只有五個，而 UI 測試應該只有一個，把三者依數量堆疊起來就是測試金字塔，之所以這麼提倡，當然是因為範圍越大的測試跑的時間也越久，維護成本也越高，自然應該數量要最少。

除了測試金字塔，還有其他測試策略模型，像是「蜂窩與測試獎盃型」
（honeycomb and the test trophy）（*https://oreil.ly/lMadd*），彼此型態各
異，但概念一致：比起大規模宏觀測試，小規模的微觀測試較易撰寫也跑
得較快。如果您有發現到別種測試策略模型，那可以注意它們是怎麼去針
對不同類型的測試設定不同的範圍，往往模型型態是由測試範圍的大小來
決定的。

圖 3-2 是一個典型的服務導向架構（SOA）應用的測試金字塔。

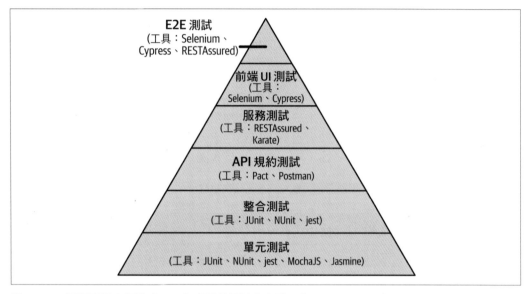

圖 3-2　一個服務導向架構（SOA）應用的測試金字塔

我見過測試金字塔在真實場景中的實踐運用，許多其他從業者也是如此，其中有個特
別值得一提，在最前面提過的跑兩百個以上 UI 和 E2E 測試的那間公司，它們導入測試
金字塔測試策略後，每次測試的時間大幅縮短到只要三十五分鐘，並且還跑了更多的
四百七十個左右的測試！

測試金字塔是我們對測試策略的美好理想，但實際上可能沒那麼容易達到，現實往往有一些難以解決的問題，像是沒有能跑 E2E 測試的環境、沒有足夠的工具讓測試自動化（例如條碼掃描器），或者根本沒有人懂這些。儘管有這麼多現實上的問題，團隊還是應該要仔細對測試的類型分配作出權衡，決定最適合自己的類型和數量，才有可能達成快速獲得品質反饋的目標。

另一方面，為了確保自動化測試的覆蓋率，也應該要有一些專門的管理工具，可以是專門的測試管理工具，如 TestRail，或者是通用的專案管理工具，如 Jira，還想更簡單一點 Excel 也可以。覆蓋率追蹤之所以重要，因為許多人在撰寫用戶情境時沒有把自動化測試納入考量（或者就擱著），這導致到後面就難以獲得即時又完整的品質反饋，而這又令他們更加難以對自動化工具產生信心，這時自動化測試覆蓋率的管理工具和追蹤指標就可以幫得上忙，許多敏捷團隊用戶情境的處理原則是，只有在微觀面、宏觀面的自動化測試都有被納入之後，才可視一則用戶情境為「完成」！

演練

在看過這幾種不同的自動化測試類別後，該來點實在的了，在本節中會帶您走過三種不同的自動化測試，分別代表系統架構中的三個層次，分別是：以 Selenium 和 Cypress 實作前端 UI 功能測試、以 REST Assured 實作服務測試、以及以 JUnit 實作單元測試，這就開始吧！

測試自動化技術堆疊（Tech Stack）

以下是在做測試自動化技術選型時要考慮的幾個指標：

- 盡可能選用彼此相近的工具或技術，這樣我們的人就不用一直去學新東西，如果開發和測試的技術選型差異過大，那開發者會不由自主地傾向抗拒，一旦他們不願意參與，也就難以達到我們提倡的左移測試，也不會有什麼快速取得品質反饋了。

- 避免將所有測試腳本都一股腦擺到同一個程式碼庫，應該將測試腳本隨其所屬的元件共同擺放，這讓每個元件的技術選型能減少不必要的耦合，並且又讓架構層之內有共同的技術選型。

UI 功能測試

在 UI 功能測試方面，主流的工具有 Selenium 和 Cypress，Selenium 支援多種程式語言，有 Java、C#、Python、JavaScript 等等，而 Cypress 是專屬於 JavaScript 生態內的工具，雖然如此，它有許多其他的優勢，後面會提到。下面開始逐一介紹這兩個工具，讀者可以根據自身的愛好或專長挑選適合的。

Java-Selenium WebDriver 框架

讓我們開始實際操演用 Java 和 Selenium WebDriver（*https://www.selenium.dev/projects*）來跑個自動測試。

前置需求，根據前置需求，您需要安裝以下工具：

- 最新版的 Java（*https://oreil.ly/eT0qE*）。

- 一個慣用的 IDE，IntelliJ（*https://oreil.ly/2950c*）是 Java 界蠻主流的選擇。

- Chrome 瀏覽器（*https://www.google.com/intl/en_in/chrome*）。

除以上所列，還需要下述工具。

Maven，Apache Maven 是一款建置工具，建置工具負責管理建置時程式間的套件依賴關係，以及執行建置作業。當我們在實作自身專案的功能時，往往需要依賴許多第三方套件，並且在多人開發的情況下，也需要所有人都使用完全相同版本的外部套件，也要保證彼此的建置流程完全一致（包括建置流程本身與測試流程），這些需求就是專案建置工具使得上力的地方，在 Java 生態內，主流的建置工具有 Mavenc 和 Gradle，而在此處的演練中我們會用 Maven，請到 Maven 網站（*https://oreil.ly/IjplR*）下載及安裝。

為了快速入門 Maven，讓我們看一下它的專案物件模型（Project Object Model，POM）文件 *pom.xml*，文件中定義了所有的依賴套件、外掛、它們的版號等等的資訊，如範例 3-1。

範例 3-1　pom.xml 範例

```
<?xml version="1.0" encoding="UTF-8"?>
<project xmlns="http://maven.apache.org/POM/4.0.0
        xmlns:xsi="http://www.w3.org/2001/XMLSchema-instance"
        xsi:schemaLocation="http://maven.apache.org/POM/4.0.0
            http://maven.apache.org/xsd/maven-4.0.0.xsd">
    <modelVersion>4.0.0</modelVersion>
```

```xml
        <groupId>org.example</groupId>
        <artifactId>SeleniumJavaExample</artifactId>
        <version>1.0-SNAPSHOT</version>

        <properties>
            <maven.compiler.source>15</maven.compiler.source>
            <maven.compiler.target>15</maven.compiler.target>
        </properties>

        <dependencies>
            <dependency>
                <groupId>org.seleniumhq.selenium</groupId>
                <artifactId>selenium-java</artifactId>
                <version>4.0.0</version>
            </dependency>
            <dependency>
                <groupId>org.testng</groupId>
                <artifactId>testng</artifactId>
                <version>7.4.0</version>
                <scope>test</scope>
            </dependency>
        </dependencies>
    </project>
```

文件中有幾個主要項目：

- groupId、artifactId、version 等三項屬性定義了專案的識別資料及版號，Marven 可據此追蹤專案的版次變化，這些屬性在 IntelliJ 創建專案時可以自行設定。

- 區塊 properties 內的值是此專案所用的 Java 版號，也可在此區塊內添加其他會共用 到的值。

- 區塊 dependencies 裡面是各個依賴套件的名稱及版號，在範例中的依賴套件有 Selenium 4.0，Maven 團隊有管理一個集中的套件庫，裡面有各種套件以及版本， Maven 會根據 *pom.xml* 內的定義去該套件庫下載所需依賴。因為有集中套件庫，可 以保證團隊同仁都可以下載到完全一致的套件，如果需要添加額外的套件，可以到 Maven 套件庫（*https://oreil.ly/lMhEf*）去搜尋，複製該套件的 Maven XML 貼到我們 的 dependencies 區塊即可。

除依賴套件外，外掛、環境組態也都是類似的模式，根據 Maven 文件（*https://oreil.ly/ eCamH*）的規範，在 *pom.xml* 內寫下相關聲明即可。我們將會繼續以範例 3-1 作為後續 建立 Selenium 測試之用。

Maven 也提供了一系列與建置相關的命令，比較常用的有：

mvn compile
　　編譯專案。

mvn clean
　　清除（移除）前次編譯後的產出物（artifact）。

mvn test
　　跑測試框架下的測試腳本（後文有示範）。

除此之外，還有其他安裝、部署等與整個建置生命週期相關的指令可用。

TestNG，TestNG 是一款測試框架，或者也可稱為**測試運行器**（*test runner*），JUnit 是另一款在 Java 世界也很流行的測試框架。所謂測試框架，就是能替我們張羅所有與測試相關的工具，我們能用它來建立測試腳本、擬定斷言（assertion）、準備與清除測試資料、整理測試案例、執行測試、呈現測試結果等等，TestNG 適用於各種測試，可以是單元測試、整合測試、E2E 測試等等，只要在 *pom.xml* 把它加為依賴套件就可以安裝它了，請參考前面的範例 3-1。

較常用的 TestNG 功能如下：

- @Test：用於標註（annotate）某個方法（method）為測試方法（test method），TestNG 會去執行該方法，每個測試方法都應該有此標註（annotation）。

- @BeforeClass、@AfterClass、@BeforeMethod、@AfterMethod、@BeforeSuite、@AfterSuite：這些應該都可以望文生義，分別標註在測試類別（class）前跑、測試類別後跑、測試方法前跑、測試方法後跑、測試套件前跑、測試套件後跑。這些都是用來跑測試的前置作業與清除作業用的。

- assertEquals()、assertTrue() 以及其他類似的斷言方法都是用於驗證資料或行為，在 IntelliJ 撰寫測試腳本時也會給出相關的斷言提示。

Selenium WebDriver，Selenium 最初是在 2004 年由 Jason Huggins 所開發的一款自動化測試工具，之後開始逐漸普及，衍生出一大堆其他語言的版本，直到現在 Selenium 依然是相當活躍的開源專案，有興趣的讀者可以去 Selenium 的網站了解一下他們的精彩故事（*https://www.selenium.dev/history*）。

我們用的 Selenium WebDriver 主要功能是與瀏覽器進行互動，但它本身不具備其他測試所需的功能，例如斷言、生成測試報告等一概皆無，所以需要搭配像 TestNG 和 Maven 這些工具才能建構出完整的測試架構。

Selenium WebDriver 有三個基本元件：

API

    API 用於控制瀏覽器的行為與操控網頁內的元素（點擊、輸入等等）。

客戶端函式庫

    Selenium WebDriver 提供許多語言的客戶端函示庫，讓各種語言都能在測試腳本內直接呼叫使用它的 API。

瀏覽器驅動（*driver*）

    負責接受 API 命令，並實際去操控瀏覽器，瀏覽器驅動都是由瀏覽器廠商自行維護的，並非由 Selenium 內建，以 Chrome 為例，想在 Chrome 跑自動化測試，那就要另外去下載 ChromeDriver，並在測試腳本內做出相關聲明。

首先讓我們認識一下幾個 Selenium WebDriver 提供的 API，範例 3-2 中，分別調用了不同的 API 去尋找不同的網頁元素，Selenium 可以透過 HTML 的元素及屬性找到該元素，例如 id、className、cssSelector 等方法都可以用於找出目標元素，在 Chrome，對網頁按右鍵，選「檢查」（Inspect）就可以看到該頁面的 HTML 原始碼，試著去檢查 Amazon 的搜尋框，您會看到它的 ID 為「twotabsearchtextbox」。

範例 3-2　幾個常用來尋找元素的 *WebDriver* 方法

```
// 以 ID 找元素
driver.findElement(By.id("login"))

// 以 CSS 選擇器（CSS selector）找元素
driver.findElement(By.cssSelector("#login"));
```

```
// 以 CSS class 名稱找元素
driver.findElement(By.className("login-card"));

// 以 XPath 找元素
driver.findElement(By.XPath("//@login"));

// 找多個元素
driver.findElements(By.cssSelector("#username li"));
```

 因為在網頁中每個元素的 id 應該都是獨一無二的，因此推薦優先以 id 做搜尋，CSS 選擇器和 XPath 則有可能因為網頁內部結構改變而變更，用它們去找元素相對不穩定，比較容易出問題。

Selenium WebDriver 還提供一些以相對位置找元素的進階方法（*https://oreil.ly/eWukW*），例如以某已知元素的 above（上方）、below（下方）、toLeftOf（左方）等方法來找與其相對位置的元素。

找到元素後，接著就是操控它，範例 3-3 列出一些常用的動作。

範例 *3-3 幾個常用來操控元素的 WebDriver 方法*

```
// 點擊元素
driver.findElement(By.id("submit")).click();

// 在文字框輸入文字
driver.findElement(By.cssSelector("#username")).sendKeys(username);
```

您也可以用 WebDriver 的 Actions 類別（*https://oreil.ly/wV81u*）來做更進階的操控，例如 keyDown（壓下按鍵）、contectClick（點擊右鍵）、dragAndDrop（拖放）等等。

除了與瀏覽器的網頁互動，WebDriver 也可以操縱瀏覽器本身，例如開網址、回前頁、關瀏覽器、設定瀏覽器視窗大小、設定 cookie、切換頁籤等等，範例 3-4 是一些常用的瀏覽器操控方法。

範例 *3-4 幾個常用來操控瀏覽器的 WebDriver 方法*

```
// 開網址
driver.get("https://example.com");

// 回前頁、後頁、重整
driver.navigate().back();
driver.navigate().forward();
driver.navigate().refresh();
```

```
// 把視窗調成與 iPad 一般大小
driver.manage().window().setSize(new Dimension(768, 1024));

// 關閉瀏覽器
driver.close();

// 關閉瀏覽器驅動
driver.quit();
```

在頁面切換之後，我們必須設定一段等待時間，確定新頁面所有元素都載入並且繪算至畫面。有些人會用一段固定的 sleep 時間來等待，但因為載入時間往往會隨著當下環境變動，這種方法有時會有問題，最好改用 WebDriver 內建的這幾種等待機制：

- *Implicit*（隱式）等待，WebDriver 會在 x 秒內不斷輪詢訪問 HTML 結構內的 DOM（Document Object Model，文件物件模型），直到所有 DOM 節點都出現在畫面上，而此行為預設的時間為 0 秒，您可以在初始化 WebDriver 時為它設定一個合理的秒數。

- *Explicit*（顯式）等待，命令 WebDriver 持續等待某元素出現，直到 x 秒為止。

- *Fluent* 等待，這是一種更有彈性的等待方式，它令 WebDriver 每隔 y 秒就去確認某元素是否已出現，直到 x 秒為止。

範例 3-5 展示了這幾種不同的等待方法。

範例 3-5　WebDriver 的幾種等待方法

```
// 隱式等待 10 秒，超過則拋出逾時例外。
driver.manage().timeouts().implicitlyWait(Duration.ofSeconds(10));

// 顯式等待 10 秒，直到 submit 按鍵可用為止。
WebElement submitButton = new WebDriverWait(driver, Duration.ofSeconds(10)).
    until(ExpectedConditions.elementToBeClickable(By.id("submit")));

// Fluent 等待，每 1 秒就確認一次 spinner 是否已消失，直到第 3 秒。
FluentWait wait = new FluentWait(driver)
                .withTimeout(Duration.ofSeconds(3))
                .pollingEvery(Duration.ofSeconds(1))
                .ignoring(NoSuchElementException.class);
wait.until(ExpectedConditions.invisibilityOf(driver.findElement(By.id("spinner"))));
```

以上介紹的就是 WebDriver 最常用的幾個特性，也是寫測試腳本時不可或缺的，除了這些，WebDriver 還有很多進階的用法，像是監聽事件，並根據事件去觸發行動、和網頁對話框互動等等，只要是瀏覽器能做的幾乎也都能用 WebDriver 做到，Selenium 4 還能透過 Chrome DevTools 協定來模擬服務端的回應與除錯（*https://oreil.ly/D8Fkb*），如果想知道更多潛能，可以去看他們的網站（*https://oreil.ly/WdovT*）。

POM（Page Object Model，文件物件模型），POM 是 UI 自動化框架中最常使用的設計模式，它的概念是在自動化框架中「重製」網頁結構，也就是說，用自動化框架建立許多頁面類別，而頁面類別下又有許多該頁面內的元素以及行為，這相當於把頁面結構都抽象化並且封裝成程式類別，讓我們更好的去維護與重用它，例如當某個元素的 ID 變了，我們就比較好去找到它（就在該頁的類別內）並更換之，相反地，如果沒有這層機制，那就要去每個測試腳本裡面一個個尋找比對修改囉。

範例 3-6 為 LoginPage 類別，其內有三個元素：用戶名欄位、密碼欄位、登入按鈕，還有個 login(email, password) 方法，負責執行登入，在後面的章節建立測試時我們會用到這個 LoginPage 類別。

範例 3-6　*POM* 模式下的 LoginPage 類別

```java
// LoginPage.java

package pages;

import org.openqa.selenium.By;
import org.openqa.selenium.WebDriver;

public class LoginPage {

    private WebDriver driver;
    private By emailID = By.id("user_email");
    private By passwordField = By.id("user_password");
    private By signInButton =
        By.cssSelector("input.gr-button.gr-button--large");

    public LoginPage(WebDriver driver) {
        this.driver = driver;
    }

    public HomePage login(String email, String password){
        driver.findElement(emailID).sendKeys(email);
        driver.findElement(passwordField).sendKeys(password);
        driver.findElement(signInButton).click();
        return new HomePage(driver);
    }
}
```

對於您自己的應用，當然也應該比照辦理建立自己的頁面類別。

設置與工作流程，學完前面所有的功夫後，就來實際運用運用吧，讓我們建個簡單的測試，流程如下：登入您最常去的電商網站（要先開過帳號），然後判斷它的標題為何。建立此測試的步驟如下：

1. 開 IntelliJ 並建立 Maven 專案，在 IntelliJ 按 File → New → Project → Maven。

2. 選定您所用的 Java 版本。

3. 之後輸入專案名稱、儲存位置、GroupId、ArtifactId、專案版號，如圖 3-3。

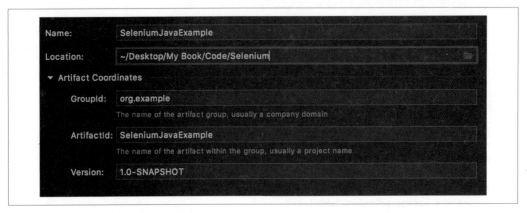

圖 3-3　在 IntelliJ 建立新 Maven 專案

這三步做完就會建立起最基本的專案結構，如範例 3-7。

範例 *3-7　Maven 專案的初始結構*

```
├── SeleniumJavaExample.iml
├── pom.xml
└── src
    ├── main
    │   ├── Java
    │   └── resources
    └── test
        └── Java
```

4. 參照 Chrome 版號（在 Chrome 選單選「關於 Chrome」）去下載對應的 ChromeDriver（*https://oreil.ly/g8gP8*）。

5. 把 ChromeDriver 執行檔放進專案的 *src/main/resources* 資料夾內。

6. 添加依賴套件，參照範例 3-1 加入 Selenium、Java、TestNG 三個套件，在 IntelliJ 右側有 Maven 面板，可以在該處重整 *pom.xml* 並下載這三個套件。

7. 在 *src/test/java* 下新增一個 base package。

8. 在裡面加一個 *BaseTests.java* 類別，用於設定 WebDriver，內容參照範例 3-8。

範例 *3-8* BaseTests 類別

```java
// BaseTests.java

package base;

import org.openqa.selenium.WebDriver;
import org.openqa.selenium.chrome.ChromeDriver;
import org.testng.annotations.AfterMethod;
import org.testng.annotations.BeforeMethod;

import java.time.Duration;

public class BaseTests {

    protected WebDriver driver;

    @BeforeMethod
    public void setUp(){
        System.setProperty("webdriver.chrome.driver",
            "src/main/resources/chromedriver");
        driver = new ChromeDriver();
        driver.manage().timeouts().implicitlyWait(Duration.ofSeconds(10));
        driver.get("http://eCommerce.com/sign_in");
    }

    @AfterMethod
    public void teardown(){
        driver.quit();
    }
}
```

裡面的 setUp() 方法做了幾件事：設定 ChromeDriver 路徑、建立一個 ChormeDriver 實例物件、設定隱式等待 10 秒、叫 driver 去開指定的網址。後面的 tearDown() 方法則只有一個任務：在跑完測試後關掉瀏覽器。注意到這裡用了 TestNG 的標註 @BeforeMethod 和 @AfterMethod，它們會在每次跑測試前後做初始化和關閉的動作。

9. 接著，在 *src/test/java* 下面再建一個 tests package，然後加入自己的測試類別，例如範例 3-9 的 LoginTest，裡面我們用到了 TestNG 的 @Test 標注和 assertEquals() 方法。

範例 *3-9* 我們的第一個測試類 LoginTest

```
// LoginTest.java

package tests;

import base.BaseTests;
import org.testng.annotations.Test;
import pages.LoginPage;
import static org.testng.Assert.*;

public class LoginTest extends BaseTests {

    @Test
    public void verifySuccessfulLogin(){
        LoginPage loginPage = new LoginPage(driver);
        assertEquals(loginPage.login("example@gmail.com",
            "Admin123").getTitle(), "Home page");
    }
}
```

10. 測試搞定後，要來建頁面類了。在 *src/main/java* 之下建立一個 pages package，用於加入頁面類，可以參考前面範例 3-6 的 LoginPage 類別和下面範例 3-10 的 HomePage 類別。

範例 *3-10* HomePage 類別

```
// HomePage.java

package pages;

import org.openqa.selenium.By;
import org.openqa.selenium.WebDriver;
import org.openqa.selenium.support.ui.ExpectedConditions;
import org.openqa.selenium.support.ui.WebDriverWait;
import java.time.Duration;
```

```
public class HomePage {

    private WebDriver driver;
    private By searchField = By.cssSelector("input.searchBox");

    public HomePage(WebDriver driver) {
        this.driver = driver;
    }

    public String getTitle(){
        WebDriverWait wait = new WebDriverWait(driver,
            Duration.ofSeconds(10));
        wait.until(ExpectedConditions.
            presenceOfElementLocated(searchField));
        return driver.getTitle();
    }
}
```

如同前面解釋過的，頁面類裡面會有一些 Selenium WebDriver 方法，讓我們能利用該類別去和該頁面互動，另外也可以看一下頁面之間是如何做到鏈式呼叫的，像是 LoginPage 的 login() 方法回傳的是 HomePage 這個 WebDriver 的物件，最後再注意一下，斷言是不會寫在頁面類別內的。

11. 現在可以來跑看看了，在 IDE 對 @Test 標籤旁的綠色三角形按右鍵，或者從命令列執行：

```
$ mvn clean test
```

執行後 Chrome 會開起來並自動跑完測試腳本，最後它會產生一份 HTML 報告，位置在 *target/surefire-reports/index.html*，如圖 3-4。

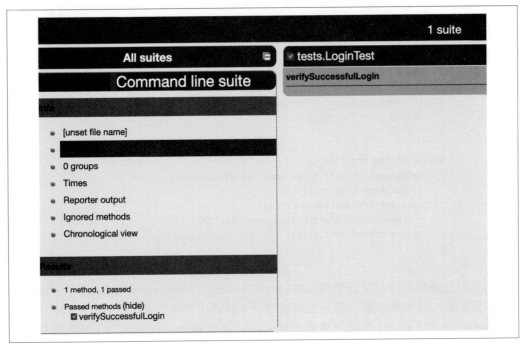

圖 3-4　Maven Surefire 外掛產生的 HTML 報告

恭喜！您跑完第一個測試了！

如果是在 CI 環境，測試沒通過的話，最好有截圖我們才比較好去除錯，想要叫它拍截圖可以將 teardown() 方法修改成如範例 3-11，並且在 */src/main/resources* 下建立一個 *screenshots* 資料夾，有截圖的話會放在那裡。

範例 *3-11*　失敗時截圖

```
import org.openqa.selenium.OutputType;
import org.openqa.selenium.TakesScreenshot;
import org.testng.ITestResult;
import java.io.File;
import java.io.IOException;
import com.google.common.io.Files;

@AfterMethod
    public void teardown(ITestResult result){
        if(ITestResult.FAILURE == result.getStatus()) {
            var camera = (TakesScreenshot) driver;
            File screenshot = camera.getScreenshotAs(OutputType.FILE);
```

```
                try {
                    Files.move(screenshot,
                        new File("src/main/resources/screenshots/" +
                        result.getName() + ".png"));
                } catch (IOException e) {
                    e.printStackTrace();
                }
            }
            driver.quit();
        }
```

您可以根據自身需求添加更多特性，例如使用 TestNG（*https://oreil.ly/0wME3*）或
Selenium Grid（*https://oreil.ly/34bZH*）提供的平行併跑功能，TestNG 也可以把多個測
試組織起來撒給多個瀏覽器去跑測試（*https://oreil.ly/4tFSc*），也可以納入 Cucumber
（*https://oreil.ly/EtGeG*）之類的 BDD（behavior-driven development，行為驅動開發）框
架等等，但是要謹記一點，還是要盡量維持 UI 測試腳本的簡潔。

BDD（behavior-driven development，行為驅動開發）

BDD 是一種軟體開發思想與實踐方法，目的是促進業務端與技術端的人員共同
合作，像是 Cucumber 就可以用接近自然語言的語句來寫測試案例，把用戶情境
分為 Given、When、Then 三大塊組成的結構（*https://oreil.ly/cGGrb*），這讓業務
端人員也能將需求轉換成失敗測試（failing test），技術端人員能據此寫下相對的
測試腳本。

JavaScript-Cypress 框架

Cypress（*https://www.cypress.io*）發表於 2014，Selenium 誕生的十年後，隨後 Cypress
也取得在 E2E 測試工具界的主流地位，與 Selenium 不同的是，Cypress 只存在 JavaScript
生態系內，它的測試腳本只能用 JavaScript 撰寫，雖然有這一層限制，但由於它優異的
特性還是佔領了 E2E 測試界的主流地位，Cypress 的特性如下：

- Cypress 的架構與 Selenium 不同，不依靠網路協議操控瀏覽器，而是在相同的運行
  循環（run-loop）中與瀏覽器通訊，這樣的設計讓 Cypress 跑得更快。

- Cypress 內建所有 E2E 測試所需的工具，不需要再東拼西湊那些 TestNG、Cucumber
  等等的，靠它內建的工具就能忠實地完成任務，例如 Cypress 用了 Mocha 測試框架，
  也用了 Chia 這套斷言套件。

- 由於 Cypress 是嵌入（embedded）到應用內的，因此它能具有更豐富的測試特性，像是產生假功能（stubbing function）、攔截請求來模擬服務端斷線、變更應用狀態等等。

- Cypress 有自動化等待機制，自動的等待元素可見、可點，不需要自行設定等待時間，也不會老是因為等待時間抓不準而測試失敗。

- Cypress 會自動留下每個測試片段的截圖、執行紀錄、錄影，讓除錯更方便，Cypress 還能讓我們在測試過程中呼叫 Chrome DevTools 檢查當下的狀態。

Cypress 有良好的社群支援，也常常有新的外掛滿足各路需求，既然 Cypress 這麼棒那就來看看怎麼用它來建立我們自己的測試框架吧！

 Cypress 提倡的是應用行動模型（Application Actions Model），而非頁面物件模型（Page Object Model，POM），想了解更多這方面的消息請參閱 Gleb Bahmutov 的文章（*https://oreil.ly/OrhMC*）。

前置需求，需要安裝下列軟體來建置基本的 JavaScript 環境：

- Node.js 12 或更高版本（*https://nodejs.org/en/download*）。

- 慣用的 IDE，滿多人選擇 Visual Studio Code（*https://oreil.ly/gc3Jn*）來開發 JavaScript 專案的。

- 瀏覽器，Cypress 支援 Chrome、Chromium、Edge、Electron、Firefox。

Cypress，有了基本的開發環境後，請依照下列步驟來快速的感受一下 Cypress 的使用方式：

1. 建立一個專案目錄，使用下面指令安裝在該目錄內安裝 Cypress：

   ```
   $ npm install cypress --save-dev
   ```

2. 在目錄內建立 *package.json* 檔案，內容如範例 3-12。

   範例 *3-12 package.json* 檔案內容

   ```
   {
     "name": "functional-tests",
     "version": "1.0.0",
     "description": "UI Driven End-to-End Tests",
     "main": "index.js",
     "devDependencies": {
       "cypress": "^9.2.0"
   ```

```
  },
  "scripts": {
    "test": "echo \"Error: no test specified\" && exit 1"
  },
  "author": "",
  "license": "ISC"
}
```

3. 執行以下命令，它會開啟 Cypress 主程式，如圖 3-5，然後 Cypress 會幫我們設置初始化的測試專案結構，其中有一些以 Todo 應用（*https://oreil.ly/8QK2L*）為範例的測試腳本。

```
$ node_modules/.bin/cypress open
```

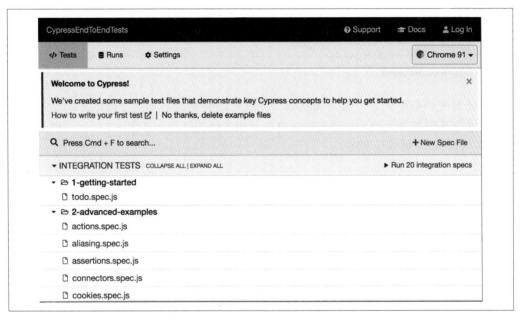

圖 3-5　Cypress 主程式及測試腳本

4. 初始化設置完成後，可以先玩一下它給的範例測試，在動手做自己的測試前，先感受一下 Cypress 的運作過程。從右上角選單選擇瀏覽器，任意挑一個測試腳本（.spec.js），Cypress 就會跑起來，之後我們會看到如圖 3-6 那樣的測試報告。

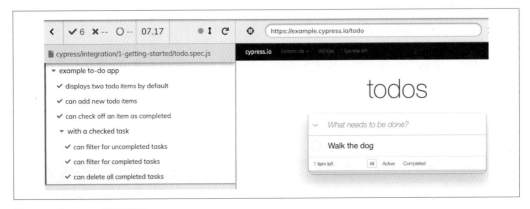

圖 3-6　Cypress 測試報告

想要看更詳細的內容，點選測試項目，就可以展開旗下的指令清單，以滑鼠游標懸浮在某個指令上時，右邊的畫面會顯示出當時的狀態，如圖 3-7 所示，就是這麼棒，我們還能奢求什麼呢！

圖 3-7　Cypress 的除錯功能

5. 若要從命令列執行測試，可以在 *package.json* 加入下面的內容，就可以用 `npm test` 命令來跑測試了，此時您會注意到瀏覽器會以無頭模式（headless）運行，並且測試的畫面會錄影存到專案的 *videos* 資料夾內。

```
"scripts": {
    "test": "cypress run"
  }
```

認識完 Cypress 的工作方式後，現在來看看我們之後與網頁互動時會用到的一些方法。開啟任一個測試檔案，裡面有這些常用的方法：

- `get(element_locator)`，在自動等待並且該元素出現後，從 DOM 取得該元素，參照圖 3-8，Cypress 有輔助我們定位目標元素的工具，在建立測試腳本時這個小工具相當實用。

圖 3-8　Cypress 的元素定位小工具

- `get(element_locator).click()`，點擊定位到的元素。
- `title()`，回傳網頁標題。
- `get(select_locator).select(option)`，選擇下拉選單的項目。
- `get(element_locator).rightclick()`，對元素按右鍵。

更多進階方法請參閱官方文件（*https://oreil.ly/6ewls*）。

設置與工作流程，只要幾個步驟就可以建立 POM（Page Object Model，頁面物件模型）和 Cypress 測試框架，您可以建立如同 Selenium 示範的那個電商網站測試，先登入，再對頁面標題做斷言測試，詳細步驟參考以下：

1. 在 *cypress/integration* 資料夾下建立 *ecommerce-e2e-tests* 目錄，並在其內再建一個 *login_tests.spec.js* 檔案。

2. 在 */integration* 旁邊再建一個 *page-objects* 資料夾，此資料夾用來存放兩個頁面模組：*login-page.js* 與 *home-page.js*，內容如範例 3-13。

3. 都建完後，可以在 Cypress 主程式執行測試，或者從命令列執行 `npm test` 跑測試。

範例 3-13　*Cypress 的 POM（Page Object Model，頁面物件模型）內容*

```
// page-objects/login-page.js

/// <reference types="cypress" />

export class LoginPage {

    login(email, password){
        cy.get('[id=user_email]').type(email)
        cy.get('[id=user_password]').type(password)
        cy.get('.submitPara > .gr-button').click()
    }
}

// page-objects/home-page.js

/// <reference types="cypress" />

export class HomePage {

    getTitle(){
        return cy.title()
    }
}

// integration/eCommerce-e2e-tests/login_tests.spec.js

/// <reference types="cypress" />

import {LoginPage} from '../../page-objects/login-page'
import {HomePage} from '../../page-objects/home-page'

describe('example to-do app', () => {
```

```
    const loginPage = new LoginPage()
    const homePage = new HomePage()

    beforeEach(() => {
      cy.visit('https://example.com')
    })

    it('should log in and land on home page', () => {
        loginPage.login('example@gmail.com', 'Admin123')
        homePage.getTitle().should('have.string', 'Home Page')
    })
  })
```

上面的範例中我們用到 Mocha 的 beforeEach()（相當於 TestNG 的 @beforeMethod），它會在每個測試前先把網頁開起來，另外也用到 Chai 的斷言方法（assertion method）should('have.string', string)，這些都是 Cypress 裝完就幫我們傳便便的。

只要測試程式一有變動，Cypress 就會自動重跑，這讓我們很快就能知道測試腳本寫得對還是錯，相當方便。在第 7 章，我們還會再介紹到 Cypress 的視覺測試功能。可以這麼說，只要能跨越 JavaScript 這道牆（其實也沒多高），就能享用 Cypress 這超棒的工具。

服務測試

現在該來看看服務測試了，在本節中，我們會用 Java2 的測試套件 REST Assured 示範製作一個對 REST API 的自動化測試框架，如果您對 API 還不太熟悉，請回到第 30 頁〈API 測試〉了解一下。

前置需求

請準備好下列工具：

- 最新版的 Java（*https://oreil.ly/Uq5Wk*）。

- IDE，可以用 IntelliJ（*https://oreil.ly/y90qz*）。

- Maven（*https://oreil.ly/FAOuB*）。

Java-REST Assured 框架

REST Assured（*https://rest-assured.io*）是 Java 世界中執行 REST API 自動化測試的首選，它讓我們用以 Gherkin 語法（Given、When、Then）構成的 DSL（domain-specific language，領域特定語言）來建立 API 測試案例，並且採用 Hamcrest matcher 斷言套件，REST Assured 也可以與別的測試框架一同使用，像是 JUnit、TestNG 都可以配合。

假設我們的訂單服務中有這麼一支 GET /items API，它會回傳品項資訊清單：

```
GET: https://eCommerce.com/items

Response:

Status Code: 200
[
    {
        "SKU": "984058981",
        "Color": "Green",
        "Size": "M"
    }
]
```

如果要用 REST Assured 去測這支走 GET 方法的 API，並且對其狀態碼下斷言的話，測試程式會長這樣：

```
given().
        when().
        get("https://eCommerce.com/items").
        then().
        assertThat().statusCode(200);
```

看起來超簡單的吧！類似的語句也可以用在 POST、PUT 等其他方法上。

現在我們來建置一套 API 自動測試框架，並且撰寫測試案例來測測 GET /items 這個端點，您也可以參照第 2 章的方法幫這支 API 做個 stub。

 如果您想找一些現成的 API 練習，可以用 Any API（*https://any-api.com/*），它蒐羅了一千四百個以上的公開 API，可以任君選擇。

設置與工作流程，這部分與前面的 UI 自動化測試的設置方式類似，主要有三個部分要準備，依賴套件管理器（本書用 Maven）、主要的測試工具套件（REST Assured），以及負責管理與運行測試工作的測試框架（我們用 TestNG），依照下列步驟將這三者裝設起來：

1. 用 IntelliJ（或者您慣用的 IDE）建立新的 Maven 專案，詳細步驟請參閱第 57 頁〈Java-Selenium WebDriver 框架〉一節。

2. 在 *pom.xml* 中添加 TestNG 與 REST Assured 為依賴套件，可以到 Maven Repository 網站找到這兩個套件所需的添加資訊，詳細步驟請參照前文。

3. 在 */src/test/java* 內新增一個 tests package，並在其內新增一個 ItemsTest 類別。

4. 參照範例 3-14，為驗證 GET /items API 的程式碼。

範例 *3-14*　測試 *GET* /items 端點的 ItemsTest 類別

```java
// ItemsTest.java

package apitests;

import org.testng.annotations.Test;

import static io.restassured.RestAssured.given;

public class ItemsTest {

    @Test
    public void verifyGetItemsEndpointReturnsSuccessStatusCode(){
        given().
                when().
                get("http://localhost:1000/items").
                then().
                assertThat().statusCode(200);
    }
}
```

您可以從 IDE 跑這個測試，也可以在命令列以指令 `mvn clean test` 跑這個測試。

小試身手之後，再來測測 POST /items 端點，這個端點的 POST 方法用於建立訂單品項，而建立品項請求的格式也是與前面相同的 JSON 格式，如果建立成功則會回覆 HTTP 狀態碼 201，同樣的我們也可以參照第 2 章的方法為它建立 stub。

如果想要在 POST 請求內挾帶 JSON，最簡單的方式是建立一個 dataObject 物件，再把它做 JSON 序列化，JSON 序列化的套件可以用 jackson-databind，先把它設為依賴套件：

1. 在 *pom.xml* 添加 jackson-databind。

2. 在 */src/main/java* 下建立一個 dataObjects package，於其內再建立一個 dataObject 類別，命名為 *ItemDetails.java*，範例 3-15 為 ItemDetails 類別之程式碼，我們用它來建立 POST 需要的 JSON 格式。

範例 *3-15*　dataObject 之下的 ItemDetails 類別

```java
// ItemDetails.java

package dataobjects;

import com.fasterxml.jackson.annotation.JsonProperty;
import com.fasterxml.jackson.annotation.JsonPropertyOrder;

@JsonPropertyOrder({"sku", "color", "size"})
public class ItemDetails {

    private String sku;
    private String color;
    private String size;

    public ItemDetails(String sku, String color, String size){
        this.sku = sku;
        this.color = color;
        this.size = size;
    }

    @JsonProperty("sku")
    public String getSku(){
        return sku;
    }

    @JsonProperty("color")
    public String getColor(){
        return color;
    }

    @JsonProperty("size")
    public String getSize(){
        return size;
    }
}
```

注意到我們在最前面用了 jackson-databind 的標注語法 @JsonPropertyOrder 來定義 JSON 結構。

3. 處理完 JSON 序列化後，我們的測試程式就可以在發送 POST 時把 ItemDetails 物件作為請求的主體內容了，範例 3-16 為此 POST /items 端點的完整程式碼。

範例 3-16　POST /items API 測試程式

```
@Test
    public void verifyPostItemsEndpointReturnsSuccessStatusCode(){

        ItemDetails greenShirt = new ItemDetails("98765490", "Green", "M");

        given().
                contentType(ContentType.JSON).
                body(greenShirt).
                log().body().
                when().
                    post("http://localhost:1000/items").
                then().
                assertThat().
                statusCode(200);
    }
```

測試運行時，其中的 log().body() 會將請求內容主體輸出到紀錄（log），讓我們比較好確認最終序列化後的內容，在回應方面，我們只有對 statusCode 做斷言，REST Assured 還有許多其他的方法，例如對回應之內容做欄位檢查，更多細節請參閱其官方文件（*https://oreil.ly/KIz1x*），並為您的測試選用適當之斷言。

單元測試

因為單元測試都是和主要程式碼放在一起的，因此挑選測試工具時也要考慮到與現有技術的相容性，像是 JUnit 或 TestNG 就比較適合 Java 專案、NUnit 適合 .NET、Jest 和 Mocha 是 JavaScript、RSpec 是 Ruby 世界的。在本節中我們會用 JUnit 示範，其所需要的前置需求與 API 測試之準備相同。

 雖然單元測試都是開發人員在寫，但測試者也要對其結構有所了解，以便能完善的規劃測試策略。本節的目的旨在讓測試者能對單元測試有所體驗，因此會盡量以簡單的方式呈現。

JUnit

JUnit（*https://junit.org/junit5*）是一款非常多人用的測試框架，它由 Kent Beck 與 Erich Gamma 於 1997 年創建，它在創建之初就已經涵蓋了所有單元測試所需之特性，時至今日 JUnit 已經是 Java 世界中單元測試的實質標準。JUnit 具有完整的單元測試特性，包括測試的建立、斷言、組織、運行、報告等等，另外一款也滿多人用的 TestNG 原本可以補足 JUnit 的一些不足之處，不過隨著 JUnit 逐年升級，它已經能夠自己滿足全部的特性。

以下是部分 JUnit 的特性：

- 有豐富的測試以及測試生命週期相關的標注可用，如 @Test 用於標注測試方法，以及 @BeforeEach、@BeforeAll、@AfterEach、@AfterAll 這幾個測試週期標注，讓我們設定測試的前置方法與後置方法。

- 可用 @DisplayName 為測試賦予較為通俗可讀的名稱。

- 可用 @Tag("smoke") 這樣的標注為測試打標籤，並且可指定只跑特定標籤的測試。

- 有豐富的斷言 API，如 assertTrue()、assertEquals()、assertAll() 等等。

設置與工作流程，讓我們以客服服務為例，寫一些單元測試吧！首先建立一個 Java 專案，再建立一個 CustomerManagement 類別，其內容如範例 3-17，這個簡單的範例內有兩個方法，分別為添加以及回傳顧客資訊，後面我們會來做它們的單元測試。

範例 *3-17* CustomerManagement 類別

```java
// CustomerManagement.java

package Customers;

import java.util.ArrayList;
import java.util.List;

public class CustomerManagement {

    private String firstName;
    private String lastName;
    private String age;

    private List<List<String>> customers = new ArrayList<List<String>>();

    public List<List<String>> getCustomers(){
        return customers;
```

```
        }

    // 如果顧客名字為空就拋出例外，反之就添加該顧客資料。
    public void addCustomers(List<String> customerDetails){
        if (customerDetails.get(0).isEmpty())
            throw new IllegalArgumentException();
        customers.add(customerDetails);
    }
}
```

加入單元測試：

1. 在 *pom.xml* 加入依賴套件：

```
<dependencies>
    <dependency>
        <groupId>org.junit.jupiter</groupId>
        <artifactId>junit-jupiter-api</artifactId>
        <version>5.7.2</version>
        <scope>test</scope>
    </dependency>
    <dependency>
        <groupId>org.junit.jupiter</groupId>
        <artifactId>junit-jupiter-engine</artifactId>
        <version>5.7.2</version>
        <scope>test</scope>
    </dependency>
</dependencies>
```

2. 在 */src/main/test* 資料夾內增加一個類別，命名為 *CustomerManagementTests.java*。

3. 使用 JUnit 及其標注與斷言方法來建立測試，如範例 3-18。

範例 *3-18   JUnit 建立之測試 CustomerManagementTests.java*

```
package customersUnitTests;

import Customers.CustomerManagement;
import org.junit.jupiter.api.DisplayName;
import org.junit.jupiter.api.Test;
import static org.junit.jupiter.api.Assertions.*;

import java.util.ArrayList;
import java.util.List;

@DisplayName("When managing new customers")
public class CustomerManagementTests {
```

```
@Test
@DisplayName("should return empty when there are no customers")
public void shouldReturnEmptyWhenThereAreNoCustomers(){
    CustomerManagement customer  = new CustomerManagement();
    List<List<String>> customers = customer.getCustomers();

    assertTrue(customers.isEmpty(), "Error: Customers exists");
}

@Test
@DisplayName("should throw exception when customer name is invalid")
public void shouldThrowExceptionForInvalidInput(){
    List<String> newCustomer = new ArrayList<>();
    newCustomer.add("");
    newCustomer.add("Jackson");
    newCustomer.add("20");

    CustomerManagement customer  = new CustomerManagement();
    IllegalArgumentException err =
        assertThrows(IllegalArgumentException.class, () ->
        customer.addCustomers(newCustomer));

}
}
```

您可以使用 @DisplayName 來為測試取一個好懂的名稱，在範例中，首先我們檢查來自 getCutomers() 的顧客名稱是否為空白，空白表示該顧客不存在，再來我們對 addCustomer() 方法的結果下一斷言，確認當新增名稱為空白的顧客時應該會收到 IllegalArgumentException 之錯誤，並且注意到，在此我們針對回傳值以及例外分別用了兩種斷言方法。

您可以在 IDE 或在命令列以 mvn clean test 執行此測試，測試的結果會以我們給予的命名逐項表示，如圖 3-9。

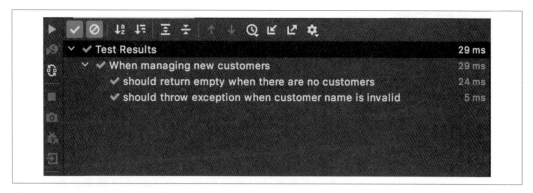

圖 3-9　IntelliJ 跑 JUnit 測試之結果，以該測試之命名表示

除了 JUnit，視專案之測試需求，我們也可能用到應用開發框架（例如 Spring Boot）或其他外部套件的特性，像是用 Mockito 去模擬服務呼叫（service call），或是用 jackson-databinder 去做資料繫結（data binding）等等。而一旦單元測試擴及到資料庫之類的外部系統，那該單元測試項目也就成為了整合測試。

好的測試應有之特性

截至目前為止我們已經認識了各種測試，而一個好的測試應該有以下這些特性，一旦與之違背，那您的測試很有可能淪為一種維護債。

- 測試的方法（method）與變數（variable）名稱應該是好理解的，並且應適當表示出該測試之目的，可以採用 AAA（Arrange（安排）、Act（行動）、Assert（斷言））模式命名，即找出該測試之前置需求（Arrange）、實施測試之行動（Act），以及對測試對象行為之斷言（Assert）。

- 一項測試應僅驗證一個行為，這樣不僅跑起來較快，失敗時也可以較明確知道問題之所在。

- 每個測試間應互相獨立，要知道一旦構成鏈式測試（chaining tests），那錯誤也會是鏈式的，應該為每個測試設計好它的前置準備作業與後置清除作業，這能讓測試保持獨立，並且也能夠併行跑測試。

- 測試應該與環境無關，測試不應該依賴於某個特定環境內的某個資料。

- 讓測試的建置與運行自動化，讓每個人在提交程式碼都能自行發動測試，而不用去找誰誰誰幫忙。

其他測試工具

本節會介紹一些其他與自動化測試有關的工具：有規約測試工具 Pact、用於服務測試的 BDD 工具 Karate，以及一些新穎的 ML/AL 工具，透過這些工具為自己建構更廣泛的知識鏈，讓未來在面對任務時有更多的武器可以選用。

Pact

Pact（*https://docs.pact.io*）是 Java 世界中被廣泛使用的規約測試工具，但它也有 Python、JavaScript、Go、Scala 等語言的版本，Pact 的測試模式稱為*消費者驅動規約測試*（*consumer-driven contract testing*）。

所謂*消費者*（*consumer*）指的是從服務端（服務或訊息隊列（queue）系統）取用資訊的應用（如另一個服務或網頁前端 UI），此處的服務端在此情境下稱為*供應者*（*provider*）。舉例來說，電商系統中的訂單服務會從 PIM 中取得供應商資料，如此訂單服務即為消費者，PIM 即為供應者，除了訂單服務外，PIM 還有其他許多的消費者，同時訂單服務也不只有 PIM 一個供應者，例如訂單服務可能並不採用 PIM 提供的製造商地址，而是視情況改採用另外一個供應者提供的資訊。

既然是「消費者驅動」，意味著隨著各方消費者的需求增加，供應者可能必須變更它的規約才能滿足新消費者的需求，但這種改變對原有消費者來說卻是有風險的，它們不知道規約變更，也就無法跟上新版的規約，所以需要一種機制讓我們能持續性的驗證規約的有效性，特別是規約中會用到的部分，避免最終串接出現問題。為了解決這樣的問題，我們可以自行手刻測試，但這些測試都需要消費、供應兩端的配合，建置與維護的成本都相對較高，如果兩端又同時都在開發，那更是不可能寫出能用的整合測試，於是消費者驅動規約測試就成了這糾葛關係下的解決方案。

參照圖 3-10，在消費者驅動規約測試的概念下，消費端的規約測試是以供應端的 stub 為對象，並且僅驗證消費端自己會用到的那些資料欄位，隨後這些規約測試再交給供應端，供應端這邊再次以真實的 API 去跑測試，確定這些真實的 API 也能通過測試，在這樣的工作流程中，如果供應端發現到哪一次的測試有問題，表示該次改版的規約影響到某個消費端了，則再回報給消費端讓消費端也能做出相對應之修正。

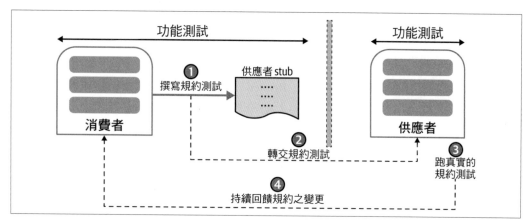

圖 3-10　消費者驅動規約測試流程

基本上這相當於把整合測試拆分成下面幾個小測試：

- 在消費者端這邊，利用模擬供應方的 stub 來撰寫宏觀、微觀的功能測試，並驗證其行為，如圖 3-10 所示。

- 除功能測試外，stub 也用來驗證串接，並且這些規約測試也提供給供應者端。

- 在供應者端這邊，也有自己的功能測試，包括宏觀與微觀的。

如此讓規約測試保持在一個比較沒有依賴，也比較小的範圍，這解決了傳統做整合測試、服務測試時的痛點。

Pact 能讓規約測試自動化，以上述之流程為基礎，讓我們用訂單服務與 PIM 做個示範，假設訂單服務可以透過 PIM 的 GET items 端點來取得品項資訊，包括現有的尺寸、單品碼（SKU）、顏色等等，則訂單服務與 PIM 兩者間的 Pact 將會如此工作：

1. 第一步，訂單服務開發團隊要整理所有與串接相關之測試案例，例如正常情況的測試案例，此類案例的 /items 應該回傳品項資訊，以及異常情況之測試案例，此類案例應回傳適當之錯誤碼（如 404、505 等），以及當請求之品項不存在時，應當回傳空白值。

2. 訂單服務開發團隊用 Pact 建立測試用的 stub。

3. 訂單服務開發團隊用 Pact 撰寫以 stub 為對象的規約測試，並且對下列屬性做斷言判斷：狀態碼、單品碼（SKU）、現有尺寸、顏色，Pact 會自動產生這些測試的 *pact* 檔案，該檔案紀錄了消費端與 /item 之間的請求與回應訊息以及斷言資訊。

4. 透過雙方事先設置好的工具 Pact Broker 把 pact 檔案傳送到 PIM 這端，如果不想自行設置 Pact Broker，Pact 也有提供付費的 Pactflow 服務可以代勞，或者用手動分享檔案這種最簡單的方式也可以。

5. 在 PIM 這邊的團隊，收到來自 Pact Broker 的 pact 檔案後，根據該檔案的資訊撰寫相對的規約測試以及準備測試資料，Pact 在跑測試時會根據 pact 檔案之紀錄送出相若的請求，並驗證回應之內容，但在 PIM 這邊測試的對象為真實的 API。

6. 測試完成後，供應者端的測試結果會再次透過 Pact Broker 自動的傳送給消費者端，在 Pact Broker 的運作下，兩邊的資訊交換是持續自動發生的，消費者端可以持續收到對方的測試結果。

7. 兩端的測試流程可以整合進 CI 管線（pipeline）流程，讓測試與回饋更加自動化的運行。

範例 3-19 為消費者端的 Pact 測試案例，其中 pactMethod 之函式定義了 /items 端點應有之行為，其中的 given() 方法制定了正常情境下 PIM 應有之行為及回應資料，Pact 消費者端在執行此測試時即以 pactMethod 之函式作為供應者端之 stub，對其做測試，以及對回應做斷言。

範例 3-19　*Pact 的消費者端測試範例*

```java
@ExtendWith(PactConsumerTestExt.class)
public class ItemsPactConsumerTest {

    @Pact(consumer = "Order service", provider = "PIMService")
    RequestResponsePact getAvailableItemDetails(PactDslWithProvider builder) {
        return builder.given("items are available")
            .uponReceiving("get item details")
            .method("GET")
            .path("/items")
            .willRespondWith()
            .status(200)
            .headers(Map.of("Content-Type", "application/json; charset=utf-8"))
            .body(newJsonArrayMinLike(2, array ->
                array.object(object -> {
                    object.stringType("SKU", "A091897654");
                    object.stringType("Color", "Green");
                    object.stringType("Size", "S");
                })
            ).build())
            .toPact();
    }
```

```
@Test
@PactTestFor(pactMethod = "getAvailableItemDetails")
void getItemDetailsWhenItemsAreAvailable(MockServer mockServer) {

    // 以上面提到的 pact 方法建立
    // PIM 的 /items 端點 stub
    RestTemplate restTemplate = new RestTemplateBuilder()
            .rootUri(mockServer.getUrl())
            .build();

    List<Item> items = new PIMService(restTemplate).getAvailableItemDetails();

    Item item1 = new Item("A091897654","Green","S");
    Item item2 = new Item("A091897654","Green","S");
    List<Item> expectedItems = List.of(item1, item2);
    assertEquals(expectedItems, items);
}
```

此測試執行後會產生 pact 檔案，將此檔案分享至供應者端的 pact 資料夾後，供應者端
也可撰寫自己的測試，如範例 3-20，此測試中的測試資料及應有之行為來自其中 @State
標注方法之引數，但在供應者端這邊測試的對象是真實的 /items 端點，並且該測試也預
期得到與範例 3-19 中，對 stub 測試相同之結果。

範例 3-20　*Pact 的供應者端測試範例*

```
@Provider("PIMService")
@PactFolder("pacts")
@ExtendWith(SpringExtension.class)
@SpringBootTest(webEnvironment = SpringBootTest.WebEnvironment.RANDOM_PORT)

public class ItemsPactProviderTest {

    @LocalServerPort
    int port;

    @MockBean
    private ItemRepository itemRepository;

    @BeforeEach
    void setUp(PactVerificationContext context) {
        context.setTarget(new HttpTestTarget("localhost", port));
    }

    @TestTemplate
    @ExtendWith(PactVerificationInvocationContextProvider.class)
    void verifyPact(PactVerificationContext context, HttpRequest request) {
```

```
        context.verifyInteraction();
    }

    @State("items are available")
    void setItemsAvailableState() {
        when(itemRepository.getItems()).thenReturn(
            List.of(new Item("A091897654", "Green", "S"),
                new Item("A091897654","Green","S")));
    }
```

這些測試最終會產出一份 HTML 報告，可以將 Pact 測試整合進 CI，如此每次提交後都可以看到測試結果。Pact 的測試一般會與主要程式碼放在一起，而且往往也需要了解開發框架（如 Spring Boot）的使用才有辦法進行有效的測試腳本撰寫與除錯。

Karate

Karate（*https://github.com/karatelabs/karate*）之所以受到關注，主要是因為它獨特的測試創建方式，它用一種稱為 Gherkin 的非程式碼的陳述語句（類似於 Cucumber）來建立測試，它也不只能做 API 測試，也可以做 E2E 測試、規約測試、模擬服務器（mock server）設置等等，拿它來做服務測試可說是相當簡單，參考範例 3-21，這個 Karate 測試與我們之前用 REST Assured 做的一樣，都是用於驗證 GET /items 端點。

範例 3-21 以 Karate DSL（domain-specific language，領域特定語言）寫的測試，對象為 GET /items 端點

```
Feature: Order service should return item details

    Scenario: verify GET items endpoint
        Given url 'http://localhost:1000/items'
        When method get
        Then status 200
```

就這樣，三行 Gherkin 語句搞定，完整的語句用法請參見 Karate Github 頁面（*https://oreil.ly/K0zza*），要安裝它也是很簡單，一樣在 IntelliJ 中把它加為 Maven 專案的依賴即可。

AI/ML 自動化功能測試工具

至今我們已經介紹過許多工具，這些工具足夠應付一款應用在自動化功能測試的各方面需求，然而隨著 AI（artificial intelligence，人工智慧）與 ML（machine learning，機器

學習）近年來的發展，也出現一批新的工具能協助我們更方便的處理每天的日常測試作業，像是測試的撰寫、維護、報表分析、管理等等，在本節中我們會簡單介紹幾款好用的工具。

測試撰寫

有了 AI/ML 的協助，把測試的撰寫帶入新的境界，讓那些不會寫程式的人也能輕鬆的寫出 UI 功能測試，這些新出頭的工具有 test.ai、Functionize、Appvance、Testim、TestCraft 等，還有一些其他的付費工具可以選用。

要用這類工具寫測試，一般都是要手動做一次讓「ML 黑科技」去記錄我們走過的每一步以及辨識操作的元素，這些 ML 黑科技厲害的地方在它們不只純粹辨識與記錄元素，還分析了頁面的視覺結構去讓元素的抓取更聰明，這些工具除了用於生成測試案例外，也有一些測試維護和問題分析的能力，這大大的減輕了我們的負擔，而且它們也能和 CI 整合，做到持續測試、持續回饋的改善循環。

測試維護

您是否遇過只因為某個元素的 ID 變動就導致一大堆 UI 測試死掉的問題呢？更討厭的是就算所有功能、外觀都沒變，只要 ID 一變測試就壞光光，只因為 UI 測試靠的就是抓元素 ID，我遇過，而且真心希望有什麼工具能幫忙解決這個惱人的問題。

能自動更正 ID 的特性，我們稱為自我修復（*self-healing*），有些 AI/ML 工具已經有這樣的能力了，像是 test.ai（*https://test.ai*）和 Functionize（*https://www.functionize.com/test-maintenance*），前面提過，這些 ML 工具在錄下操作步驟時除了 ID 也會分析頁面的視覺結構，當元素的定位 ID 變動了，它能根據視覺結構去感知到這些變更，並徵求人員的二次確認後自動的更新 ID。

測試報告分析

前面提過，我曾見過某間公司有上百個 UI 測試，這麼多測試要整整花一個晚上才能跑完，而且白天還要有專人看那一大堆測試報告，只要有問題更得花好幾個小時才能從中找到問題的真因。這些問題多半可歸屬於以下三者：品質缺陷、設變因素、環境因素，如果是本身的品質缺陷就開立臭蟲報告，如果是設變就修改測試腳本，如果是環境因素就找基礎設施團隊一起解決，這些重複性的工作周而復始的填滿他們的每一天，而這一款開源的報告分析工具 ReportPotal（*https://oreil.ly/frHa1*）可以將他們從這樣的苦海中解救出來。

ReportPortal 是一款搭載 ML 技術的自動化分析軟體，它能讀取測試的失敗紀錄並且視其形態分類至品質缺陷、設變因素、環境因素等三類，它的演算法會參考過往的分析資料自行學習，也就是說在剛開始需要花費些許時間來幫它打標、訓練這套演算法，經過訓練之後，就可以自動去辨別問題的型態，也就可以大大的節省我們的時間。

測試治理

對應用的不同層面採取適當的測試是至關重要的，有些人努力做了功能測試與單元測試，並且滿足於這樣的高覆蓋率，但這樣的滿足感其實來自視野的匱乏，因為他們對更高層次的模組測試一無所悉。所謂的測試治理就是讓正確的測試發生在正確的位置，讓應用的每個層面的品質都有所把關，然而越全面的品質監控也意味著需要整合更多的測試數據，也要算到那些尚未被測試覆蓋到的地方，而 SeaLights（*https://oreil.ly/d9WIY*）正是為此而生，SeaLights 是以 AI/ML 技術開發的測試治理工具，它能算出全面性的測試覆蓋率，也能標示出還沒被測試到的地方，還能根據測試結果與覆蓋率數據計算出當前的品質風險，以及其他測試治理相關的功能。

以上介紹了幾款 AI/ML 加持的自動化測試工具，這些新一代的工具正逐漸走向主流，並且它們自身的產品特性也正日趨成熟，我們應該善用這類工具，讓他們替我們執行重複性較高的工作，如此才得以解放我們的雙手，讓我們能花更多時間在腦力密集的高層次事務上，像是規劃、創新、安全、性能等等。

觀點

在自動化功能測試的議題上，我們已經談得夠深也夠廣了，但在本章結束之前，再讓我們談談幾個話題：自動化功能測試的反模式、自動化測試覆蓋率，以及到底什麼是100% 的測試覆蓋率。

克服反模式

就算您以為自己已經花上大把時間，盡量把自動化測試做對做好，可是其實這只是一個開始，隨著開發的功能越來越多，我們也要投注更多心力去避免反模式的發生，根據我的觀察，越接近交付時間，就越有可能出現反模式，如果不想提油救火，能盡早發現反模式就顯得相當重要了，在本節中我們會看到幾種常見的反模式，第一種稱為霜淇淋甜筒反模式，第二種稱為杯子蛋糕反模式，請參見圖 3-11，除此之外本節也會討論到克服反模式的方法。

圖 3-11　自動化功能測試中的反模式

霜淇淋甜筒反模式

把測試金字塔倒過來，看起來是不是就像支甜筒，因此這種反模式就稱為霜淇淋甜筒反模式（*https://oreil.ly/zoesB*），在這支頭重腳輕的甜筒裡面有著大量的 UI 測試，但卻僅有少量的單元測試，此種反模式的發病徵兆可參考以下：

- 測試跑完要等好久才能收到反饋。

- 要到很後期才能找到品質缺陷，甚至要到發佈前的測試才抓得到。

- 儘管有自動化，還是需要詳細的手動測試才能得到有效的品質反饋。

- 投入資源做自動化 UI 測試，但收穫卻不如預期，團隊因此士氣低落。

　盡早發現早期跡象可以阻止您的團隊掉入霜淇淋反模式之中，其中一個跡象是在手動測時發現到回歸缺陷（regression defect），一旦發現就要馬上做真因調查，並且馬上修正當下的測試策略。

杯子蛋糕反模式

當您在系統的不同層面實施目的重複的測試時，您也就在製作杯子蛋糕，原本下寬上窄的金字塔變成一路寬到底，寬到無極限的杯子蛋糕（*https://oreil.ly/tzJzw*），這種混亂通常發生在開發和測試各自為政的團隊上，開發這邊在單元測試寫了個測登入輸入框，而測試這邊在 UI 測試又再寫一個測登入輸入框，如此重複，生生不息。

如果您察覺到即使是一個小功能都要花很久才能發佈出去，就代表離這個反模式不遠了，此外還會附加上演一些相互指責的爛戲，一有錯誤發生，某某某總是會覺得對面的誰誰誰為什麼沒有先把錯誤測出來就丟過來。

 要避免這種反模式的簡單做法是把人召集起來，共同討論好哪種測試該在哪邊做，發起這場會議的最好時機就是在用戶情境啟動會議（user story kickoff meeting）上，並且將討論後的結果切切實實的寫到卡片上。

百分百測試覆蓋！

對於測試，我們通常看重測試覆蓋率指標，覆蓋率越高也被認為軟體開發得越完善，對於自動化測試的覆蓋率算法，一般是把所有的測試案例數量統計出來，算一下裡面有被自動化的有多少，兩者相除再以百分比表示即可，目標當然是越接近 100% 越好，但在達到這完美的目標前有幾個關鍵點必須留意一下。

覆蓋率與變異測試

自動化測試覆蓋率計算與傳統的測試覆蓋率計算不同，在傳統覆蓋率指標這邊，是以有多少程式碼沒有被單元測試測到這樣的基礎做計算，也就是說它是去找出那些沒有被測到的程式碼。有些覆蓋率計算工具像是 JaCoCo 和 Cobertura 可與 CI 管線（pipeline）流程整合，並且當覆蓋率不足某一下限時，會觸發建置失敗，或者將未測試之程式碼隔離不進入建置階段，但在傳統覆蓋率指標這邊，高的覆蓋率並不表示高的自動化。

在測試覆蓋率的計算中，需要找出那些沒被測到的程式，此時會用到一種稱為變異測試（*mutation testing*）的方法，這種方法會故意改變待測的程式碼，之後再跑測試，最後再確認測試是否失敗，舉例來說，故意把原本呼叫某個方法的敘述拿掉，再去跑單元測試，如果測試因此失敗了，那這個變異測試就「死了」，反之如果故意拿掉之後單元測試卻還是通過，那這個變異測試就「活了」。PIT（*https://oreil.ly/aeGl0*）是一款較多人使用的變異測試工具，把它加進 Maven 專案的依賴套件之後，就可以從命令列執行了，它會列出所有那些「活了」的變異測試，還會給出一項變異分數指標，這種方法對於找出那些沒被測到的程式碼相當有用，但也需要花費相當的時間，因此在使用前最好先掂量掂量。

首先我想指出的第一點，就算真的做到 100% 覆蓋率，也不表示就保證裡面沒有臭蟲！因為自動化測試覆蓋率是以那些*已知*的測試當作計算基礎，但往往後面又會發現某些當下未知的測試案例，關於這項特性務必要和所有夥伴事先說清楚，免得到後面發現問題時又會出現自動化測試做到哪裡去了的質疑，除此之外，也要讓他們知道這項指標的意義在於讓我們知道當前的測試自動化進度（但還要考慮其他指標）並規劃後續需要再投入的自動化人力，另外自動化測試覆蓋率也可以告訴我們，是否團隊的自動化走在正確的道路上，或者正在走向反模式。

第二點，在追蹤自動化測試覆蓋率時，應當考慮到所有模組，特別是在大專案，如果一個大專案由好幾個團隊各自負責，在看整體的自動化測試覆蓋率時，可能看起來數字很漂亮（例如 80%），但分開看就會發現可能其中某個模組的數字掛零，完全沒有自動化，只因為整體指標是以全專案的總量計算，因此掩蓋了部分模組自動化比例低落的問題。

再者，計算指標時應該把功能性和非功能性測試一併列入，在多數情況下，非功能性測試的自動化程度往往容易為人所忽略，這也導致問題難以及時發現（後面的章節會談到更多非功能面測試的自動化議題）。

最後一點，儘管目標是全面自動化，但仍須考量實際的狀況，應用的特性、環境因素、成本因素等，種種因素都讓我們難以真的做到一百分的自動化，對於那些難以自動化的測試案例，就排入手動測試吧，話雖如此，但這並不代表可以輕率的放棄自動化，一股腦的把測試案例排入手動測試中，別忘了本章最開始的那間公司，您應該不會也想花一千兩百分鐘在每一次的發佈測試上吧！

隨著專案的發展，若干年後自動化測試的價值就會顯露出來，隨著時代的推進，我們會發現到測試的終極意義在於證明功能的存在，這是我測故我在的哲理思維，也有人說「吾人日已遠，程式永流傳」，這些觀點都再再表示測試的價值不僅止於現在，它不僅幫到當下的我們，也幫助到未來參與專案的您與我。

本章要點

以下為本章要點：

- 自動化測試以工具驗證應用之行為，其目的是快速獲得品質反饋。

- 手動測試與自動測試間的工作分配，比較好的做法是用手動測試去挖掘新的測試案例，並撰寫成自動化測試案例，在每次的回歸測試中重複驗證。

- 自動化測試不僅止於前端 UI 功能測試，也包括單元測試、整合測試、API 規約測試、服務測試、E2E 測試，這些宏觀面或微觀面的測試都有可能使之自動化，進而讓我們能更快的獲得品質反饋。

- 測試金字塔是自動化測試策略的最佳模式，為規模最小的測試形式準備最多的測試案例，隨著規模的擴大，測試案例的數量隨之減少，這樣的模型讓整體測試既能簡單的維護，又能節省測試的時間。

- 隨著測試工具的演化以及 AI/ML 技術的問世，測試的撰寫、維護、分析等事務都變得越來越簡單。

- 雖然我們投入了大量的精力讓測試自動化，但工作並不因此完結，後續還要花更多的心思去預防測試的反模式出現，像是霜淇淋甜筒反模式或是杯子蛋糕反模式。

- 注意不要因為趕工就忽略了自動化測試的重要性，也注意不要以為有高度的自動化測試就可以忽略安全等非功能面的問題，我們也應該關注覆蓋率指標之外的事情，確保總體指標之內的每個層面都有被適當的測試所驗證。

第四章

持續測試

少了持續性，一切的努力都是空！

在上一章我們介紹了幾種不同的自動化測試，並藉由自動化測試讓我們能更快獲得應用的品質反饋，雖然得到反饋的速度加快了，但光靠人工發動測試是不夠的，我們更需要有一個能使測試持續性進行的機制，來讓我們能常態性的收到每一次的品質反饋，而本章談的就是持續測試的相關議題。

所謂持續測試（*continuous testing*，CT）是指每當程式碼變動後即自動或手動對程式進行品質驗證以及發出問題通知的流程，舉例來說，如果某個功能因為某次提交導致性能下降，藉由持續測試的機制就能在測試失敗後立即將此問題通知開發人員，如此開發人員就能在問題擴散前的第一時間掌握並且修正問題，如果沒有持續測試，問題可能蔓延到正式環境上而不自知，或者影響到其他模組，屆時還要花更多的人力物力去亡羊補牢。

程式提交後持續測試（CT）的自動化測試機制主要是由 CI（*continuous integration*，持續整合）實現，藉由 CI 與 CT，才得以實現有效的 CD（*continuous delivery*，持續交付），在 CI、CT、CD 三者無縫接軌的運作下，也讓開發團隊享有無與倫比的高效產出，不論是交期、部署頻率、回復平均時間、失敗比例等指標都會有顯著改善，這四項關鍵指標用於產品交付時的品質洞察，此部分在本章節的最後會再為讀者做詳細介紹。

透過閱讀本章，您將能學習到何謂 CI/CD/CT 流程，也會學到如何規劃它們的策略，使其能為我們帶來持續性的品質反饋，並檢視其中我們所關注的品質指標，在實務演練的部分，我們會實際建置一個 CI 服務，也會談到 CI 與自動化測試整合的議題。

組成元素

作為本章的基礎，本節將會介紹到 CI/CD/CT 相關術語，也會介紹到在建置這一系列流程時的一些基本準則，這些準則是讓此流程能成功導入團隊作業的關鍵，就讓我們從 CI 開始吧。

持續測試簡介

Martin Fowler（*https://oreil.ly/Z2kjh*），這位《重構—改善既有程式的設計》以及其他許多書籍的作者、Thoughtworks 首席科學家，他是這麼描述 CI（continuous integration，持續整合）的：「一種軟體開發實踐模式，團隊成員經常性將工作成果彼此整合，通常每個人至少每天進行一次，使得一天中會發生多次整合作業。」讓我們用實際的例子來解釋解釋，以及說明這種模式的好處。

假設有兩位同事 Allie 與 Bob，他們各自獨立開發登入功能與首頁，在某個早晨，Allie 剛完成了基本的登入流程，而 Bob 也剛做完他的首頁雛形，他們開始在各自的電腦上測試自己的功能並且繼續工作，在即將結束這天工作之前，Allie 完成了登入功能，用戶在登入成功後會被導向首頁，而因為目前她還沒有拿到首頁，

因此這邊的首頁還只是個空白頁面，在 Bob 這邊，他有完整的首頁，但目前用戶名稱是寫死的，因為他也還沒有拿到真正的登入功能。

次日，他們一致回報工作進度「OK!」但這樣真的 OK 嗎？誰要負責整合出完整的登入與首頁呢？每個整合是否也要寫成一張張的使用情境卡呢？如果要，那之中重疊的測試成本又是誰要買單呢？或者他們應該先不要測試，等到整合完再測？諸如此類的問題都可以透過 CI 將其解決。

有了 CI，Allie 和 Bob 就能分享彼此的工作產出（他們可是在中午前就做出了各自的基本功能對吧！），Bob 將因此能夠在首頁中塞入真正登入後的用戶名（例如從 JSON 或 JWT 中取得），而 Allie 這邊也能在登入後把用戶導向真正的首頁，如此將使這開發中的程式更具有使用性與測試性！

在前面的範例中，要做到兩邊工作的整合看起來好像得多花一些額外的成本，但實際上，如果等到兩邊的程式碼累積出越來越多才做整合的話，屆時要付出的成本與時間只會多更多的多，而且還會拖累到許多測試也沒辦法測，如果有問題也很難在成堆的程式碼中找到對的地方修正，所以很多時候就乾脆砍掉重寫，如此惡性循環導致同仁間更加排斥整合的工作，隨之而來的當然是更難更晚更複雜的整合。

CI 的出現從根本解決了上述的整合問題，開發團隊也因此不用在混亂中重寫又重寫，東修修西補補了。雖然 CI 也並非解決所有問題的萬靈丹，但它可以讓問題更少也更容易被盡早發現、盡早解決。

CI/CT/CD 流程

讓我們開始看看 CI 以及其中的 CT 流程，然後我們會再談到後面的 CD 流程。

一個 CI/CT 流程主要由四大部分組成：

- **版控系統**，負責集中管理所有的程式碼，每個人都可以從程式碼庫（repository）拉取（pull）最新的程式碼，並與自身當前工作中的版本整合。
- 自動化的功能或非功能測試，用於驗證系統的特性。
- CI 服務，用於每次提交程式變更後自動執行後續的自動化測試作業。
- 運行 CI 和產品的基礎設施。

CI 的自動化流程從開發端開始，每當完成一個小需求，就把程式碼推送（push）到版控系統（例如 Git 或 SVN），版控系統會追蹤歷次變動，然後版控系統會把最新的程式碼傳送到 CI/CT 流程，由 CI 服務（如 Jenkins、GoCD）建置測試環境並自動發起測試，所有測試通過之後，即可認定該次的改動是沒問題的，如果測試有問題，那該次提交的負責人就必須盡快修復後再次提交，有時候當下的版本有問題也需要用版控系統將程式碼回復到之前的版本，如此可以避免同事拉取到那些有問題的程式，甚至讓有問題的程式碼汙染到他們自己的工作中。

版控的好處

讀者可曾好奇想過沒有版控的時代人們是怎麼合作開發嗎？有些人是用網路硬碟，還有些人直接衝進中央儲存庫就地更改，這些古老的方式對當時的團隊來說都是痛苦的經歷，也促使了人們在 1960 年代起開始發展世上第一套版控系統 Source Code Control System（SCCS），自那時起版控系統的特性也變得越來越豐富，新的特性為我們解決開發上的痛點，也為團隊合作提供了巨大的優勢。

下面是一些版控帶來的好處：

- 版控系統追蹤每一次的程式碼變更，不論是新增、刪除、還是修改，所有的變更都紀錄它在自己肚子內的資料庫，從程式出生的那一刻起的變動都可以追溯回去，這讓我們能更輕鬆的找出發生問題的原因。

- 因為每一次的版本都是獨立的，因此如果有程式有問題可以回滾到某一個特定的版本。

- 提交至版控系統的變動可以與專案管理系統中的情境卡片或問題卡片連結，讓我們能從變動追溯到卡片，知其然也知其所以然，也能知道產品一路以來的演化。

- 有時候某些新功能需要動到既有的程式碼，版控系統可以透過分支機制（*https://oreil.ly/Ma8Ft*）讓開發人員在自己的分支上開發而不影響到主幹，到開發完成後再併回主幹，但是要注意，分支存在壽命過長是一種反模式。

參見圖 4-1，Allie 把她已基本完成的登入功能以及測試案例在下班前推送到版控系統，並標示為提交紀錄 C_n。

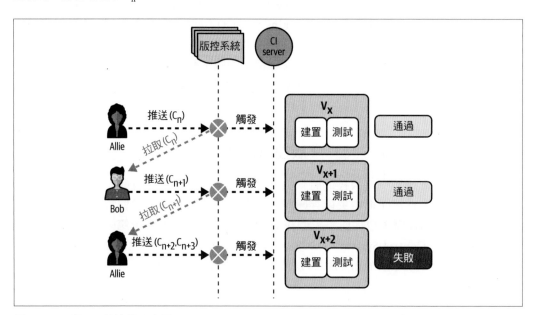

圖 4-1　CI 與 CT 的流程示意圖

在 Git 版控中，一次提交（*commit*）即為整個程式庫在某一刻的快照，在 CI 實務上，我們建議在本機開發時盡可能採取小幅度、多次的提交策略，等到功能基本開發完成後，再將全體提交推送到版控程式碼庫（repository）中，並觸發 CI 的建置與測試流程。

圖中的 C_n 提交觸發了 CI 管線（pipeline）流程，CI 管線流程由幾個階段構成，首先是**建置與測試**，即將程式建置並運行起來然後跑測試案例，包括微觀面的、宏觀面的測試，也包括其他非功能面的品質指標（性能、安全等），後面的章節我們會對非功能面測試有更詳細的解說，測試完成後，Allie 會收到這次的測試報告，在上圖的例子中測試是通過的，而 Allie 也繼續她的開發工作。

在 Bob 這邊，他先從版控系統拉取（pull）當前最新的提交（C_n），與自己手上的程式整合後再次推送給版控系統，並標示為提交紀錄 C_{n+1}，此時這個 C_{n+1} 的提交乃包含了 Allie 與 Bob 兩人共同之產出之程式碼快照，在提交之後即觸發了 CI 的建置與測試流程，此時針對 C_{n+1} 的測試即可確保 Bob 的改動沒有破壞任何既有功能，因為 Allie 的提交有包含登入功能的測試案例，這裡的測試也驗證了 Allie 的登入功能，而幸運地，Bob 通過了所有的測試，然而在圖中 4-1 中，Allie 最後一次的提交 C_{n+2}、C_{n+3} 卻沒有通過測試，因此她必須再次修正才能繼續後面的工作，由於目前版控系統中的程式碼是有問題的，她可以把修正後的程式再次提交，並再走一次 CI 流程確定有通過所有的考驗。

觸類旁通一下，把這樣的工作流程放大到整個團隊，就可以了解到 CI 對團隊開發有多重要，每個人都可以分享自己的工作產出，也可以無縫整合他人的產出，並且在更大型的專案中，往往有一些互相依賴的組件，它們需要更嚴謹的測試，只有 CT 流程才能滿足它們的測試需求，也才能讓人們對產品有足夠的信心。

隨著來自自動化整合與測試的信心加持，開發團隊也將能進一步隨業務需求將程式部署到生產環境，也就是說他們已經具備了持續交付（CD）的能力。

CI 與 CT 流程的建立是 CD 的先決條件，如此才能確保每一次的發佈都是經過驗證的，此外，CD 也必須建立自己的自動化部署機制，讓一個按鈕就能觸發部署流程，並且能根據需要決定部署到 QA 或生產環境，圖 4-2 為部署流程示意圖。

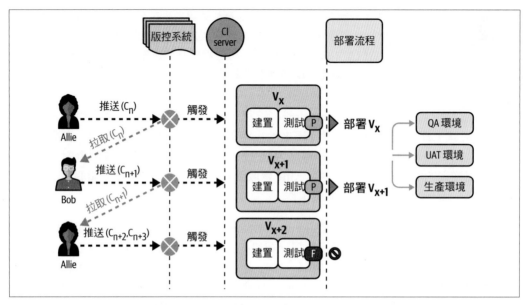

圖 4-2　CI、CT、CD 管線流程示意圖，包括部署的流程

如圖所示，在 CI/CT 管線流程之後就是 CD 的部署流程，這些不同階段的配置都是以 CI 為中心去規劃的，再依照配置以及環境來進行部署的作業。

CI 會列出每次的提交以及它們的測試結果，只有測試通過的提交（或一組提交）才能被拿來部署成某個版本（V），舉例來說，假設 Allie 提交了 C_n，並且需要知道業務端對當下登入功能的反饋，那麼她可以對此次提交按下部署鈕將其部署為版本 Vx，如圖 4-2 所示，並且選擇部署目的地為 UAT 環境（user acceptance testing environment，用戶驗收環境），這次的部署將只會部署至程式碼到 C_n 為止的提交，也就是說後續 Bob 的 C_{n+1} 等提交將不在這次部署的範圍內，而更後面的 C_{n+2}、C_{n+3} 因為測試沒通過，所以也無法進行它們的部署。

像這樣的 CD 機制解決了過往從開發到部署的許多問題，而其中最重要的是 CD 讓我們能在對的時間推出對的產品，畢竟拖延既會讓自己損失收入又會讓用戶流向對手，此外從團隊內部的觀點看，像這樣自動化的部署流程能減少對人工的依賴，不需要專門的人或施展任何密技就能把程式上線，任何人在任何時間都可以一鍵發動部署至任何環境，自動化部署也減少了套件版本不相容的風險，也不用擔心每個環境的配置問題，更不需要一堆寫滿步驟與指令的文件。

持續部署（**Continuous Deployment**）與持續交付（**Continuous Delivery**）

持續部署與持續交付不同，持續部署指的是每次程式碼提交並通過測試後，自動將程式碼部署到生產環境的管線流程，換言之，在持續部署模式下，新功能幾乎是立即出現在用戶面前，而持續交付指的是將程式碼隨時準備好，讓我們能根據需求自行決定新產品或新功能上線的時間點，在該時間點即時發佈新功能，這種模式比較適合有設定上線日期的產品，有些公司甚至會高調對外宣傳新功能的上線。

準則

認識 CI/CT/CD 流程之後，必須要說明的是這些流程之所以可行，必須所有人都遵循一套共通的行事準則走，因為這些自動化流程與我們的開發流程深度結合，不論是測試方面的自動化、程式開發方面的自動化，或是基礎設施配置方面的自動化都變得與 CI 流程密不可分，我們應該在開發初期就盡早開始採納後述之準則，並盡量讓自己能貼近這些準則，唯有遵循這些準則才有可能建置出成功的一體化的自動化流程，下面我們將逐一介紹這些準則：

經常性提交

開發人員應該經常性提交他們的程式碼，並且每完成一個小功能就推送至版控系統，如此版控系統會為我們測試這些提交，他人也可以馬上拉取到這些成功的提交。

務必提交測試

除了功能本身，每次提交也應該要提交該功能的測試案例，Martin Fowler 將這種做法稱為**自我測試程式碼**（*self-testing code*）（*https://oreil.ly/9QNlb*），以我們之前提過的 Allie 為例，她在提交登入功能時也一併提交了登入功能測試案例，因為有了測試，就能確保她的程式不會在之後被 Bob 改壞。

堅持 *CI* 認證測試

每個人的提交都要通過 CT 驗證後才可以繼續進行下一個工作，如果測試失敗了，便應該立即修正，根據 Martin Fowler 的〈CI 認證測試〉（Continuous Integration Certification Test）（*https://oreil.ly/lA0uR*）文中的建議，有問題的建置版本或測試應該在十分鐘內修復，如果沒辦法立即修復，那應該把有問題的提交撤回，以保持主幹程式碼的穩定（也就是亮綠燈）。

不要跳過、隱藏失敗的測試

有時候因為趕工會用粗暴的手段想辦法讓提交通過，但是我們不應該試圖跳過或隱藏任何測試案例，雖然這道理大家都懂，但實務上還是常常看到這種粗暴的方法。

不要推送至有問題的程式碼庫

如果當前的主幹上的程式碼已經有問題（也就是亮了紅燈），又再推送自己的程式上去只會讓失敗的測試一跑再跑，而且這樣會令人更難以找到問題的根源，沒有人知道到底是哪次提交讓建置失敗的。

負起連帶失敗責任

如果我的推送的提交測試有問題，但有問題的那部分程式卻非我所有，這種情況下，修正它的責任仍然在我，當然如果有需要，還是可以求助於更了解那部分程式的人一同解決，但無論如何，一定要把當前的問題都修正完畢才可以進行下一個任務，這種當責制度當然是為了避免大家又互踢皮球又拖延問題，有時候還會因為這些問題乾脆從 CI 把測試拿掉，這又造成了測試不完整的問題，導致這段時間內既不能測試也得不到任何的品質反饋，造成更大的崩壞。

除了以上這些，還有些團隊制定了更嚴格的規定，像是一定要在本機中通過所有的測試才能推送到版控系統、一定要超過多少的測試覆蓋率，否則直接打入敗部、把每次測試的結果（成功或失敗）和提交者的姓名全部明明白白的公布到 Slack、如果 CI 跑測試失敗了就在辦公室放超大聲的廣播讓全世界的人都知道，此外，身為測試者，我也必須密切關注 CI 中的測試狀態，並確保它們有被按時修復。從根本上說，所有這些措施都是為了讓團隊能把 CI/CT 流程運作得更加順暢，並藉此得到正向的收穫，但最終我們認為讓團隊不僅了解這些準則的「how」，還要了解背後的「why」才是真正有效的手段。

持續測試策略

現在您已經認識過持續測試的基本流程和原則了，接著我們來看看如何為自己的專案建立適當的持續測試策略。

在前一節的範例中，我們演示了單一的建置以及測試階段，所有的測試也都在一個工作週期內跑完，但我們其實可以把測試分成兩大部分來跑：一部分為針對靜態的程式碼測試（即那些微觀的測試），另一部分為針對宏觀的測試，也就是針對已部署的應用測試，這種做法相當於把微觀測試（單元測試、整合測試、API 規約測試）擺到更前面的位置，也就是我們強調的左移，而把那些要跑比較久的宏觀測試（API 測試、UI 測試、

E2E 測試）擺到後面去，如此一來左移的那些測試就可以更快也更早的讓我們拿到當下的品質狀況。

圖 4-3 展示了這種兩段式的 CT 模式，從圖中可以看到，第一部分的測試都是那些微觀面的測試，傳統上這階段被稱為**建置與測試階段**，依照第 3 章之測試金字塔模型，這階段的測試會對系統中較為底層的功能做廣泛的驗證，因此在這階段測試之後我們就可以很快的知道該次提交的品質狀況，這系列的測試也應該都是短小快速的測試，通常幾分鐘就可以跑完，根據上一節的準則，我們應該等到這階段都跑完確認沒問題了，再去進行下一個任務，然而如果沒辦法在幾分鐘內跑完，那就得想辦法改善了，例如原本測試是一個接一個跑，或許可以改為平行式的跑 [1]。

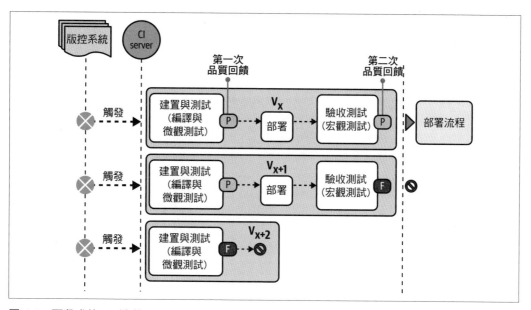

圖 4-3　兩段式的 CT 流程

在 Jes Huble 與 David Farley 合著的《Continuous Delivery》書中建議合理的建置與測試時間應該短到像「泡個茶、聊個天、看個信、伸個腿」那樣。

1　有關更多的 CI/CD 在產業上的實踐原則，可以參考 Gene Kim、Jez Humble、Patrick Debois、John Willis 等人所著的《DevOps Handbook》（IT Revolution Press 出版）。

通過建置與測試階段後，緊接著在部署階段就會把編譯後的檔案送到 CI 環境（也稱為開發環境），然後進入功能測試階段，也稱為驗收測試階段，此階段會跑那些宏觀面的測試，這些在 CI 環境的測試都通過之後，才可以把專案真正部署到後續其他環境，包括 QA 環境、UAT 環境、生產環境等。

在這階段，因為驗收測試的腳本都跑得較久，再加上前面部署的時間，兩者相加所需的時間就更長了，但如果有遵循前面的測試金字塔原則去分配測試案例的話，應該在一個小時內可以跑完，在此回顧一下第 3 章的例子：有人弄了兩百個左右的宏觀測試，大約要跑八小時才看得到結果，然後依照測試金字塔原則重構測試模式之後，從提交起算，只要大約三十五分鐘就可以跑完全數四百七十個左右的微觀加宏觀測試，之後馬上就可以部署到任何一個節點。

分成兩段的測試還有另一個好處，因為第一段測試較快就能知道結果，就算我們已經接手下一個任務了，要切回前一個任務去修正原本的問題也較為快速，反之，如果測試一整輪下來要跑好幾個小時，那人們可能更傾向把有問題的部分記成專案管理系統的卡片，拖到後面再處理，但這是一種不良的模式，如此就相當於在有問題的程式上繼續堆積新的程式，並且那些新的程式也因此無法被完整的測試，因此我們積極倡議應該盡可能縮短跑測試的時間，有許多加速的手段可以利用，例如平行化、測試金字塔、消去重複的測試、重構測試移除等待時間、將共用性功能抽象化等 [2]。

這套 CT 流程還可以再進一步拓展，納入跨功能測試，參見圖 4-4，我們可以把性能測試、安全測試、可用性測試視為前面兩段測試的一部分，或者視為獨立的第三段測試，並在 CI 中將其配置於驗收測試之後，讓我們一套測試做完獲得完完整整的品質狀況，在後面的章節我們也會提到如何將跨功能測試左移的方法。

---

[2] Jez Humble 和 David Farley 在《Continuous Delivery》（*https://oreil.ly/continuous-delivery*）書中談了許多諸如此類的優化手法可以參考。

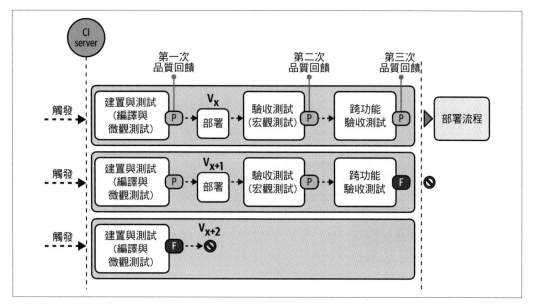

圖 4-4　三段式的 CT 流程

持續整合（**Continuous Integration**）與持續測試（**Continuous Testing**）

如同字面上的意思，持續整合結束於建置與測試階段，也就是說一次提交只有在通過微觀面測試後（其中至少要有單元測試）才會被視為是「已整合」的[3]。

而持續測試的範圍是更加全面的測試面向，包括功能面與非功能面的測試，測試的對象也是針對**每一次提交**，確保提交的品質後才會送到 CD（持續交付）。實際上持續測試的範圍也不僅跑跑自動測試，還包括部署之後的手動探索性測試，在探索過程中挖掘到的新測試案例也必須寫成測試案例，並納入之後的自動化測試序列中，如此我們才可將一個功能或提交視為「做完」。

在當前這種三段式的測試模式下，每個階段的管線流程互相串連，總體而言，測試所要花費的時間會更多，也會吃掉更多運算資源，優化此一 CT 流程的方法是再把測試分成**煙霧測試**（*smoke tests*）和**夜間回歸測試**（*nightly regression tests*），參照圖 4-5。

3　詳見 Jez Humble、Gene Kim、and Nicole Forsgren 合著的《Accelerate》（IT Revolution Press 出版）。

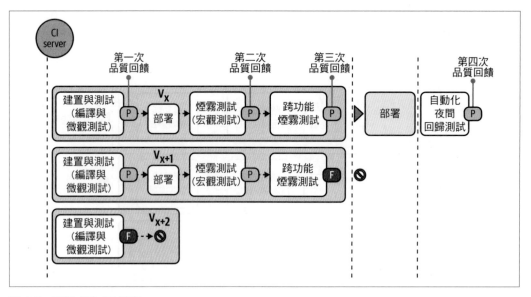

圖 4-5　四段式的 CT 流程

煙霧測試之名來自電子工程，電子產品會通電來評估電流量，如果電路中間有問題，就會過熱冒煙（所以叫煙霧測試），把這個概念放到軟體品質上，我們也可以把每個功能的 E2E 測試視為煙霧測試，並且在驗收測試段跑這些煙霧測試，如此就可以快速地獲得每次提交後的品質狀況，參照圖 4-5，通過煙霧測試的提交就可以進一步的進行後續的部署。

在規劃煙霧測試時，還得搭配夜間回歸測試，顧名思義，夜間回歸測試會被配置成在每日夜間啟動（例如每天晚上七點），夜間回歸測試會針對當天所有的提交做測試，因此我們必須養成每天早上一進公司先查看昨日夜間回歸測試結果的習慣，並且如果有問題的話也要優先處理，有時候是程式本身的問題，有時候是環境配置的問題，有時候也會是測試腳本的問題，總之最好能優先把這些問題處理掉，不然當天後面的測試也有可能一再出現重複的問題。

我們可以把上述的煙霧測試與夜間回歸測試模式套用在功能與非功能面的測試案例上，像是我們可以把比較重要的負載測試案例視為煙霧測試，讓每個提交都一定會測到它，而剩下非關鍵的性能測試就放到夜間回歸測試內（在第 8 章我們會進一步談到性能測試），或者我們也可以把靜態安全分析視為煙霧測試，讓它在每次建置與測試階段運行，然後把功能性安全掃描（詳見第 7 章）放到夜間回歸測試。如此切分後，顯而易見的有一部分的測試結果得等到隔天才會看到，也因此相關的修正也得等到隔天或者更晚才能進行，所以在挑選哪些測試要放到煙霧測試階段、哪些測試又要放到夜間回歸測試階段時就要特別小心，此外還要注意到，只有宏觀面測試以及非功能性測試才有可能被視為煙霧測試，而那些微觀面的測試應該都還是放在最前面的建置與測試階段內。

一般來說，當專案還小的時候，可以不必採用這種較為複雜的方案，把所有測試一口氣跑完就好，隨著專案的成長（以及測試案例的增長），就可以開始考慮採用更細緻的測試優化方案，最終走到多段式、有煙霧測試、有夜間回歸測試的方式。

好處

如果讀者想知道做這麼多測試流程上的安排與努力能為我們帶來什麼，可以看看圖 4-6 展示的好處，這些會是令人願意推動 CT 的動力。

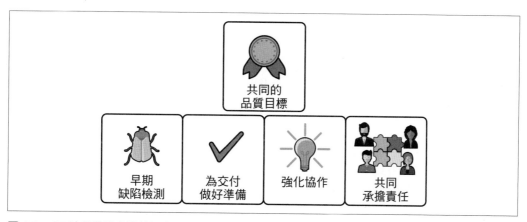

圖 4-6　CT 流程帶給我們的好處

讓我們逐一檢視這些項目：

共同的品質目標
　　CT 流程能確保每個人都具有共同的品質目標，並且致力於達成此一目標，不論是功能面或非功能面，這是讓品質深植於產品內的具體方法。

早期缺陷檢測
　　每次提交後都可以立即獲得功能面與非功能面的品質反饋，如此我們就可以立即修正問題，反之我們得等到更多天或幾個禮拜後才能將問題加以修正。

為交付做好準備
　　因為有持續的測試，因此我們的應用總是隨時準備好部署到任何地點。

強化協作

CT 也能使分散式的開發團隊更容易協同合作，任何人都可以知道每個提交的狀況，透明的品質狀況也避免了無謂的品質甩鍋問題。

共同承擔責任

所有人都必須對自己的提交負責，彼此共同肩負起產品品質的責任，而非僅開發老鳥或測試者之責。

如果您曾經在軟體產業任職，您應該可以體會這些好處看似平凡，實際上有多麼難達到！

演練

練練手的時間到了，下面我們會演練如何將第 3 章的自動測試推送到版控系統、設置一個 CI 服務，以及將自動測試整合進 CI 流程內，如此每當我們推送提交就會自動觸發測試流程，此外在這裡的演練也會帶到 Git 與 Jenkink 的具體用法。

Git

Git 最初是在 2015 年由 Linux 創建者 Linus Torvalds 所開發的版控系統，至今 Git 已經是世界上最多人用的開源版控系統，根據 Stack Overflow 在 2021 年開發者調查（*https://oreil.ly/pb7Pb*）的結果顯示，所有受訪者中有高達 90% 的人都在用 Git。Git 是一款分散式的版控系統，這表示一個團隊中的每個人手上都有專案的完整拷貝，以及過往所有的提交歷史紀錄，這個特性讓團隊開發有更大的自由度，也讓每個人能更好的去開發與除錯。

設置

一開始我們得先找個地方來託管我們的程式碼，可以將程式碼庫（repository，簡單說就是程式碼的存放庫）託管於雲端的 Git 託管業者，如 GitHub 或 Bitbucket，其中 GitHub 可以免費託管公開的程式碼庫，它也是全球最多人用的 Git 託管服務，絕大多數開源專案都託管在此，在這裡的演練也是使用 GitHub，如果您還沒有帳號，就先開一個吧（*https://github.com/join*）。

登入 GitHub，在個人帳號那邊選擇 Your repositories → New，進入創建新程式碼庫的頁面，在此我們會建立一個用於存放 Selenium 自動化測試的程式碼庫，首先輸入名稱，在此我們取做 *FunctionalTests*，並將本程式碼庫設為公開，創建成功後會進入該程式碼庫的頁面，記下它的網址（*https://github.com/<yourusername>/FunctionalTests.git*），在此頁下方提供了幾種把程式碼推送進來的方法，但在此之前必須先在本機電腦中設置好 Git。

在本機電腦依照下面步驟操作：

1. 參考以下指令在命令列下載並安裝 Git：

   ```
   // macOS
   $ brew install git
   // Linux
   $ sudo apt-get install git
   ```

   如果是 Windows，則可以從 Git for Windows（*https://gitforwindows.org/*）網站下載安裝檔安裝。

2. 驗證 Git 是否可使用：

   ```
   $ git --version
   ```

3. 在提交時 Git 必須附上提交者的用戶名稱與信箱以便追蹤，執行以下命令設定本機電腦中 Git 的用戶名稱與信箱：

   ```
   $ git config --global user.name "yourUsername"
   $ git config --global user.email "yourEmail"
   ```

4. 驗證設定值：

   ```
   $ git config --global --list
   ```

工作流程

在典型的 Git 工作流程中，程式碼會經歷四個階段，參見圖 4-7，後續我們會逐一認識每個階段的目的與用途。

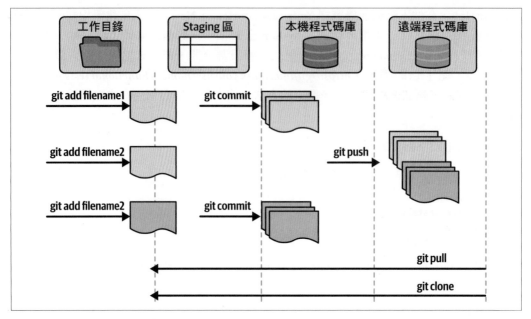

圖 4-7　Git 工作流程的四個階段

第一個階段是專案的工作目錄，我們在這裡變更測試腳本（包括新增腳本、修正腳本）。第二個階段稱為 *staging* 區，此區用於暫存那些變更或新增的檔案，例如加一個 page 類別，如此我們得以追蹤專案中任何檔案及其內容的變更，並在真正提交之前進行審閱。第三個階段為**本機程式碼庫**，之前提過，Git 是分散式的版控系統，每一位專案成員都可以在本機擁有含有完整歷史變更紀錄的專案程式碼，藉由提交（commit）我們可以把那些暫存於 staging 區的程式碼正式的移入本機版控程式碼庫內，並且我們也可以將專案從當前的狀態回復到之前的任一次提交紀錄的狀態。最後在提交並且完成一個小工項時就可以將提交紀錄推送（push）到遠端程式碼庫，以本案為例就會是完成一個測試案例，並將其納入 CI 管線流程配置中之後推送，之後其他成員也都可以取得我們的測試案例並且在他們自己的環境內做測試。

圖 4-7 也展示了從一個階段轉移到下個階段的命令，您可以跟隨下列步驟自行實做：

1. 開啟終端機，移動到第 3 章建立之 Selenium 自動化測試專案目錄，執行以下命令將使其初始化為 Git 程式碼庫：

   ```
   $ cd /path/to/project/
   $ git init
   ```

   此命令會在專案目錄內建立一個 *.git* 資料夾用於存放版控資料。

2. 執行下列命令，將所有當前專案內的檔案加入 Git，納入 staging 區：

    ```
    $ git add .
    ```

    您也可以只加入特定檔案（或目錄），命令為 `git add filename`。

3. 把暫存於 staging 區的檔案提交到本機程式碼庫，提交時要附加該次提交的摘要訊息：

    ```
    $ git commit -m "Adding functional tests"
    ```

    此處的第二、第三步驟可以合併為一個步驟，只要加一個參數 `-a`，例如 `git commit -am "message"`。

4. 在推送到遠端程式碼庫前，必須要在本機配置好遠端程式碼庫的位址，請執行以下命令：

    ```
    $ git remote add origin

    https://github.com/<yourusername>/FunctionalTests.git
    ```

5. 配置完才能推送，在推送時會需要通過 GitHub 身分認證，需要輸入 GitHub 的用戶名稱與個人存取 token，這裡的個人存取 token 是一段短效期的密碼，基於安全的理由，GitHub 自 2021 年八月起就規定改用個人存取 token 認證，個人存取 token 位於 GitHub 的 Settings → Developer Settings → Personal access tokens，進入該頁後點選「Generate new token」，填入欄位資料後即可生成，有了 token 就可以執行下列推送命令了，執行後會跳出輸入 token 的畫面：

    ```
    $ git push -u origin master
    ```

 如果不想要每次推送都要認證的話，可以改用 SSH 認證機制（*https://oreil.ly/Yu10Q*）。

6. 進入 GitHub 專案頁面，確認是否有正確推送。

在團隊協作時，會需要從程式碼庫拉取（pull）他人的程式碼，命令為 `git pull`。如果您的同事已經有建好一個現成的程式碼庫，可以用 `git clone repoURL` 把整個專案複製到本機，不需要自行從跑 `git init` 開始。

還有一些其他的 Git 命令，例如 `git merge`、`git fetch`、`git reset` 等等，這些都是幫助我們管控程式碼版本與分支的工具，在 Git 的網站（*https://git-scm.com/docs*）可以看到這些命令的詳細說明。

Jenkins

接著我們要在本機架設 Jenkins CI 服務，並且將自動化測試腳本與其整合。

 本章節的目的在於讓讀者理解該如何在 CI/CD 工具中整合 CT 流程，並非完整的 DevOps 教學，有些團隊會配有專門的 DevOps 人員負責管理與維護 CI/CD/CT 的流程，但對其他開發者與測試者來說，仍然有必要了解 CI/CD/CT 之管線流程概念以及它們的運作方式，因為每個人都有可能會接觸到那些流程，也有可能碰到對流程除錯的機會，此外，從測試的觀點來看，也確實有必要去了解手中專案的 CT 流程，掌握 CT 流程才能確保每個測試階段的規劃能如預期般運作。

設置

Jenkins 是一款開源的 CI 軟體，可以根據所用的作業系統下載（*https://oreil.ly/pa0yJ*）對應的安裝包，下載後依照一般方式安裝，安裝後就可以啟動 Jenkins 了。如果是 macOS，可以用 brew 來做安裝與啟動：

```
$ brew install jenkins-lts
$ brew services start jenkins-lts
```

服務跑起來之後，打開 *http://localhost:8080/*，此為 Jenkins 的網頁，跟隨以下步驟進行配置：

1. 在安裝的過程中會產生一組管理員密碼，初次登陸 Jenkins 服務網頁時會顯示該組密碼檔案在電腦中的路徑，請輸入該管理員密碼進入 Jenkins 服務。

2. 下載及安裝一些常用的 Jenkins 外掛。

3. 建立管理員帳戶，往後會用此帳戶登入 Jenkins 服務。

經過初始化配置後，會進入 Dashboard 頁面，如圖 4-8。

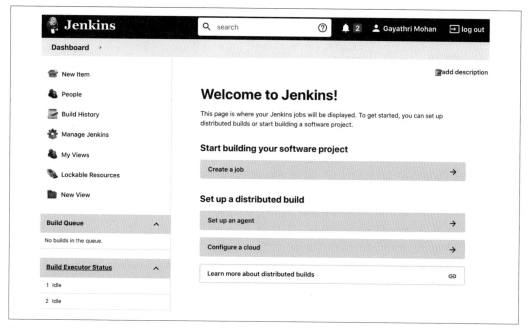

圖 4-8　Jenkins 的 Dashboard 頁面

此處我們將 CI 服務安裝於本機電腦，但實務上應該架設於雲端或地端的機台，如此才能讓團隊共同使用。

工作流程

現在根據下面步驟來設置自動化測試的 CI 管線流程：

1. 開啟 Jenkins Dashboard，進入 Manage Jenkins → Global Tool Configuration，配置 JAVA_HOME 以及 MAVEN_HOME 兩個環境變數，如圖 4-9、4-10。您可以在終端機執行 mvn -v 取得該兩者的位址。

圖 4-9　配置 Jenkins 的 JAVA_HOME 環境變數

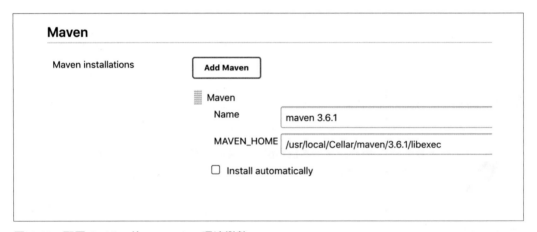

圖 4-10　配置 Jenkins 的 MAVEN_HOME 環境變數

2. 回到 Dashboard，從左側面板中選擇 New 來建立新的管線（pipeline），輸入名稱，在此我們輸入「Functional Tests」，選擇「Freestyle project」，之後會跳轉到組態頁，如圖 4-11。

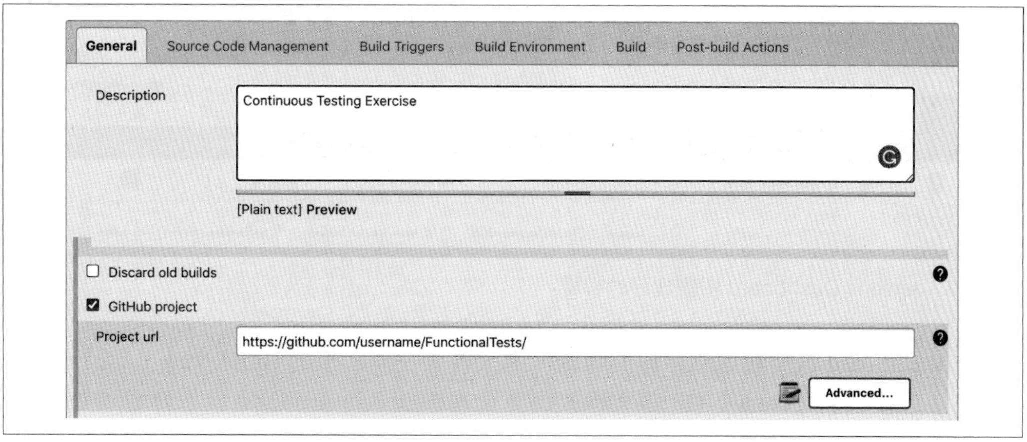

圖 4-11　Jenkins 管線（pipeline）配置頁面

3. 輸入以下配置：

- 於 General 頁，添加說明，選擇「GitHub project」，填入 GitHub 專案程式碼庫 URL（捨去 .git 部分）

- 於 Source Code Management 頁，選擇 Git，填入 GitHub 專案程式碼庫 URL（此處須包含 .git 部分），Jenkins 會根據此位址執行 git clone。

- 於 Build Triggers 頁，頁內有許多讓我們配置觸發 CI 管線流程運作的方式，例如 Poll SCM 會每兩分鐘去檢查 Git 程式碼庫有無變動，如果有變動就啟動 CI 流程。Build Periodically 則可以定期去跑 CI 流程，不論當時 Git 程式碼庫有無變動，這個方式可以拿來跑之前提的夜間回歸測試。「GitHub hook trigger for GITScm polling」則用於設置 GitHub 外掛，該外掛會在 GitHub 專案程式碼庫變動時發送訊息觸發 Jenkins 啟動 CI 流程。此處為了簡單起見，我們用 Poll SCM，並設為每兩分鐘檢查一次，請填入 H/2 * * * *。

- 因 為 Selenium WebDriver 會 需 要 Maven， 在 Build 頁 選 擇「Invoke top-level Maven targets」，再選擇我們在第 3 章配置好的本機的 Maven，在 Goal 欄位輸入對應到 CI 流程的 Maven 生命週期階段（lifecycle phase），此處填入 test，如此 CI 就會執行 mvn test 命令。

- 於 Post-build Actions 頁，此頁可用來串聯多個管線，例如在功能性測試管線跑完後跑跨功能測試管線，也可用來串聯 CD 管線 [4]。

4　更多 Jenkins 的管線說明詳見 Jenkins 文件（*https://oreil.ly/iYASL*）。

4. 儲存，回到 Dashboard 可以看到建好的管線（pipeline），如圖 4-12。

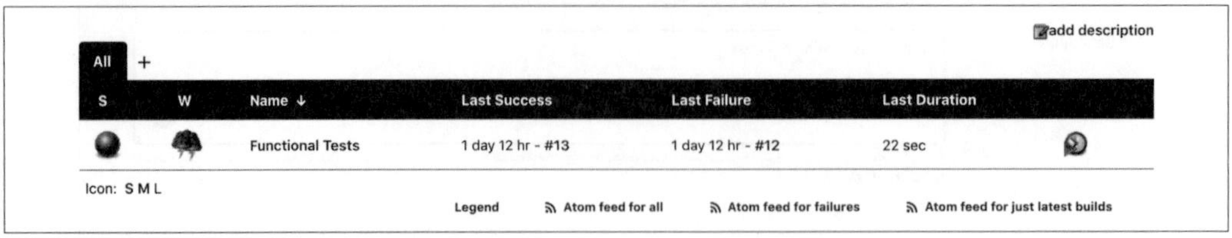

圖 4-12　Jenkins Dashboard 中剛建好的管線

5. 在 Dashboard 畫面點選剛建好的管線，進入後選左側面板的 Build Now，此時流程啟動，它會複製（clone）Git 專案程式碼庫至本機並執行 `mvn test`，您會看到 Chrome 瀏覽器被不斷開關跑一個個的測試。

6. 看到同一頁的 *Workspace* 資料夾，此處有本機複製後的程式碼庫位置，以及測試跑完後的測試報告，這些資料可用於後續的除錯追蹤。

7. 在左側面板的最下方，選擇一個建置編號就能檢視該次管線執行期間的終端輸出訊息，這些訊息實況也可以用於除錯追蹤。

恭喜您完成了 CI 設置！

比照這些做法，您可以視自身專案的規劃與需求加入更多測試階段（靜態分析、驗收測試、煙霧測試、跨功能測試等），也要確保測試流程除了由程式碼變更發動外，配置更改、基礎設施更改、測試腳本更改也都應該要觸發測試流程。

四大關鍵指標

我們至今所有花在 CI/CD/CT 上的努力（以及遵循的準則），究其所以都是為了讓團隊能滿足 Google DevOps 研究與評估團隊（Google's DevOps Research and Assessment，DORA）設立的四大關鍵指標，這四大關鍵指標來自於一系列對 DevOps 的廣泛研究（*https://oreil.ly/bDj9t*），這四個指標以 elite、high、medium、low 四個等級評定一個軟體開發團隊的特性分佈，關於這些指標背後的研究可以參考 Jez Humble、Gene Kim、Nicole Forsgren 的優秀著作《Accelerate》。

簡而言之，這四個關鍵指標讓我們能夠衡量團隊的交付速度和發佈的穩定性，它們分別是：

交期

程式碼從提交開始到可以上到生產環境的時間。

部署頻率

軟體部署到生產環境的頻率，或者發佈到應用商店的頻率。

平均回復時間

恢復任何服務中斷或從故障中恢復所需的時間。

改版改壞比例

發佈到生產環境後卻還需要修正的比例，包括回滾到前一版、熱修復（hot fix），或者因此而須降載服務的比例。

前面兩個指標「交期」、「部署頻率」是團隊在交付週期速度的指標，分別表示我們能夠在多少時間內讓終端用戶使用到新產品，以及為產品增添新特性的頻率，在追求速度之餘，也必須兼顧軟體的穩定性，因此後面兩個指標「平均回復時間」與「改版改壞比例」就是在軟體發佈後之穩定性方面的指標。在當今世界，軟體的問題是難以避免的，所以我們需要用這些指標來衡量從出問題到回復的時間有多快，以及每次新版發佈後卻發現改版有問題的比例有多少。綜觀這四個指標，它們清楚呈現出一個軟體開發團隊在速度方面、反應性方面，以及品質和穩定性方面的能力。

根據 DORA 的研究結果，想要在這四個指標拿下 elite（傑出）評級之條件，參見表 4-1。

表 4-1　四大關鍵指標的 elite 評級之條件

指標	達成條件
部署頻率	根據需求（一天中能做到多次部署）
交期	低於一天
平均回復時間	低於一小時
改版改壞比例	0-15%

前面說過，實施 CI/CT/CD 流程的主要好處是讓我們能夠根據需求隨時交付產品，我們也了解到，在 CT 流程中納入針對不同層面的自動化測試能確保每一次提交的程式碼都是被驗證過的，也因此我們的程式可以隨時在一個小時內完成部署（因此交期也會小於一天），此外 CT 流程中也包括了功能性、非功能性的測試，如此我們的改壞比例也應該可以保持在 0-15% 之間，綜合以上，這些種種付出的努力將能夠為我們贏得 DOAR

所定義的「elite」的評級，同時 DORA 的研究（*https://oreil.ly/lvf0X*）也顯示，達成 elite 評級的團隊往往能帶領組織走向成功，這意味著實際的收益，股價、用戶留存率等各項指標的增長，而成功的公司當然也能給予員工更好的福利，對吧？

本章要點

以下為本章要點：

- CT 流程是以自動化方式對一款應用的每次變動驗證其功能與非功能面之特性。

- CT 的實現必須仰賴 CI，透過 CI 去運行整合與測試流程，如此才可能讓我們的應用能夠隨需交付，也就是 CD 的實現。

- 團隊想要把 CI 與 CT 做對，必須遵循某些準則。

- 完善的 CT 流程能為我們帶來更快也更具持續性的品質反饋。

- CT 的好處是多元的，它讓團隊中的每個角色共同擔負起品質與交付的責任，也強化了團隊成員間的協同合作，這些都是在過往難以達成的。

- 儘管團隊中有專門負責 CI/CD 的 DevOps 工程師，但是身為測試者，仍然要負責規劃其中的 CT 策略，以確保測試有被正確的觸發，以及能藉此持續性的收到品質回饋，更重要的是，測試者必須具備敏銳的觀察力，確保團隊在 CT 的道路走在正確的方向，如此才能切實獲得 CT 帶來的益處。

- 遵循嚴謹的 CI/CD/CT 流程能讓我們的團隊獲得 DORA 研究中的 elite 評級，並且研究顯示組織的成功往往來自那些 elite 的團隊。

第五章

資料測試

用資料獲得或破壞信任！

花點時間想一下我們日常會碰到的線上服務，會發現它們本質上都屬於這兩種形式：賣資料給您或蒐集您的資料，舉例來說，電商、叫車、外送、訂票、串流、遊戲等等，這些都屬於第一類，它們的核心價值來自它們所有的資料，而像是 Facebook、Twitter、Instagram、網誌站台則屬於另外一種，它們專注於蒐集用戶的資料！不論商業模式為何，顯然資料都處於核心的位置，而其他的功能、特性、用戶體驗、設計、品牌、行銷等皆以資料為中心在外圍運作著，最顯著的例子就是 Amazon，它的商業行為完全以資料為中心來展開，它以收集到的產品資訊為中心，來對外構築它的業務，像是採購、遞送等等的功能也都是以資料為基礎展開的，該公司的品牌和行銷巧妙地吸引了人們對其「數據至上」的關注：Amazon 的標誌中有個從 A 到 z 的符號，這宣示了它的產品種類豐富到從字母 A 到字母 Z 都無所不包。

對任何一款應用來說，資料的重要性都是無可比擬的，而一旦資料沒有被良好的維護，用戶就會迅速流失，也會削弱用戶對應用的信任度，後續的銷售與業務行為都將因此收到衝擊，想像一下，您擁有某個銀行的兩個戶頭，在使用該銀行之應用轉帳時，轉帳交易後的結果顯示一切正常，但兩個戶頭的餘額卻始終對不上，這就非常令人抓狂，您也會開始質疑起銀行的資料到底有沒有問題。或許其他應用不像銀行應用那麼嚴重，但用戶的反應其實都是差不多的，例如在網誌平台的發文，發完卻發現它的分類和您所設定的不同，或者在社交網站裡面親友照片突然消失等等，儘管場景不同，卻都同樣令人感到失望與挫折，那些資料對我們而言都是寶貴的，即便對他人而言可能毫無意義，最終這些負面的經歷將導致我們跳槽到其他服務去。

從前面這些案例中我們可以了解到，資料的正確與否決定了一款應用的成敗，因此對資料的儲存、處理、呈現等方面的測試也會是一款應用能成功與否的關鍵要素，在本章中我們會討論到前述之資料面的測試議題，首先我們會介紹幾種不同的資料儲存與處理方式，包括資料庫、快取、串流等，以及資料的批次處理系統，並討論他們各自的測試案例以及問題，特別是並行以及分散式架構下的資料處理問題，也會談到異步通訊模式下的資料議題，而本章的後半部的實務演練會讓您了解幾種不同的資料處理工具，我們將使用這些工具來實現自動與手動的資料測試工作。

資料測試與功能測試

有些人可能認為資料的正確與否已經在功能測試中驗證過了，某部分來說這是對的，但是同樣的功能會需要餵不同的資料來做測試，這就產生了新的測試案例，這也就是本章的重點所在。

此外，那些 UI 或 API 的功能測試並不足以涵蓋所有的品質面向，我們還得對資料的儲存與處理系統做獨立的測試才能確保資料的正確性以及構築於其上的功能真的是沒問題的，而想要做到完整的資料測試也需要了解專門的工具與方法，在本章您將會認識到資料的儲存與處理系統的特性，以及與它們相關的測試案例，所以為資料開設獨立的章節是必要的，所有與資料測試相關的運用技巧都在這裡。

另一方面來說，想要完善一個功能的測試案例，資料測試也是其中必不可少的一環。

組成元素

首先來介紹幾種在 web 與行動應用中常用到幾種資料儲存與處理系統，以及它們的測試面向，為了便於解說，在此我們會沿用第 3 章介紹到的電商案例，圖 5-1 展示了該系統的架構圖，此處加上了儲存的部分。

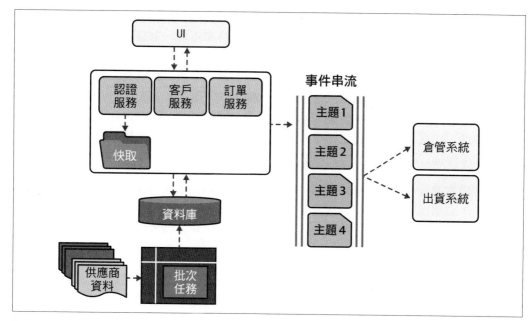

圖 5-1　一個簡易的電商架構，其中有四個資料儲存與處理系統

回顧一下這個案例，它有個 UI 層，負責與後面各個服務通訊以進行不同的業務處理，底下的每個服務都連接到一個中央資料庫，該資料庫儲存所有的資料，除資料庫外還有另外三個資料系統：快取服務、批次處理系統、事件串流。圖中的箭號用於表示資料的流向，我們從 UI 層開始來逐一檢視每個資料系統所扮演的角色。

一開始我們假設終端用戶會從 UI 的登入頁開始，用戶輸入帳密後，帳密被傳送到認證服務，認證服務再與資料庫之帳密比對，如果比對成功，並且假設這裡的認證標準是走 OAuth 2.0（*https://oreil.ly/FgEwf*）的話，那認證服務會回傳一個 access token 給 UI，並且將其存入快取服務，這是登入機制中的關鍵部分，用戶後續的每個操作都要附上他的 access token，以確定該操作確實是經過驗證的用戶發出。

繼續深入我們的用戶旅程，假設用戶要從 UI 下單，UI 層會建立一筆訂單請求傳給訂單服務，並在標頭附上 access token，訂單服務會透過認證服務來確認 access token 的有效性，認證服務則再透過快取取得該用戶認證資料做比對，如果 access token 過期，那快取服務會自動將其刪除，因此會回傳 404 狀態碼，當收到 404 時 UI 層就應該把用戶導向登入頁要求再次登入以確保雙方的安全。

另一方面，如果 access token 是有效的（還在快取內未過期），認證服務會將認證通過之結果回傳給訂單服務，訂單服務收到後就可以在資料庫新建一筆訂單，同時訂單服務也會把訂單資訊透過事件串流系統發送給下游的其他系統，例如倉管系統、出貨系統等，讓它們去執行各自的工作，要特別說明的是訂單服務的任務只到把資訊發送給事件串流系統為止，它並不負責後面下游系統的工作狀態。在下游系統方面，它們會持續監聽事件串流系統發出的事件訊息，並接手處理與自身有關的部分，舉例來說，有個變更顧客地址的事件，出貨系統監聽到這類事件就會進行處理，而對倉管系統來說，就會選擇忽略，而如果像是訂單建立事件，此兩個下游系統都會接手處理與它們相關的後續工作。

同時，架構內還有一個批次處理系統，它負責解析各個供應商的產品資料，把結果餵入資料庫中，這個批次系統是用程式去定時自動觸發它工作，例如每天半夜，把當天的報品資料一次性的匯入與解析，然後傳入資料庫中儲存，如此隔天這些新商品就會自動出現在系統內。

從以上的例子我們可以看到，每個資料系統都扮演各自的角色，它們也是一款應用中不可或缺的重要部分，後面我們會再深入探討它們各自的細節，了解它們的特性以及各自的測試案例。

資料庫

資料庫應該不用多做介紹，幾乎所有的應用都有用到資料庫當作背後的資料儲存系統，資料庫之所以這麼被普遍使用，源自於它優異的資料保存能力，幾乎只有硬碟壞掉才有可能影響到資料的持久性。

對於剛認識資料庫的人而言，資料庫就像珠寶盒，您可以把各種首飾放入盒子內的小隔間，並在需要時取出，珠寶會安穩的置放於盒內，直到有人取出或者交換。與之類似的，資料也是存放於資料庫內，以某種具有意義的方式歸納，當需要的時候再經由查詢取出，根據應用的功能，資料可以被建立（create）、被讀取（read）、被更新（update）、被刪除（delete）（以上四種基本操作簡稱為 CRUD 或增刪查改）。

資料的結構有的是表格式的，也有 JSON 或 XML 這類文件式的，也有圖譜式的，這幾種不同的資料結構也形成各自的資料庫形式，表格式的資料庫稱為關聯式資料庫，其他兩種也各自稱為文件式、圖譜式資料庫[1]，其中的主流是關聯式資料庫，在過去數十年間為無數的應用擔當起底層資料儲存系統的重任，關聯式資料庫中，開源界的代表是 MySQL 和 PostgreSQL，本章後面的演練部分也會再進一步談到 PostgreSQL。

---

[1] 想了解更多不同的資料模型以及資料查詢語言，可以閱讀 Martin Kleppmann 所著的《資料密集型應用系統設計》（*https://oreil.ly/T3ZQj*）的第 2 章（O'Reilly 出版）。

在關聯式資料庫中，資料是表格的形式，表格內為列與欄，一列表示一組相關的資料，每個資料各有其欄位名稱，如表 5-1 為 Customers 表格。

表 5-1　關聯式資料庫內的表格範例

UUID (primary key)	顧客姓名 (varchar 30)	電話 (int)	Email (varchar 254)	寄送地址 (varchar 100)
019367	Alice	4567879	*alice@xyz.com*	8/13, Block A
045678	Bob D'arcy	0898678	*bobdarcy@xyz.com*	23-A, Winscent Square

每個欄位都有各自的名稱與屬性，屬性包括該欄位的資料型態以及長度，此外每列也都有各自的唯一識別碼（UUID），用於在跨表格參照時識別之用，像上面的表格就可以用來表示我們的電商範例中的顧客清單，每一列表示一名顧客的資訊，裡面有顧客的名稱、電話、信箱、地址等等，並且每一列也被賦予一個唯一的 ID，我們可以藉由 ID 來查詢某位顧客的詳細資訊，ID 也可以被其他表格參照，例如在另一個記錄帳號歷史的表格中就可以透過參照顧客 ID 來取得該顧客的資訊。這些構成資料庫的定義，包括表格名稱、欄名、列名、唯一識別碼等等，都概稱為資料庫 *schema*，schema 的設計與規劃來自於應用的高層次商業邏輯，商業邏輯經過開發者或資料庫管理員解析之後會將其轉換成資料庫的 schema，隨著應用的成長，schema 也有可能會增長或變化。在操作資料庫方面，使用的是專門的結構化查詢語言（Structured Query Language，SQL，唸做 *see-quel*）。

延續上面的資訊，我們大概會有以下這些測試案例：

- 用戶在 UI 提交的資訊應該正確被存入資料庫，並具有正確之相關性。

- 根據欄位型態與長度測試邊界值，例如顧客名稱在資料庫的長度被設為二十個字元，那在 UI 層也應該要有相同的限制，並且當長度超過時，應該給出適當的錯誤訊息。

- 測試帶有 SQL 語句的輸入值，例如像 Bob D'arcy，他的名字帶有撇號，這個名字可以正確的被存入資料庫嗎？我們需要對這類輸入值做特別的清理嗎？

- 如果正在寫入時網路突然斷線怎麼辦？會不會有些表格有寫入、有些表格沒有寫入？這類問題對於橫跨多個服務的業務時需要特別被重視。

- 上述的這些問題，如果又考慮到重試的機制，又會如何？

- 在對資料庫操作進行重試前，應該給予的等待時間有多長？等待時的用戶體驗該如何設計？

如果把並行的因素納入考慮，也就是有多人、多系統同時讀寫資料庫的狀況，此時要考慮的測試案例就更多了，特別是與競爭條件（race condition）相關的測試案例，下面是一些這類問題的考量點：

- 一位用戶的操作有可能與另外一位互相衝突嗎？會因此導致資料流失嗎？例如兩個人買到同一個商品的同一個物件，而該商品的剩餘數量最終只減去了一個而不是兩個。

- 與前一個類似的狀況，在應用只讀取部分資料時，用戶可能看到不一致的結果，例如某個缺貨的商品進貨了，進貨的程序先變更了有無存貨的旗標再更新數量，在這兩個操作的時間差之間就有可能發生用戶看到有存貨，但可賣數量卻為零的狀況。

- 也是類似的狀況，在共享資源方面，並行也有可能引發重大的問題，例如有兩個人都買了某個商品的最後一件，並且也都選擇貨到付款，有沒有可能發生貨出給 A，發票卻出給 B 的狀況？

- 此外並行的請求也會耗用資料庫更多的運算資源，因此用模擬真實的請求流量對資料庫進行負載測試就顯得相當重要了。

要特別說明的是並行相關的測試相當難模擬，並且也要對並行有足夠的了解才能正確的分析問題所在，所以盡可能在開發階段就超前部署規劃好並行的設計。

除了以單一資料庫實例應付並行存取，資料庫還可以以複寫（replication）機制擴展，複寫表示資料庫的多個冗餘副本，通常會把副本主機擺在不同的地理位置來增進每個地方用戶的存取速度（例如美國東西岸各擺一台，或是北美、歐洲各擺一台），在這種架構下，就必須要有複寫這種機制來同步每台資料庫之間的資料，複寫通常會選一台當 leader 機，由它負責把資料單向同步到其他的複寫主機（也稱為 follower），但在同步時還是有可能因為傳輸造成延遲，follower 機需要一點時間才會與 leader 機達到同步，延遲可能發生在任何一段網路節點上，可能只有幾秒，也可能多達數分鐘，像這樣雖因為網路而延遲，但最後會達到資料同步的同步模式我們稱為最終一致性（eventual consistency）模型。

 想了解更多一致性模型，請見 Jepsen's guide（*https://jepsen.io/consistency*），裡面有可點選的一致性模型圖。

對於像 Twitter、Facebook 這類平台，它們較不受最終一致性影響，頂多部分用戶有時看到的貼文不會是最新的，這對用戶可說是無關緊要，但在其他方面，不同的延遲就可能造成用戶的困擾，必須想辦法處理，否則可能導致用戶流失，在此列舉一些同步延遲可能會引發的問題：

讀取不到自身發出的更新資訊

假設用戶更新了他的個人資料，之後再次開啟他的個人頁面，想要確認他的資料狀態，但因為延遲的關係，有些 follower 資料庫還沒完全同步，導致該用戶看到的還是舊資料，他可能會感到迷惑，而又再一次更新資料，如果這種狀況一再發生，不僅用戶會感到懊惱，我們的系統也會多出無謂的負載，並使延遲的問題雪上加霜。

時光回溯

假設有位用戶正在追某場板球比賽的即時分數，他會不斷刷新網頁來獲取當下最新的比分，而如果那個運動網站讀取的 follower 資料庫是最終一致性的，他們可能會突然遇到比分數據回溯的問題，例如某一刻看到的是第五回合，分數 116，重刷一次頁面時讀到有延遲的 follower，使比分突然變成在第四回合半，分數 110。

不一致的排序

有時候資料是一系列，並且是有序的，一旦順序被破壞，資料就會失去所要呈現的意義，例如 Facebook 貼文下留言區的對話就必須是有序的，否則會發生前言對不上後語的問題，如果複寫延遲，又沒有適當的處理延遲的問題，就有可能發生這樣的問題。

寫入衝突

為了避免單點故障，有時候會建置多台 leader 資料庫，在這種複寫架構下，寫入的值有可能送往不同的 leader 而導致寫入衝突，寫入衝突發生在多台實體同時想異動某一項資源時，例如同時有多人想修改一份 Google 簡報的某一處，這時每個人的異動可能會分別送往不同的 leader 資料庫，但最後的結果卻因為彼此衝突而難以認定。

好消息是這些常見的問題都已經有了解方，資料庫系統內部也已經有處理這些問題的機制，話雖如此，還是要對這類問題小心謹慎，不論是在開發階段或測試階段皆然。

總結本節，在測試資料庫時，要考量到應用的資料庫層及其他資料層，也要考量到網路故障、並行衝突和其他分散式資料帶來的潛在問題等。

快取

快取是存在於記憶體中，以鍵、值成對結構存在的資料，把資料放在記憶體能把性能提升好幾個數量級，有了快取就不需要經過笨重的資料庫就能迅速取得資料，當代主要的快取系統有 Memcached 與 Redis（*https://oreil.ly/oqCZw*），它們都能處理 TB 級的資料，並且在幾個亞毫秒內就給出回應，但它們不適合處理需要持久化儲存的資料，對於持久化資料還是要靠資料庫把資料扎扎實實的寫到硬碟內。

 Redis 除了是記憶體快取系統外，經過幾年的進化它有了更豐富的功能，它也可以把某一時間點的資料儲存（快照）到硬碟中，以便於資料的復原，想了解更多 Redis 的功能，可以閱讀它的官方文件（*https://redis.io/topics/introduction*）。

基於以上所提之快取的長處與短處，實務上一般建議把快取用在那些較常會被取用的，並且存活週期較短的資料上，以我們的電商為例，存取 token 就有被快取，因為 token 的生命週期短（用戶登出後就消滅）又經常需要被取用來驗證用戶的操作，此外，即使不幸快取系統故障導致所有 token 資料流失，也不會造成過大的衝擊，用戶只要登出再重新登入就好（是有點討厭，但比起個資遺失或顧客的用戶歷程資料遺失算是還好），像這種場景就非常適合快取，因為它不要求資料需要以資料庫這樣穩固的方式儲存。

還有另外一種常見的做法是把那些經常使用的資料同時存放在快取和資料庫內，如此程式就必須自行處理快取資料的生命週期，包括維持快取與資料庫的資料同步、清除舊資料、快取有問題時改取用資料庫的回退機制等，像這樣把資料同時放在兩邊的模式也會有這種場景下的測試案例。以下是快取常會有的測試案例：

- 快取資料會被配置一個存活時間（time to live，TTL），超過此一時間即認定為過期，例如存取 token 可能被設置為 30 秒，一旦超過該時間，我們就得確保認證服務會產生出一組新的 token，並且將其存入快取。

- 如果快取在整個系統中會形成單點故障的風險，假設真的故障了導致所有的用戶必須登出再登入，則此一導引用戶重新登入的流程也必須經過測試。

- 如果服務有多個實例，那快取也必須有多個，也就是需要分散式的快取系統，並且我們得確保所有的功能在此架構下能正常運作。（多數的分散式快取系統，例如 Redis Cluster，都有支援導向到正確的快取實例，因此我們的測試要著重的是驗證功能面的流程。）

- 同樣地，測試應用所能承擔的最高負載也是相當重要。

批次處理系統

批次處理系統是用於處理資料轉換之程式，它負責把輸入的資料轉換成系統所接受的格式，所謂的批次，表示這個轉換並不是即時的，而是依照某個時間週期運行的，這類批次系統可以使用 Spring Batch 或 Apache Spark 之類的框架來搭建，它們會自主運行，不需要人為介入。輸入資料的型態可以是檔案、資料庫條目、影像等等，輸入的資料量可能很大，而批次作業的執行時間也會因此拉長，可能需要數小時甚至數天才能完成，對批次處理系統來說，衡量性能的觀點是它能在多少時間內處理多大量的資料，而不是像資料庫或快取系統那樣以回應的速度來衡量。

一些典型的批次處理系統有報表、帳單產生器、薪資單產生器等等，還有機器學習系統的前置資料清理作業也是，這些工作的共同特徵是把較原始、較未經整理的資料轉換成更具有意義的形式，並且這些資料也不適合即時生成，否則可能影響到應用的性能。

讓我們回到電商範例來說明，當供應商有新品或需要更新商品資訊時，他們就會把商品以檔案的形式傳給我們，每個檔案可能會有多達上千筆紀錄，一筆紀錄內有該品項的單品碼（SKU）、顏色、價格等資訊，而不同的供應商的欄位可能會有不同，甚至檔案的格式也可能不同，有的是 JSON，有的是 CSV，這取決於它們自身的系統特性，這些形式各異的檔案必須轉換成我們系統能識別的形式，也就是把檔案和內容轉換成符合我們資料庫的結構，如此我們的應用才能讀取並顯示在畫面上，這些新資料可以容許幾天的時間差，並不要求一定要第一時間就更新到系統內，像這樣的情境就很適合批次系統來處理。

一個批次任務（或多個批次任務）從外部檔案一筆筆讀入紀錄，取得其中的資料，再把資料轉存入資料庫，任務可以設定成在每日的特定時間自行運作，例如訪客較少的凌晨，如此那些一整天下來收到的供應商檔案就會在凌晨被批次處理，如果批次作業失敗，通常會重新跑過，並且可以設定要直接覆蓋或捨棄前一次失敗的結果。

了解了批次處理系統的特性後，下面是一些與之相關的測試：

- 驗證所有的輸入檔案是否都有被完整的處理，沒有中斷的作業。
- 是否有對有問題的輸入內容做處理，例如非預期的空值、過大的整數等等。
- 是否有對那些無法轉換的紀錄作標示。
- 對失敗的作業的清理或重試機制為何？
- 驗證批次作業是否會吃掉過多的運算資源，是否會影響到主應用本身？

在測試期間可能會碰到新的資料格式，也會聽到對方要求我們改寫程式來讀這些新格式，此外不同的供應商也有各自的品項分類，例如男裝、運動鞋等等，如果某一分類下的品項數目過多，我們將這種現象稱為資料傾斜（*data skew*）（*https://oreil.ly/dTpJ3*），過多的資料量可能會拖累批次作業的性能，所以測試之時務必要以各種格式、各種資料量下去做，如此才對測試之目的有所幫助。

事件串流

一則**事件**（*event*），在字面意義上，指的是一個動作，而**串流**（*stream*）指的是流動的資料，也就是具有連續性質的資料，兩者合稱的**事件串流**（*event stream*）是以串流的形式向外發佈的事件，而其他系統則會接收這些事件串流，並進一步對其做處理。舉個例子，圖 5-2 為電商應用中的訂單事件，事件中有該訂單的資訊，每當用戶下單，訂單資訊就會立即被發佈到串流系統，而下游系統接收到事件後就會做出相應之處理，如此反覆來完成一筆筆的訂單。從資料流的觀點來看，訂單資料會儲存在事件串流中，直到別的系統讀取為止。

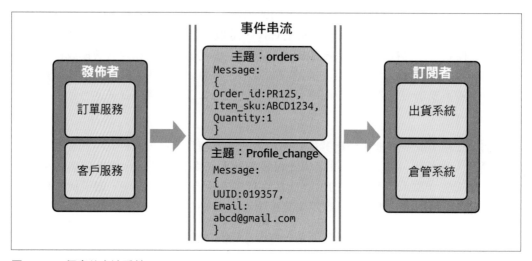

圖 5-2　一個事件串流系統

此處訂單服務會發佈事件，因此被稱為**發佈者**，下游系統會接收事件，稱為**訂閱者**。這些事件中都會附帶該事件的**主題**（*topic*），訂閱者可藉此來識別哪些事件與自己有關，有些事件串流系統，像是 Google Cloud Pub/Sub（*https://cloud.google.com/pubsub/architecture*）或是 RabbitMQ（*https://www.rabbitmq.com*）會在所有訂閱者都拿到事件後把該事件刪除，而另一類系統，例如 Apache Kafka（*https://kafka.apache.org*）則是可以設定一段保留時間，保留時間一到就把訊息刪除，像這樣的保留時間可以讓訂閱者有機會在短暫的故障還原後還能拿到同樣連續的串流事件，除此之外，事件串流也可以像資料庫一樣把事件寫入磁碟做持久保存。

了解了事件串流系統的特性後，可以比較一下它與批次處理系統的差異，這兩者的主要差別在於處理的即時性，批次任務只會在特定時間運作，而事件串流的運作幾乎是即時的。讓我們用實際的情境說明，電商系統的訂單服務會把剛建立的訂單資訊馬上發到事件串流中，但訂單服務並不需要知道後續下游系統對事件的處理方式為何，也就是說，事件串流本質上是異步（asynchronous）的，把訂單資訊發送到事件串流後下游系統即可立即收到並且處理，中間不會有像批次處理那樣好幾個小時的延遲，但也不像一般的前後端請求回應那樣是同步（synchronous）的，因此我們將這種特性稱為類即時（near real-time）而非即時處理（real-time processing），雖然訂閱者也有可能在短暫幾秒內就處理完畢。像這樣的異步模型特別適合用於處理平行式請求與架構面擴展，也相當適合拿來用作目前網頁或手機應用的後端設計。

在事件串流系統方面需要考慮的測試案例有：

- 事件的內容結構需要發佈者與訂閱者雙方達成協議，如果有任何變動，整個功能都必須重新測試。

- 有時候會有向前相容性的需求，而事件的內容結構也因此必須同時以舊的結構與新的結構測試。

- 有時事件必須以特定的順序處理，例如倉庫必須先確定有貨才能發貨，而因為事件處理機制是異步的，所以這類有先後關係的流程也必須加以測試。

- 如果訂閱者故障了，那它在復原後必須還能夠追到正確的事件。

- 如果事件在幾次重試後仍然無法被處理，那該事件會被移到所謂的死信隊列（dead letter queue）（https://oreil.ly/7Ykw7），並附上錯誤訊息以利後續除錯，因此也需要測試錯誤的事件是否有正確的被丟進死信隊列中。

- 如果事件串流壞掉了怎麼辦？發佈者、訂閱者該如何處置？該何時重試？該如何重試？

- 如果發佈者的事件很多，訂閱者有可能應接不暇，因此也有必要測試他們在單位時間內所能消化的事件量。

如我們所見，不同的資料儲存與處理系統有自獨特的角色，也因此有各自的測試需求，後面我們會繼續討論這四種資料系統各自的測試手法。

資料測試策略

Martin Kleppmann 在他的書《資料密集型應用系統設計》寫到：

> 假設故障的發生機率很低，並且抱持著一切都在最好的狀況是不明智的，應該
> 重視並且認真看待一切有可能發生的錯誤，包括那些真的極少發生的錯誤，並
> 且在測試環境中刻意製造這些錯誤，去看看發生之後到底會怎麼樣。

這個觀點我不能同意更多了，特別是在資料測試方面。百分之九十的資料測試都與潛在
的故障有關，這與功能性測試相當不同，功能性測試總是圍繞著用戶的行為展開，資料
與故障的關係我們已經在前一節了解過了，我們也舉了相當多與故障相關的測試案例。

以這種思維為中心，典型的資料測試策略可以畫分出四大分支，如圖 5-3。

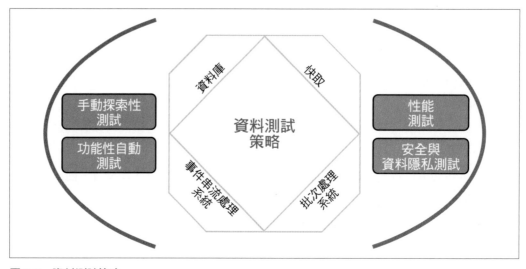

圖 5-3　資料測試策略

四大分支為：

手動探索性測試

手動探索測試能找出許多故障引發的測試案例，這對資料測試相當重要。在第 2 章
中我們已經認識了取樣的方法，這套方法也可以用在資料測試上，特別是資料庫與
批次處理系統相關的測試案例。此外，也要了解那些資料處理工具的特性（例如
Apache Kafka、Redis 等等），如此才能從正確的角度對其實施探索測試。

您也可能還需要了解更多其他的工具，例如 SQL，任何與關聯性資料庫相關的操作都離不開它，在本章的演練章節中也會提到 SQL 的用法。

功能性自動測試

為了要加快取得品質反饋的速度，我們需要把測試自動化，並且整合進 CI 內，與資料相關的測試也是，建議一開始從單元測試與整合測試開始做起，後面的章節會陸續提到資料測試自動化方面所需的工具。

性能測試

我們知道，資料儲存與處理系統是一款應用中相對重要的元件，它們的性能也極大程度的影響了整體應用的性能表現，所以有必要對其實施負載測試與壓力測試，關於後端的性能測試我們在第 8 章會繼續討論。

安全與隱私測試

資料外洩不僅會對用戶造成巨大損失，也會使企業受到重罰，安全測試是資料測試中最重要的一環，我們在第 7 章也會專門探討安全相關的測試議題。除測試外，每個國家都有各自的資料與隱私保護法規必須遵循，這些合規與測試方面的議題也會在第 10 章深入討論。

總結以上，讓我們快速歸納以下要點：在做以上四種測試時，應考慮到資料類型、資料的變化、並行架構下的資料測試、分散式架構下的特性，以及潛在的網路故障問題等等，此外，有些資料測試即便經過測試，也難以保證沒有臭蟲，因為某些操作可能是與多個事件間互相發生的時序有關的（例如那些並行的測試），這些複雜的問題在分析階段必須特別注意。接著我們進入實戰演練。

演練

本章節會介紹資料庫測試相關的工具，例如 SQL 和 JDBC，也會提到 Apache Kafka 和 Zerocode，後者是用於撰寫驗證 Kafka 訊息的自動化測試工具。

前面提過，資料相關的測試最好盡可能自動化，把它們規劃成單元測試或整合測試，如此在開發階段就可以進行測試，而在本節所談及之工具則較為涉及由測試者進行的探索性測試，或者宏觀面的自動化功能測試。

SQL

學習 SQL 是任何與資料庫相關的測試工作不可避免的一環，我們一定會遇到需要對資料庫下查詢的場合，如此才能確認測試資料的正確性，資料庫中總是存在許多各式各樣的表格、欄位、紀錄等等，唯有掌握 SQL 才能快速的從交錯複雜的資料表中找出我們的資料，否則資料測試的工作只會令人望之卻步，所以如果您對 SQL 的排序（sorting）、過濾（filtering）、群組（grouping）、巢狀（nesting）、連接（joining）等操作還沒有很熟悉的話，就好好地跟著這裡的演練玩玩吧！

要進行此演練需要一個關聯式資料庫系統，如果您已經有了，那太棒了！如果還沒有的話，跟著下面的步驟裝起我們的第一台資料庫吧。

前置需求

從 PostgreSQL 網站（*https://oreil.ly/Qsmp2*）下載安裝包並安裝在自己的本機電腦內，裝好後，根據自己的作業系統啟動 PostgreSQL 服務（*https://oreil.ly/gIsxP*）。以 Mac 為例，開啟終端機並執行下列指令：

1. 執行 **brew install postgresql** 下載 PostreSQL。

2. 執行 **brew services start postgresql** 啟動 PostgreSQL 服務。

3. 執行 **psql postgres** 進入文字客戶端 psql，psql 會連接到資料庫服務，而我們會在該客戶端環境內執行 SQL 查詢，或者也可以用 GUI 客戶端，例如 pgAdmin（*https://oreil.ly/rydvr*）。

 本節的演練做完之後別忘了把資料庫服務中止（*https://www.postgresql.org/docs/current/app-pg-ctl.html*），中止資料庫服務可以執行 **brew services stop postgresql**。

工作流程

前面提過，我們用 SQL 用來操作（增刪查改）關聯式資料庫，SQL 語言由一些關鍵字與函式構成，將這些元素互相組合構成排序、過濾、連接等的查詢語句，就可以輕易的從複雜的資料表中查詢出我們要的資料。接著展示一些在資料庫測試方面常用的語句。

建立，首先來建立存放品項資料的表格，把它取作 items，裡面會有單品碼（SKU）、顏色、尺寸、價格等資訊。請在 psql 執行以下語句來建立該表格：

```
postgres=> create table items (item_sku varchar(10), color varchar(3),
size varchar(3), price int);
```

上述語句中用到了 create table 來表示我們主要的操作，後面接的是表格名稱，再後面則是表格的欄位結構，包括欄名、資料型態（varchar 與 int 分別表示字元與整數）、長度等，對於字元型態欄位，我們顯式的指定長度最長為三個字元，而對於整數型態欄位，資料庫對其欄位值域大小有隱式的設定為 4 bytes。

 SQL 語法一般而言是不管大小寫的，您可以把關鍵字全部都大寫（如 CREATE TABLE、VARCHAR、INT）也不會影響執行的結果，您也可以使用任何自己習慣的風格。

插入，想要在表格添加數據，以我們的應用為例，要插入幾筆資料，請執行以下語句：

```
postgres=> insert into items values ('ABCD0001', 'Blk', 'S', 200),
('ABCD0002', 'Yel', 'M', 200);
```

這裡有三個關鍵字：insert、into、values，前兩個關鍵字用於表示我們的操作，並且後面指定了要操作的表格名稱（items），而要插入的值放在括號內，並且值的順序要與表格欄位的順序相同。我們可以用同樣的方式不斷插入新的列，如果我們的值與該欄位的型態不符，或者長度超過的話，insert 會失敗。在進行下一個步驟前請試著自行插入更多的列。

查詢，最常用的資料庫操作就是讀取了，想要從表格讀出資料，請執行以下語句（您的查詢結果取決於您加入的資料）：

```
postgres=> select * from items;
item_sku | color | size | price
---------+-------+------+-------
ABCD0001 | Red   | S    |   200
ABCD0002 | Blk   | S    |   200
ABCD0003 | Yel   | M    |   200
ABCD0004 | Blk   | S    |   150
ABCD0005 | Yel   | M    |   100
ABCD0005 | Blk   | S    |   120
ABCD0007 | Yel   | M    |   180
(7 rows)
```

注意到 select、*、from，其中的 * 為萬用字元，表示讀取表格內全部的列與欄，如果您只想讀取特定欄位，那可以以欄位名取代 *。

過濾與群組，通常表格都會有許多許多列，而每一列又有許多欄位，我們可能會根據測試需求來過濾出特定的資訊，例如下面這個查詢可以縮減結果的大小：

```
postgres=> select item_sku, size from items limit 3;
item_sku | size
---------+------
ABCD0001 | S
ABCD0002 | S
ABCD0003 | M
(3 rows)
```

上面我們只從 items 表格中讀取 item_sku 與 size 兩個欄位，而最後面的 limit 用於限定讀取的列數，還可以用 where 設定指定的過濾條件，過濾條件可以是欄位的特定值，請見下面範例：

```
postgres=> select color from items where size='S';
color
-------
Red
Blk
Blk
Blk
(4 rows)
```

我們下了尺寸（size）必須為 S 的條件，並且欄位只要顏色（color）就好，查詢出來的結果中有幾列的顏色是相同的，這樣的結果較為原始，難以洞察查詢的意義，所以我們可以進一步根據 S 號、相同顏色的數量做統計，在此使用 group by 將查詢結果群組化：

```
postgres=> select color, count(*) from items where size='S' group by color;
color | count
------+-------
Blk   |     3
Red   |     1
(2 rows)
```

提醒一下，group by 不一定要與 where 搭配使用，它會根據我們給的條件把多筆結果群組起來成為一筆結果，對於群組後的結果還可以用 having 再一次過濾：

```
postgres=> select color, count(*) from items where size='S' group by color
having count(*)>1;
color | count
------+-------
Blk   |     3
(1 row)
```

這裡我們把群組後的查詢結果再加上一個品項數量必須大於 1 的條件。要注意的是，having 只能與 group by 一起使用。

在前面幾個 select 語句中還有用到函式 count(*)，它會對群組後的結果計數，後面我們還會看到更多其他的 SQL 函式。

排序，過濾之外，SQL 也可以把結果排序，可以升序排序（ascending）也可以降序排序（descending）、可以單欄排序也可以多欄排序，排序的關鍵字是 order by，如下例：

```
postgres=> select item_sku, color, size from items order by price asc;
item_sku | color | size
----------+-------+------
ABCD0005 | Yel   | M
ABCD0005 | Blk   | S
ABCD0004 | Blk   | S
ABCD0007 | Yel   | M
ABCD0001 | Red   | S
ABCD0003 | Yel   | M
ABCD0002 | Blk   | S
(7 rows)
```

如果想要多欄排序，參考以下範例：

```
postgres=> select * from items order by price asc, size desc;
```

函式與運算子，前面的例子裡我們看過了 count() 函式，除計數外，SQL 提供了一系列的函式讓我們對查詢做聚合（aggregation）、比較等操作，比較常用的有 sum()、avg()、min()、max() 等，它們的用法和 count() 大同小異，至於它們的功能當然也就是算加總、求平均、最小值、最大值。除函式外，SQL 也有常見的邏輯運算子，有 and、or、not、null 等等，我們用這些運算子來過濾查詢結果，例如下面這個例子用運算子來找出黑色且為 S 號的品項：

```
postgres=> select * from items where size='S' and color='Blk';
```

表達式（expressions）與述詞（predicate），我們也可以用 SQL 寫出表達式和述詞，表達式就如同數學的運算式，如 price+100，而述詞則用於邏輯比較，比較後之結果會以 true 或 false 或 unknown 表示，例如下面這句：

```
postgres=> select * from items where price=100+50 and color is not NULL;
```

SQL 會先把價格計算出來，再當作過濾條件去做查詢，查詢條件還有最後面的邏輯條件 is not null，如此該表格中的每一列都會依此兩項條件做過濾。

巢狀查詢，我們也可以在查詢語句中塞入一個子查詢，子查詢可以被放在主查詢的任何位置，例如 where、group by 等後面都可以接子查詢。下面的範例中，查詢計算品項數量以及所有品項的平均價格，請注意子查詢要放在括號內：

```
postgres=> select count(*), (select avg(price) from items) from items;
 count |         avg
-------+---------------------
     7 | 164.2857142857142857
(1 row)
```

連接（join），實務上資料大多分佈於數個表格，根據測試需求，我們可能需要把多個表格之間關連起來才能得到想要的結果，SQL 使用 join 讓我們做多表格連接查詢，我們可以利用兩個表格之間共通的欄位把表格連接（join）起來。在示範之前我們得先建立另一個表格 orders，其內欄位有 order_id、item_sku、quantity，然後插入幾筆資料，如下所示：

```
postgres=> create table orders (order_id varchar(10), item_sku varchar(10),
quantity int);
postgres=> insert into orders values ('PR123', 'ABCD0001', 1),
('PR124', 'ABCD0001', 3), ('PR125', 'ABCD0001',2);
```

現在以兩者共有的 item_sku 為連接點，使用 inner join 語句把 items 與 orders 兩個表格連接起來：

```
postgres=> select * from orders o inner join items i on o.item_sku=i.item_sku;
 order_id | item_sku | quantity |item_sku | color | size | price
----------+----------+----------+----------+----------+------+-----
 PR124    | ABCD0001 |        3 | ABCD0001 | Red   | S    | 200
 PR125    | ABCD0001 |        2 | ABCD0001 | Red   | S    | 200
 PR123    | ABCD0001 |        1 | ABCD0001 | Red   | S    | 200
----------+----------+----------+----------+----------+------+-----
```

結果如您所見，兩個表格的欄位互相結合成一個表格，但兩個表格中，只有那些兩邊都有的 item_sku 值的列才有合併，剩下一部分僅在 items 表格中的列沒有合併，除此之外，查詢語句中用了 on 來表示要用哪兩個欄位作為合併的基礎，並且我們也為兩個表格分別取了代名（orders 取代名為 o、items 取代名為 c），這讓我們後面再次使用到表格名稱時可以少打一些字。

除了內連接（inner join）還有**左連接**（*left join*）、**右連接**（*right join*）、**全外連接**（*full outer join*）等不同的連接方式，它們的使用語句都是相同的，僅有關鍵字不同而已。左連接會以第一個表格（也就是左邊的表格）為主，取其所有列，並取右邊表格中與左側列連接值相符之列向左合併，如果左邊某一列完全找不到右邊與之連接值相符的列，合併後之右方欄位會以 null 表示。而右連接與左連接相反，右連接會取右邊表格全部的列，以右邊表格的列為基礎，再拿左邊表格的列與之對照。全外連接則是左右兩個表格的列皆全取，如果列與列之間的連接值沒有相符者，都以 null 表示。

連接的結果也可以再過濾或群組運算，讓最終結果更能符合我們的需求。

更新與刪除，增刪查改（CRUD）剩下的刪（delete）與改（update）在此一併說明，要更新某個欄位用 update 和 set，如下例：

```
postgres=> update items set color='BK' where color='Blk';
```

刪除也是類似，如果想刪掉某筆測試用的紀錄，可以用 delete，如下例：

```
postgres=> delete from items where price=180;
```

> SQL 的用法遠大於此處之介紹，我們前面說過，這裡的語法介紹只是為了讓您能更好的對資料庫做探索測試，如果想了解更多博大精深的 SQL，請參閱由 O'Reilly 出版，Alice Zhao 撰寫的《SQL Pocket Guide》。

JDBC

JDBC（*https://oreil.ly/Mg9dZ*）全名為 Java Database Connectivity（Java 資料庫連接），是 Java 世界中一系列用於連接關聯式資料庫以及執行 SQL 的通用 API 集合，任何 UI 或 API 測試自動化工具都可以透過 JDBC 與資料庫互動，以 JDBC 為基礎，各個資料庫都有自己的資料庫驅動器（driver），我們可以把需要的資料庫驅動器加為 Maven 依賴套件供專案使用，例如可以裝 PostgreSQL JDBC 驅動器來連接我們前面建立的 PostgreSQL 資料庫，取其資料加以驗證。

我們的測試中可以用下面三個簡單的 JDBC API 範例來連接以及執行查詢：

```
// 連接資料庫
connection = DriverManager.getConnection("jdbc:postgresql://host/database",
"username", "password");

// 執行 SQL 查詢
Statement statement = connection.createStatement();
ResultSet results = statement.executeQuery(String query);

// 使用完畢關閉連線
results.close();
statement.close();
```

謹守金字塔原則

根據第 3 章之倡議，資料庫相關的測試應該在單元測試或整合測試的層級進行，而非 UI 或 API 層級。另外，如果在那些宏觀測試中有建立測試資料的需求，也應該透過同樣高層次的 API 進行，如此即使資料層的 schema 變動了，也不會因此導致高層次的測試失敗，因為底層的 schema 變動會由 API 內部的邏輯去配合修改，而 API 對外公開的接口應該盡量保持穩定，免得牽連到串接的客戶端也要隨之一改再改。

但有可能發生一種情況，我們需要對某個功能做全面性驗證，因此也需要驗證下游系統手上的資料，而如果那些下游系統比較老舊，它們可能沒有 API 讓我們使用，那我們就只好直接衝進它的資料庫內讀寫資料了，以我們的電商應用為例，想要驗證完整的訂單處理流程，我們會在應用內建立訂單，假設它的出貨系統沒有 API 可用，那我們只能直接連進出貨系統的資料庫內看看它手上的資料對不對，此處的演練也是基於這種情況所展開的。

設置與工作流程

讓我們延伸一下第 3 章的 Java-Selenium WebDriver 專案，幫它加入一個測試案例，從 orders 資料庫取得訂單資料並且驗證 order_id 以及 quantity 的值，詳細步驟如下：

1. 在 POM 檔案中加入 PostgreSQL JDBC 驅動器（*https://oreil.ly/qBf5L*）。

2. 在 tests package 下新增 *Data Verification Test.java* 類別檔案。

3. 範例 5-1 為 DataVerificationTest 類別之內容，其中測試前都會先連接到 PostgreSQL 資料庫，測試後再把連線關閉，主要測試部分為執行 SQL 查詢取得資料，再用 TestNG 的斷言方法去驗證資料內容。

   注意到其中的 JDBC URL，此為資料庫的連接位址，主機名為 *localhost*（因為資料庫安裝在本機），資料庫名稱為 *postgres*，另外您需要把資料庫的帳密換成您實際的，可以在 psql 執行 \l 列出所有的資料庫，以及用 \dt 列出所有的表格及其所有者。

   範例 5-1　透過 JDBC 連接到 PostgreSQL 的測試案例

   ```
   package tests;
   import org.testng.annotations.AfterTest;
   import org.testng.annotations.BeforeTest;
   import org.testng.annotations.Test;
   ```

```
import static org.testng.Assert.*;
import java.sql.*;

public class DataVerificationTest {

    private static Connection connection;
    private static ResultSet results;
    private static Statement statement;

    @BeforeTest
    public void initiateConnection() throws SQLException {
        connection = DriverManager.getConnection(
            "jdbc:postgresql://localhost/postgres",
            "newuser", null);
    }

    public void executeQuery(String query) throws SQLException {
        initiateConnection();
        statement = connection.createStatement();
        results = statement.executeQuery(query);
    }

    @Test
    public void verifyOrderDetails() throws SQLException {
        executeQuery("select * from orders where item_sku='ABCD0006'");
        System.out.println(results);
        while (results.next()){
            assertEquals(results.getString("Quantity"), "1");
            assertEquals(results.getString("order_id"), "PR125");
        }
    }

    @AfterTest
    public void closeConnection() throws SQLException {
        results.close();
        statement.close();
    }
}
```

4. 您可以從命令列執行此測試（使用 **mvn clean test**），或者從 IDE 執行，執行後確認結果是否正確，但記得要先把 PostgreSQL 服務跑起來。

是不是很簡單！您還可以把資料庫連線的部分抽出來變成獨立的方法，放進 utils 中供其他測試使用。

Apache Kafka 與 Zerocode

Kafka（*https://kafka.apache.org/intro*）是開源的分散式串流平台，它有所謂的生產者（producer）與消費者（consumer），相當於我們之前談串流時提到的發佈者（publisher）與訂閱者（subscriber），它們彼此之間透過串流交換訊息，Kafka 最早是由 LinkedIn 設計，用來解決內部多個系統間的資訊聚合問題，以及幫它們把多重來源的資訊中擷取出有意義的指標，Kafka 能處理的訊息數量高達一兆以上（*https://oreil.ly/WTQPJ*），資料量也可以處理到 PB（petabyte）級。

 如果您感到好奇，Kafka 的名字來自 Franz Kafka，著名的超現實主義的作家，知名作品包括短篇小說《變形記》，之所以取其名只是因為開發主管是他的小粉絲。

讓我們簡單的認識一下 Kafka 還有該怎麼測試它吧，圖 5-4 為 Kafka 的運作示意圖，其中主要有服務（即訊息代理器）、生產者、消費者三個角色。

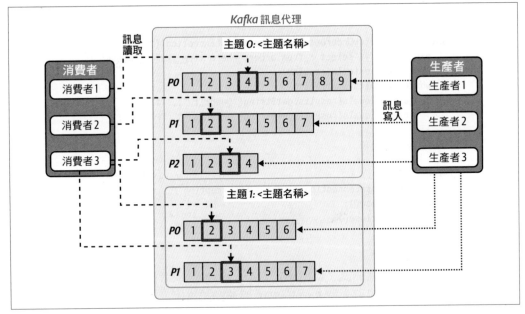

圖 5-4　Apache Kafka 工作流程示意圖

為了更好理解，下面說明其中的主要項目：

訊息

Kafka 用訊息表示事件，訊息是基本的資訊單位，例如一筆訂單的資訊，訊息會被存入硬碟來長久保存。

主題（topic）

每則訊息都有各自歸屬的主題，以我們的電商應用為例，訂單資訊發佈到 orders 主題，一個主題中會有多筆訊息，一個主題可以為多個發佈者共用，以主題來歸納、分類訊息，而對消費者來說也可以只接收與自己相關的主題，這讓訊息的發佈與接收都變得更加容易。

分區（partition）

參見圖 5-4，每個主題之下的訊息會被分區保存，每個分區內的訊息皆為有序排列，如此訊息也就能照排列的順序進行處理，在這樣的架構中，為了能把訊息發送到正確的分區，生產者會在每一則訊息中附加一組**索引鍵**，例如有發生一系列交易皆與某個顧客 ID 有關，那就可以用該 ID 當作索引鍵，如此這些索引鍵相同的訊息都會被放到同一個分區，而後續的處理也就能沿著同一個分區的序列處理之。

分區的設計讓 Kafka 能做到高性能與更好的擴展性，分區也能複寫，提高系統的冗餘，並且防止資料因為意外而流失。

位移（offset）

在上圖的場景中，消費者會同時讀取多個主題，並且它必須知道它當前讀到哪個主題的第幾則訊息，這樣才不會重複處理到已經處理過的訊息，為了確保這一特性，消費者會記下訊息中的**位移**值來讓自己知道當前的讀取進度，位移值為 Kafka 添加在訊息內之元資料（metadata），為一整數值，其值來自 Kafka 處理該則訊息的時間點，並且會不斷累加，所以如果消費者壞掉了，重啟之後它可以根據最後一次處理好的位移值接回原本的進度，而如果是新的消費者，它也可以找到最小的位移值開始它的作業，這個機制也叫訊息重播。

訊息代理器（broker）

Kafka 服務本身扮演的角色是訊息代裡器，它是生產者與消費者間的中間人，它從生產者取得訊息，為訊息附加位移值，再把訊息根據其主題儲存到硬碟內各自的位置，另一方面，它也負責回應消費者的訊息請求，把訊息從正確的分區取出來回應給消費者。

資料格式與結構（*schema*）

雖然對 Kafka 而言，訊息只是一筆筆的資料，但對生產者與消費者而言，訊息內之資料與結構，也就是 *schema*，必須是一致的才能做到有效的資訊交換，舉例來說，在圖 5-2 我們有看到 orders 主題的 schema，其中有 order_id、item_sku、quantity 等三個欄位。

Kafka 本身支援的訊息格式有 JSON、XML、Apache Avro 等，而在生產者與消費者這邊，訊息的資料結構一旦修改，那它們負責對應訊息格式的程式邏輯也必然需要修改，而且還要考慮到向前相容的問題，如果 schema 同時並存有多個版本，那程式也就必須相容於這麼多版本，這種情況就像 web 前後端交換訊息時一樣，也會有多版本資料格式的考量。Kafka 這邊各個版本的 schema 可以存放在 *Schema Registry*（*https://oreil.ly/nBVFk*），這是一個獨立的套件，它可以協助管理多版次 schema 間的相容性，幫我們檢查生產者與消費者是否有因為 schema 變更而壞掉。

保留期（*retention*）

Kafka 在真正把訊息刪除以前會保留一段時間，預設是七天或者該分區的容量超過 1 GB 為止，每則訊息可以有自己的保留期設定，以確保我們能為每則訊息設定最適合的保留期間。

認識完以上這些，應該足以讓您對 Kafka 有基本的認識了，接著該來親眼看看事情是如何運作的了。

設置

您可以跟隨本節的步驟在您的電腦上安裝 Kafka，這裡我們從測試的觀點出發，讓您熟悉 Kafka 及其周邊生態，因此會直接採用 Docker，省略過於技術面的安裝過程。

Docker 簡介

假設您正在開發一款應用，它需要安裝這些工具：PosgreSQL、Kafka、Nginx 等等，如果同事也要搭建相同的開發環境，那一般會把這些工具的清單、版本、配置等都寫成文件，讓同事能據此搭建出一比一的環境，但問題沒那麼簡單，別的同事可能用的是不同的作業系統，或者他們電腦內的某個工具與我們的工具衝突等等，問題不一而足，最終可能要花上幾天時間才能成功設置好開發環境。另一種做法是把所有工具都打包成 Docker 容器（*https://docs.docker.com*），讓其他同事把容器抓下來，再下個簡單的指令就可以讓應用跑起來。

> Docker 基本上是把基礎設施與應用隔離化的工具，它以容器為單位對應用進行隔離，一個容器相當於一台獨立的機器，並且該機器內有運行一款應用所需的軟體，相較於架設在實體機器，把應用容器化的好處是可以移轉與發佈，對於開發、QA 等不同階段的環境搭建更為方便，只要有容器就能在任何地方跑起完全相同的應用。
>
> 但最後要提醒一下，Docker 部分產品僅限個人免費使用，如果要在公司使用，請洽詢貴公司法務或資訊管理人員。

用 Docker 安裝 Kafka 之步驟如下：

1. 到 Docker 網站（*https://oreil.ly/hQUGt*），根據自己的作業系統下載 Docker Desktop 安裝包，安裝後 Docker Desktop 會啟動，並出現 Start 提示。

2. 按下 Start，它會提示我們執行 `docker run -d -p80:80 docker/getting-started`，把這行命令貼到終端機執行就可運行起一個容器，順便可確認 Docker 是否能從終端機運行。這行命令基本上就是跑起一個 `hello-world` 容器，並將容器之 80 埠映射到本機的 80 埠。

3. 跑起來之後在 Docker Desktop 就會看到容器 `hello-world` 正在運行的狀態，旁邊的 Stop 鈕可以把它停止。

4. 後面我們會介紹到 Zerocode，但在這之前，先把 Zerocode Docker Factory 的程式碼庫（*https://oreil.ly/Wg08y*）複製下來，請用 `git clone` 指令（詳見第 4 章的 Git 部分），這個程式碼庫內有配置好的 Kafka 及其相關套件，我們可以用它來跑 Zerocode 自動化測試工具。

5. 最後來把 Zerocode 跑起來，在終端機用 `cd` 切換到剛抓下來的 *zerocode-docker-factory/compose*y 資料夾，執行以下指令：

   ```
   $ docker-compose -f kafka-schema-registry.yml up -d
   ```

   跑起來後，當看到綠色的「done」字樣出現，再執行 `docker ps`，就可以看到當前所有運作中的容器了。

就這樣我們成功的把 Kafka 跑起來啦！接著就可以用 Zerocode 來做自動測試了。

工作流程

Zerocode 是一款開源的測試工具,它用聲明式的語句來撰寫測試案例,可用來測試 REST API、SOAP API、Kafka 系統,它的測試案例可以是 JSON 或 YAML 格式,並且可以使用 JUnit 將測試案例讀入進行測試。我們可以用它來驗證生產者 API 送到 Kafka 的訊息,也可以從相反的角度,撰寫測試訊息並且站在消費者這邊驗證訊息的結構,Zerocode 最有價值的地方在於它把所有要操作 Kafka API 的複雜性都隱藏起來,提供一個統一的抽象介面讓我們方便使用,以及它內建一系列序列化 / 反序列化工具能輕鬆的讀取各種回應格式。

我們會用 Zerocode 撰寫一個聲明式的測試案例,推送一則訂單訊息到前面建立的 Kafka 服務,格式為 JSON,其中會有 order_id、item_sku、quantity 等欄位,此訊息的主題(topic)為 orders,然後我們會模仿出貨系統的行為去接收這則訊息,並以另一個測試案例驗證此訊息內資訊的正確性,這套演練做下來能讓您知道具體訊息的樣貌以及測試的進行方式。

以下是用 Zerocode 建立測試的步驟:

1. 在 IntelliJ 建立新的 Maven 專案,取名為 *KafkaTesting*,使用 Java 1.8 JDK,詳細作法請參考第 3 章。

2. 在 *pom.xml* 檔案中添加 JUnit 4 與 *zeroCode-tdd* 兩個依賴,如範例 5-2。

   範例 5-2 *Kafka* 測試與 *Zerocode* 專案的 *pom.xml*

```xml
<?xml version="1.0" encoding="UTF-8"?>
<project xmlns="http://maven.apache.org/POM/4.0.0"
         xmlns:xsi="http://www.w3.org/2001/XMLSchema-instance"
         xsi:schemaLocation="http://maven.apache.org/POM/4.0.0
             http://maven.apache.org/xsd/maven-4.0.0.xsd">
    <modelVersion>4.0.0</modelVersion>

    <groupId>org.example</groupId>
    <artifactId>KafkaTesting</artifactId>
    <version>1.0-SNAPSHOT</version>

    <properties>
        <maven.compiler.source>1.8</maven.compiler.source>
        <maven.compiler.target>1.8</maven.compiler.target>
    </properties>
```

```
        <dependencies>
            <dependency>
                <groupId>org.jsmart</groupId>
                <artifactId>zerocode-tdd</artifactId>
                <version>1.3.28</version>
            </dependency>
            <dependency>
                <groupId>junit</groupId>
                <artifactId>junit</artifactId>
                <version>4.13.2</version>
                <scope>test</scope>
            </dependency>
        </dependencies>
    </project>
```

3. 在 *src/main/resources* 內建立一個新資料夾 *kafka_servers*。

4. 在此資料夾中加入三個屬性文件：*broker.properties*、*producer.properties*、*consumer.properties*，內容參照範例 5-3，這幾個檔案分別為代理器、生產者、消費者在本機容器運行時的相關屬性。

範例 5-3　*Kafka 測試之屬性檔案*

```
// broker.properties

kafka.bootstrap.servers=localhost:9092
kafka.producer.properties=kafka_servers/producer.properties
kafka.consumer.properties=kafka_servers/consumer.properties
consumer.commitSync = true
consumer.commitAsync = false
consumer.fileDumpTo= target/temp/demo.txt
consumer.showRecordsConsumed=false
consumer.maxNoOfRetryPollsOrTimeouts = 5
consumer.pollingTime = 1000
producer.key1=value1-testv ycvb

// producer.properties

client.id=zerocode-producer
key.serializer=org.apache.kafka.common.serialization.StringSerializer
value.serializer=org.apache.kafka.common.serialization.StringSerializer

// consumer.properties

group.id=consumerGroup14
```

```
key.deserializer=org.apache.kafka.common.serialization.StringDeserializer
value.deserializer=org.apache.kafka.common.serialization.StringDeserializer
max.poll.records=2
enable.auto.commit=false
auto.offset.reset=earliest
```

5. 在 *src/main/resources* 建立另一個資料夾 *test_cases*。

6. 在 *test_cases* 資料夾中新建一份 *orderMessages.json* 檔案,這個檔案也就是我們主要撰寫測試的 JSON 檔案。

7. 我們先來寫一個測試,生成一筆訂單訊息,後面再對收自代理器的回應之元資料(metadata)做斷言驗證,通常回應裡面會有狀態(類似 API 的狀態碼)、分區號碼、主題名稱等資訊。首先 *orderMessages.json*(即生產者方面的測試案例),如範例 5-4。

範例 *5-4 Zerocode 中的生產者測試範例*

```
{
    "scenarioName": "Produce an order details JSON message for the orders topic",
    "steps": [
     {
       "name": "produce order messages",
       "url": "kafka-topic:orders",
       "operation": "produce",
       "request": {
         "recordType" : "JSON",
         "records": [
           {
             "value": {
               "order_id" : "PR125",
               "item_sku" : "ABCD0006",
               "quantity" : "1"
             }
           }
         ]
       },
       "verify": {
         "status": "Ok",
         "recordMetadata": {
           "topicPartition": {
             "partition": 0,
             "topic": "orders"
           }
         }
       }
```

```
        }
    ]
}
```

8. 接著我們寫一個 JUnit 測試案例，測試上一步建立的 JSON，在 *src/test/java* 建立一個 *ProducerTest.java*，內容如範例 5-5。

範例 *5-5* ProducerTest 類別

```
// ProducerTest.java

import org.jsmart.zerocode.core.domain.JsonTestCase;
import org.jsmart.zerocode.core.domain.TargetEnv;
import org.jsmart.zerocode.core.runner.ZeroCodeUnitRunner;
import org.junit.Test;
import org.junit.runner.RunWith;

@TargetEnv("kafka_servers/broker.properties")
@RunWith(ZeroCodeUnitRunner.class)
public class ProducerTest {

    @Test
    @JsonTestCase("testCases/orderMessages.json")
    public void verifySuccessfulCreationOfOrderDetailsMessageInBroker()
        throws Exception {

    }
}
```

程式碼中，@TargetEnv 用於聲明訊息代理器配置檔的路徑，@RunWith 則是聲明 Zerocode 與 JUnit 綁定之類別，@JsonTestCase 則是指向我們之前建立的 JSON 檔，此 JSON 檔會被納入成為測試的一部分。

9. 現在可以測試了，在 IntelliJ IDE 中，對 @Test 旁的綠色鈕按右鍵來跑測試，如果通過，可以用下面兩條指令看 Kafka 的狀態訊息：

```
// 進入容器
$ docker exec -it compose_kafka_1 bash

// 檢視消費者端訊息記錄
$ kafka-console-consumer --bootstrap-server kafka:29092
  --topic orders --from-beginning
```

恭喜！您完成第一個 Kafka 測試了！

10. 再做一個測試來驗證消費者端的訊息內容，在 *orderMessages.json* 的 steps 陣列中加入範例 5-6 之內容。

範例 5-6　用 *Zerocode* 測試消費者端內容

```
{
      "name": "consume order messages",
      "url": "kafka-topic:orders",
      "operation": "consume",
      "request": {
        "consumerLocalConfigs": {
          "recordType": "JSON",
          "commitSync": true,
          "showRecordsConsumed": true,
          "maxNoOfRetryPollsOrTimeouts": 3
        }
      },
      "assertions": {
        "size": 1,
        "records": [
          {
            "value": {
              "order_id" : "PR125",
              "item_sku" : "ABCD0006",
              "quantity" : "1"
            }
          }
        ]
      }
}
```

在消費者端這部分，我們驗證了在 orders 主題應收到的訊息數量以及訊息內容。除了訊息內容，Zerocode 還能讓我們用聲明式的語句來驗證其他元素，包括位移、分區、索引鍵、值等。

想了解更多關於 Zerocode 的用法以及 Kafka 測試，可以看 Zerocode 文件（*https://github.com/authorjapps/zerocode*）。

其他測試工具

除演練提及之工具，這裡還會介紹一些其他也蠻常會用到的工具，能讓您更廣泛的認識資料測試方面的工具。

測試容器

此前我們都是在本機裝上真正的 PostgreSQL，與它連接，用它來建立表格、驗證資料等等，如果在測試環境中也有相關的資料驗證需求，那些測試案例也會要連到資料庫，但除了自行安裝資料庫外，也可以用 Testcontainers（*https://oreil.ly/v7TqQ*）來幫我們處理測試期間的資料庫需求，顧名思義，Testcontainers 能幫我們建立可拋式的資料庫容器，對於在開發期間要跑單元測試或整合測試來說特別方便，我們可以快速地跑起來一個資料庫容器而不用像前面那樣手動架設，而且在開發期間，資料庫結構異動的情況會很頻繁，有了 Testcontainers，它就能在每次測試都運行起一個全新的資料庫容器，不會有 schema 改來改去、對不上的問題，Testcontainers 是協助我們測試的利器。

要想使用 Testcontainers 的資料庫容器，得稍微修改 JDBC URL，或者也可以走呼叫 Testcontainers API 的方式。如果想要在測試前先跑起來一個 PostgreSQL 容器，那在測試設置階段的程式碼加入下面這行：

```
PostgreSQLContainer<?> postgres = new PostgreSQLContainer<>(A_sample_image);
postgres.start();
```

您還可以根據需要對測試中的容器進行更進一步的操作，Testcontainers 提供多種資料庫可供選用，有 MySQL、PostgreSQL、Cassandra、MongoDB 等等，這些都可以很方便地在 JUnit 的測試案例中直接調用，只要在測試案例中加入一小段初始化腳本就可以輕鬆實現。

> Testcontainers 還能啟動別種類型的容器（例如 Kafka、RabbitMQ、瀏覽器等等），也都只要一行程式碼就可以跑起來，它還提供一種通用框架讓我們能自行導入測試期間所需要的容器，請參閱它的文件了解更多的細節。

可攜性測試

可攜性（portability）表示應用可以抽換其中的元件而不需要花費太多功夫，對產品開發來說，資料庫的可攜性有時候是必要的。假設我們開發了一款訂單管理系統（order management system，OMS），這個訂單管理系統被設計成可接入任何既有的電商平台，像這樣的場景，資料庫的可攜性，也就是讓訂單管理系統能與 Oracle 或 PostgreSQL 等各類資料庫共同工作的特性就顯得相當重要了，它的賣點在於客戶的 IT 團隊不需要學新工具就可以直接使用，像這樣的產品，它的開發團隊就可以用 Testcontainers 搭配單元測試或整合測試來驗證自身應用與各家資料庫之間的相容性。

Deequ

在本章稍早電商的案例中，我們提過供應商會把報品資料以檔案的形式傳過來，然後透過批次系統把那些資料轉入資料庫。在我過往從事零售業專案的經驗中，我看到很多美國和歐洲的龍頭零售商依然在使用一些陳年的系統，例如 COBOL 或大型主機來管理它們的資料，他們每天有數百萬條的產品資料要更新，每天半夜批次系統會把這些數百萬條的產品資料轉換存入資料庫內，而那些資料條目中又常充斥一些錯誤、過時的資料、空值、缺少主鍵等等各式各樣的問題，這對資料處理來說是個噩夢，如果處理不當讓這些問題資料流入資料庫，那更有可能讓應用掛點，而 Deequ（*https://github.com/awslabs/deequ*）就是一款能幫我們處理這類問題的測試工具。

Deequ 最初是由 Amazon 開發的，做為它們自己內部系統的資料測試工具，而它本身是以 Apache Spark 為基礎的，Apache Spark 是一款大規模分散式資料處理平台，之前我們說過，Spark 及其他工具都可以拿來當作大規模資料的批次處理系統，而 Deequ 則相當適合用來當作批次處理前後的資料單元測試工具，例如我們可以用 Deequ 建立驗證資料型態的單元測試，讓它去檢查資料中有沒有空值，或者只接受某些特定的資料型態。在我們的電商應用中，Spark 把資料檔案載入之後就可以先跑這個單元測試，只要檔案中的資料條目沒有滿足我們給定的條件，就會被隔離等待進一步校驗，此外，對批次處理完的資料也可以用一些單元測試去檢查批次系統轉換的正確性，並揭露其中的錯誤。

一個 Deequ 的測試案例大約是長這樣：

```
val verificationResult = VerificationSuite()
  .onData(data)
  .addCheck(
    Check(CheckLevel.Error, "unit testing vendor files")
      .hasSize(_ > 100000) // 應該要有十萬筆以上資料
      .isComplete("item_sku") // 不可以有空值
      .isUnique("item_sku") // 不可以重複
      // 只能是「S」、「M」、「L」、「XL」
      .isContainedIn("size", Array("S", "M", "L", "XL"))
      .isNonNegative("price") // 不可為負值
  )
  .run()
```

根據上面給定的條件，Deequ 會逐一檢查每筆紀錄，最終結果以各項指標之符合 / 不符合比例呈現，以 price 條件為例，可能會呈現出有 90% 紀錄為符合的，而有 10% 為不符合的，不符合的部分需要加以修正。另外 Deequ 還可以呈現出指標本身的異常水準、自動建議驗證條件等其他特性。

 TensorFlow Data Validation（*https://oreil.ly/6c61n*）與 Great Expectations（*https://oreil.ly/dS2D5*）是另外兩個和 Deequ 類似的工具。

以上，我們就完成了對數據測試的演練。本章節所談及之主題包括：介紹幾種不同的資料儲存形式以及處理系統、在功能測試中加入新的測試案例、濃縮再濃縮的 SQL 速成教學、實務演練以及工具介紹等，這些知識都會成為我們身在職場的武器，特別是當今市場上對資料測試需求又這麼大的情況下。

本章要點

以下為本章要點：

- 資料是應用的核心資產，所有功能、品牌、行銷、設計都是以資料為中心展開的，如果資料有問題，公司的商譽會受損，也會失去客戶的信任，最終讓資料失去價值，因此，資料測試是相當重要的。

- 資料測試涉及的範圍包括認識各種不同的資料儲存形式、處理系統，以及它們的功能特性、測試特性等等，還要知道各種不同的測試方法、工具，才能進行有效的自動測試或手動探索測試。

- 本章我們討論了四種常見的資料儲存與處理系統：資料庫、快取、批次處理系統、事件串流處理系統等，我們分別談到它們各自的特性以及相關的測試需求。

- 一些典型的資料測試包括手動探索測試、自動化功能測試、性能測試、資料安全與隱私測試等等。另外，原則上在做資料測試時應考量到資料的各種形式，也要把潛在的問題納入測試考量，包括資料在分散式系統上相關的問題、並行衝突的問題、網路問題等。

- 從事資料測試必須有一絲不苟的精神，因為 90% 的資料測試案例都是與資料的對錯有關，這和功能測試不同，功能測試大多數是與用戶的行為有關。

第六章

視覺測試

好的形象能強化品牌價值!

外觀的優劣決定了一款應用給人的第一印象,如果應用觀感討喜自然會讓人更想用下去。想像一下,在一個結帳頁面,如果它的 Continue 按鈕長成像圖 6-1 那樣,真的有人敢付錢嗎?絕對會令人起疑的吧!多數會直接走人換個地方買,不可能在這種看起來像詐騙的地方消費。

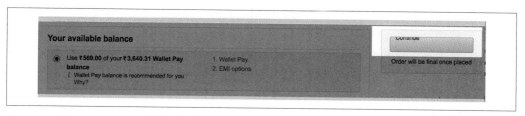

圖 6-1　按鈕文字被切一半的付款畫面

企業尋求擴大用戶數的方法大多是撒廣告、送東西、推活動等等,但卻忘記把焦點回歸到自身產品的形象上,就好比買了豪宅卻忘記粉刷一樣。外觀對應用的吸引力是至關重要的,好的外觀不僅能更貼近用戶,也能令自己變得更容易親近,而越是親近客戶,也越能為我們的品牌加分。在此我們用視覺測試驗證應用的視覺品質,當然也包括手動與自動的測試方法。

 注意,用戶體驗(UX)是屬於第 10 章使用性測試,而非本章視覺測試。

視覺測試包括確認應用及其內元素之外觀，包括尺寸、顏色、相對位置等是否與設計一致，以及它們在不同設備與瀏覽器之間的表現是否一致。本章將提供可視化測試的簡要概述，並著重於商業應用的案例探討，以及使用 Cypress 和 BackstopJS 等工具的實務演練，最後會介紹一款具有 AI 機能的測試工具 Applitools Eyes。此外，我們將總覽整個前端測試領域，並探討在視覺品質方面，前端測試與及視覺測試是如何互相累積，成就出一款高品質應用。

組成元素

下面我們開始介紹幾種不同的視覺測試方法，後面會分析這些方法導入所需的成本以及效益，讀者可據此決定何者才是最適合自己的。

視覺測試簡介

對於視覺品質之驗證，許多的開發團隊直到今日都還仰賴人眼評斷，或者再加上 UI 自動測試，對於某些應用來說這也可能就夠了，但最好還是要知道一下這些傳統做法的好處與它的不足。

首先我們必須承認肉眼有所極限，難以看見像素級的變化，所以人眼檢查只能做到人能所及的精確度，像是按鈕的圓角、圖標的像素級偏移，這些細節都是肉眼看不出來的。事實上，根據一份 2012 年的研究（*https://oreil.ly/BaE1m*），一個圖像區域中，多達五分之一的變化通常會被觀測者所忽視，這種現象稱為變化盲視（*change blindness*），這與視力缺陷無關，純粹是生物心理上的盲視，所以我們可以想見，每天都在碰同一款應用的人會有多容易忽視那些邊邊角角的小細節，另外也別忘了，但凡牽扯到人工測試就是時間的巨大耗損，再加上還有那麼多的設備、解析度要照顧，不可能靠一雙肉眼打天下，一定要有一些自動化測試幫忙。

但這裡的自動化指的並非 UI 自動化測試，雖然它們的確也能檢查一些視覺品質面的東西，但卻難以檢查應用的外觀與風格，UI 自動化是先用 ID 或 XPath 抓到元素，然後檢查元素功能是否正確的方法，像上面的例子，圖 6-1 用 UI 自動化檢查是會過關的，因為那 Continue 字樣確實存在，而且點擊它也的確會跳轉到下一個步驟，站在功能的角度，它的確應該視為通過。UI 測試的另一個不足之處在於實際上我們沒辦法窮舉檢查每一個頁面的所有元素，這樣不僅耗時，維護起來也相當吃力。

伴隨以上種種因素，市場上也誕生更專門的視覺測試工具，就像自動化功能測試一般，兩者有著相似的演化，發展至今已經有各式各樣的選擇，並且隨著迭代，工具也變得更加穩定與便於使用，下面我們列舉一些視覺測試方面的工具與技術：

- 由我們手動撰寫程式碼來驗證 CSS 屬性（例如一個驗證 `border-width=10px` 的測試）。

- 對 CSS 做靜態分析，找出有瀏覽器相容器問題的 UI 元素。

- 以 AI 技術檢測頁面的變動，模仿人類的意圖。

- 拍下頁面圖片，把它與標準圖做像素比對。

其中的最後一個是當今主流的視覺回歸測試方法，有時候這種方法也被稱為**截圖測試**，可以施作的開源工具有 PhantomJS、BackstopJS 等，付費工具則有 Applitools Eys、Functionize 等有 AI 技術加持的工具。在把設計圖和真實畫面做人工比對之餘，也可以用這些輔助工具來把視覺測試自動化，協助我們找到視覺面的問題，就像自動化功能測試工具幫我們找出功能面的問題一樣，隨著持續的開發迭代，視覺測試也能給予我們產品在視覺品質方面的持續性反饋。

在視覺測試自動化方面，特別要提醒的是，如果沒有安排好實施自動化的時機點，它可能反而會使開發過程變得脆弱而不穩定，舉個例子，假設有兩個都是驗證登入功能的測試情境：其中一個只測試陽春的登入頁，而第二個測試的是已經美化完的登入頁，雖然它們都可以被納入成為 UI 功能測試的一部分，但其實為第一個測試添加視覺測試是沒什麼意義的，所以在規劃時也要考慮到為某個測試情境添加視覺測試是有用的或是毫無意義的。

專案與商業應用中的情境關鍵

前面我們談到視覺測試之所以重要的原因，但這種重要性可能不全然適用於每一款應用，主要的原因在於成本，因為測試的成本是會累積的。對任何一個專案而言，第一個會遇到的成本是開發與維護那些 UI 功能測試的成本，這部分幾乎是避免不了的必要性成本，另外視覺測試的開發與維護也有自己的成本，即使這兩大類測試可以包成一個測試套件，總之，最好視自身專案的屬性來決定自動化視覺測試究竟是真的有其必要，還是只是有也不錯，舉例來說，對於一個只有兩三個用戶的內部應用來說，花那些時間去養自動化視覺測試就顯得很沒價值，頂多只要人工手眼並用檢查過就可以了。下面我們列舉一些比較值得做自動化視覺測試的案例：

- 當案子是 B2C 應用時，視覺品質就顯得相當關鍵，因此我們需要在開發階段就持續性的收到視覺面的反饋，舉例來說，像是面向全球市場的大型電商網站，每個頁面都有為數眾多的元件，這種情況就非常需要持續性的視覺反饋，就好比做 UI 功能測試帶給我們持續性的功能反饋那樣，在這類案例中，除非專案只是用來驗證市場的快速原型（rapid prototype）系統，否則只要是認真點的應用都應該導入自動化視覺測試來協助我們建構出穩定的應用。

- 如果應用會橫跨多種瀏覽器、裝置、螢幕解析度，那導入自動化視覺測試將能大大減輕我們跑回歸測試的負擔。

圖 6-2 為一些統計數據，包括各式裝置、瀏覽器、製造商、作業系統、螢幕解析度等等，來自 gs.statcounter.com（*https://gs.statcounter.com*）2022 年三月之數據。可以看到，行動用戶比桌機用戶多、Chrome 佔據了大量的瀏覽器市場，其次是 Safari，作業系統方面，依次是 Android、Windows、iOS，它們也是當今主流的作業系統，上面這些種種維度加起來的測試組合，如果可以利用自動化方式進行的話能讓事情簡單得多，它可以二十四小時全年無休運行，能為我們節省大量的精力。

行動 vs. 桌機 vs. 平板市佔率	
行動	56.45%
桌機	41.15%
平板	2.40%

作業系統市佔率	
Android	41.56%
Windows	31.15%
iOS	16.85%
OS X	6.30%

瀏覽器市佔率	
Chrome	64.53%
Safari	18.84%
Edge	4.05%
Firefox	3.40%
Samsung Internet 與 Opera	~5%

裝置供應商市佔率	
三星	28.22%
蘋果	27.57%
小米	12.24%
華為	6.53%
Oppo	5.25%

螢幕解析度市佔率			
1920x1080	9.27%	360x800	5.35%
1366x768	7.32%	1536x864	4.05%

圖 6-2　Statcounter 的全球裝置、瀏覽器、作業系統、螢幕解析度統計表

- 通常對於大企業來說，會有一組人專門開發 UI 元件，而其他各個應用的開發團隊可以直接使用這些現成的元件，這些統一的開發元件也被稱為設計系統。例如通用的導覽面板，裡面的「問與答」、「聯絡我們」、「分享到社交媒體」等按鈕都是一致的，它們都來自統一的 UI 元件庫，對於這些共用元件，視覺測試也有必要針對元件的層級實施，如果共用元件有修正，那所有引用到這個元件的地方也都會一併修正。

- 有時候因為擴展性或其他因素必須把整套應用重寫，但因為用戶已經習慣原有介面，所以必須保留原有介面，這種時候也可以用視覺測試來確保新舊介面的一致性。

- 與上面類似的情況，如果是大規模重構也可以用視覺測試，例如大量重構 UI 元件後，用自動化視覺測試來幫我們確保元件的外觀與用戶體驗不會被重構不小心弄壞。

- 當一款應用拓展到別的國家，就有需要對其進行本地化，例如本地化的外觀、文字等等，這些變動可能會破壞到原有版面，這種情況就必須針對不同的本地化版本各自進行測試，而自動化測試也能在這類需求中幫上大忙。

總而言之，對於視覺測試的實施與否，我們應該考慮到對用戶衝擊的多寡、專案的型態以及需求、我們自身的信心，以及所要投入的工作量，特別是在選擇該走向自動或手動時更要加以衡量。一旦決定導入視覺測試，那應該盡可能只在最關鍵、最必要的部分施行，不要讓過多的視覺測試工作擠壓了其他的前端測試。下面我們會介紹視覺測試的類型以及施作策略。

前端測試策略

想要從自動化視覺測試獲得正面的成效，那得設法讓各種花在前端測試上的心力取得平衡，依照每種測試形式的特長，為自家應用量身打造最適切的測試策略，您也會發現到，某些其他形式的測試雖然原本並非為了視覺品質而設計，但它們卻也能為提升視覺品質付出貢獻，這些種種都是在規劃測試策略時應當納入的考量。對於自動化視覺測試，我們也必須去判斷怎樣才是最適合自己的，把它放在最正確的地方，避免發生把對的武器用在錯的戰場等憾事，舉例來說，對於每個頁面都有可能出現的錯誤訊息框，就沒有必要頁頁都加上一筆視覺測試，這應該交給 UI 單元測試搞定，那麼，就讓我們把鏡頭拉遠，來總覽一下前端的測試策略吧！

Web 前端主要由三大部分構成：HTML 負責組成頁面結構，CSS 負責頁面樣式、程式腳本負責控制元素的行為，最後還有個也是很重要的角色，瀏覽器負責結合這三者把畫面演算出來，現今多數的瀏覽器都有遵循標準來演算元件，因此現代化的前端框架大多可以無痛支援不同的瀏覽器，這表示以框架為基礎建構的元素或功能，也可以正確的在各個瀏覽器呈現，但對於那些特別新或特別舊的瀏覽器，最好還是測一下在它們身上到底正不正常。

為了驗證前端程式的不同部分以及與其相關的後端程式，我們可以利用幾種不同層次的測試，一種常見的模式是讓這些測試由開發者與測試者共同負責。圖 6-3 為一個開發進程中，各階段裡那些微觀或宏觀層面的前端測試的劃分，我們可以根據這樣的劃分去實現各式測試，以實現快速獲得品質反饋的目標，這張圖也呼應著前端測試左移的倡議。在第 3 章我們已經基本地認識過這些測試，而在此處我們會重新站在前端的觀點去更進一步探索它們的內在，並且找出該如何將這些測試應用於視覺測試之上。

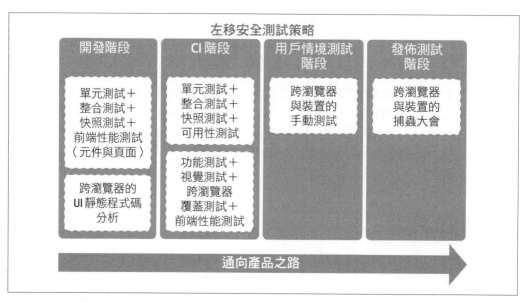

圖 6-3　實現前端測試的左移

單元測試

前端的單元測試是以元件為目標撰寫的，用單元測試去驗證其狀態與行為。前端單元測試某種程度上也算是視覺測試，舉個例子，我們可能會去驗證某個歡迎訊息是否出現在標題元件中，又或者去驗證一個按鈕的可用／不可用狀態，像這樣的需求，典型的做法是在開發之初就先著手撰寫測試，可能會用 Jest 或 React Testing Library 這類工具，這些單元測試會成為程式碼庫的一部分，使它們在開發階段就能為我們帶來非常立即的品質反饋。

範例 6-1 是一個簡單的單元測試,用來驗證一段歡迎訊息是否存在,它會先去抓 h1 元素,並對其內之文字做斷言,因為這個斷言也同時驗證了 h1 的存在與否,因此我們說單元測試也算是一部分的視覺測試。

範例 6-1　一個用 Jest 撰寫的單元測試

```
describe("Component Unit Testing", () => {
    it('displays greeting  message as a default value', () => {
      expect(enzymewrapper.find("h1").text()).toContain("Good Morning!")
    })
  })
```

整合、元件測試

整合、元件測試用於驗證一個元件或者多個元件間的功能,例如範例 6-2 的登入表單。

整合測試用於驗證整個表單,而非像單元測試那樣只針對單一元件。整合測試通常都需要模擬(mock)服務呼叫,UI 的狀態則隨之反應。在範例 6-2 中,登入的回應是經由模擬的,取得成功的回應後,下一斷言驗證登入表單是否有隨之消失。整合測試也可以用來驗證巢狀元件中,父子元件之間的連動關係。

範例 6-2　一個用 Jest 撰寫的整合測試

```
test('User is able to login successfully', async () => {

  // 模擬(mocking)登入回應
  jest
    .spyOn(window, 'fetch')
    .mockResolvedValue({ json: () => ({ message: 'Success' }) });

  render(<LoginForm />);

  const emailInput = screen.getByLabelText('Email');
  const passwordInput = screen.getByLabelText('Password');
  const submit = screen.getByRole('button');

  // 輸入帳密後提交
  fireEvent.change(emailInput, { target: { value: 'testUser@mail.com' } });
  fireEvent.change(passwordInput, { target: { value: 'admin123' } });
  fireEvent.click(submit);

  // 提交鈕應該立即變為禁用狀態
  expect(submit).toBeDisabled();

  // 等到成功回應後登入表單應該從畫面上消失
```

```
  await waitFor(() => {
    expect(submit).not.toBeInTheDocument();
    expect(emailInput).not.toBeInTheDocument();
    expect(passwordInput).not.toBeInTheDocument();
    });
});
```

整合測試的時間點應該在元件都開發完畢之後，此外整合測試與單元測試一樣，也應該與主要程式碼存放於同一個程式碼庫，如此在開發期間就可以隨時確認功能的行為，也就能立即獲得反饋。這類測試也是對視覺品質有助益的，例如上面的簡單範例中驗證了登入後按鈕變成禁用的狀態變化。整合測試與單元測試可以運用相同的工具鏈，另外實務上也建議在元件層級就先做好可用性（accessibility）檢測。

快照測試

快照測試是一種微觀面的視覺測試，它用於驗證元件的內部結構，它會把元件演算出的 DOM 結構，再與樣品比對兩者之差異，快照測試的工具有 Jest（*https://jestjs.io/docs/snapshot-testing*）和 react-test-renderer（*https://jestjs.io/docs/snapshot-testing*）。

> 快照測試是比對 HTML，而不是比對像素，比對像素的測試是比對影像（即截圖），這部分後面會再提到。

範例 6-3 為一快照測試，它用 Jest 來驗證 Link 元件的結構。

範例 6-3　一個用 Jest 撰寫的快照測試

```
import React from 'react';
import renderer from 'react-test-renderer';
import Link from '../Link.react';

it('renders correctly', () => {
  const tree = renderer
    .create(<Link page="http://www.example.com">Sample Site</Link>)
    .toJSON();
  expect(tree).toMatchSnapshot();
});
```

此測試會把每次提交的 Link 元件之 DOM 結構快照，存為檔案，如範例 6-4，再將每一次的快照與前一次做差異比對。

範例 6-4　*Jest 產生的快照檔案*

```
exports[`renders correctly`] = `
<a
  className="test"
  href="http://www.example.com"
  onMouseEnter={[Function]}
  onMouseLeave={[Function]}
>
  Sample Site
</a>
`;
```

這些測試能在開發期間為我們帶來元件結構面的品質反饋（相較之下，畫面截圖測試就要等到畫面真的都做完才能進行），隨著元件重用的程度越高，例如設計系統的元件會被使用於多個應用，那快照測試也就越加重要。快照測試與單元測試、整合測試相同，都是在開發期間撰寫的，並且存在於同一程式碼庫。

對於快照測試的粒度，一般建議針對單一的元件（像按鈕元件或標頭元件），或是不會時常變動的元件，另外也建議要在元件開發完成後再對其實施快照測試，也可以把快照測試納入回歸測試中，以此來確保元件結構的一致性，反之如果把快照測試作用在那些經常會變動的元件，或是還在早期開發的元件，那就相對的要付出很多額外的精力來讓測試跟上實際元件的變更，非常得不償失。

功能性 E2E 測試

在第 3 章我們介紹過自動化功能測試，基本上它就是模仿真實用戶的行為，在用戶一系列操作流程之間驗證我們的前後端反應是否正確。與前面幾種測試不同的是，自動化功能測試必須實施在已經部署好的環境，另外還要預先準備好測試資料才能進行。雖然自動化功能測試是跑在真實的瀏覽器上，但它對視覺方面的驗證貢獻有限，其內部的抓元素邏輯能幫助我們確認元素是否存在於頁面，但難以驗證元素之外觀與風格。

視覺測試

前面提的幾種測試，或多或少都有沾上視覺測試的邊，但真正的視覺測試做得更多，它有點像功能測試，一樣會用瀏覽器開網頁，但它是以頁面截圖比較標準樣本。視覺測試可以擺在專案之外獨立存在，也可以像其他功能測試那樣和專案擺在同一程式碼庫比較好維護。一些開源的工具，像 Cypress、Galen、BackstopJS 等等都有視覺測試功能，也有一些付費的工具，像是 Applitools Eyes、CrossBrowserTesting、Percy 等可以選用。

跨瀏覽器測試

跨瀏覽器測試有兩個主要目的：驗證不同瀏覽器間的功能以及外觀，雖然在不同瀏覽器之間主要特性不會有太大差異，但還是多少有一些些不同，例如在 2020 年 Twitter 就發生過一個安全問題（*https://oreil.ly/hG81i*），Firefox 會在快取內儲存用戶的非公開資訊，而 Chrome 就沒有這個問題，因此除了功能測試之外，也要測試在不同瀏覽器間的特性差異。

跨瀏覽器測試的第一步，首先要決定要跨哪些瀏覽器，前面說過，最多人用的有 Chrome 和 Safari，另外裝置又有分桌機、平板、手機，還要考量到應用本身的設計響應性（responsiveness），一般來說，需要測到涵蓋至少 80% 的用戶，而那剩下的 20%，可以另外在捕蟲大會處理。

根據以上所述，想要在多個瀏覽器進行功能測試，考慮到 UI 功能測試的先天問題（它只能在較後期，已經有測試環境的階段才能跑，並且它也難以做到視覺面的驗證），最好是限縮瀏覽器的範圍，也盡量挑選較關鍵的用戶情境來跑比較好，而如果想要做視覺面的驗證可以用視覺測試方法，視覺測試不僅可以比較跨瀏覽器時的圖像，也能比較應用在不同尺寸裝置下的響應性變化。以覆蓋 80% 用戶為基礎，挑選符合的瀏覽器與不同的螢幕尺寸，再針對那些關鍵情境施作視覺測試，如此我們就有一系列的功能或視覺測試了（您還可以用 Cypress 和 Applitools Eyes 把它們組織成同一個測試，再用它們去驗證跨瀏覽器時應用的響應性以及相容性。

如果您還是擔心跨瀏覽器相容性問題，那建議使用成熟的前端框架進行開發，像是 React、Vue.js、Bootstrap、Tailwind 等都有良好的跨瀏覽器相容性，對於非關鍵部分，大可依賴框架原有的跨瀏覽器相容性，但還是要注意一下，它們的跨瀏覽器相容大多只針對較新、較符合標準的瀏覽器，一些過於陳年的瀏覽器是不被納入的。

如果想要知道哪些特定的功能有被瀏覽器支援（如此可以決定要不要用它），可以去 *CanIUse* 網站（*https://caniuse.com/ciu/comparison*）查。譬如我想用 CSS 的 *flexbox* 來排版，就可以先去查有哪些瀏覽器支援它，也可以用一些輔助外掛，像是 stylelint-no-unsupported-browser-features（*https://oreil.ly/Zo62P*）會自動用 CanIUse 查有哪些功能有相容性問題，還有 eslint-plugin-caniuse（*https://oreil.ly/asdQ1*）也可以幫我們檢查前端腳本的相容性問題。如果想要更好地相容舊瀏覽器，還可以用 Babel 把新的 JavaScript 語句轉譯為相容於舊瀏覽器的語法，透過以上這幾個工具，我們得以確保應用在不同瀏覽器之間的相容性，也確保了視覺面的品質。

左移跨瀏覽器測試

瀏覽器測試也可以左移：

- 在開發階段就使用具備跨瀏覽器相容性的框架，例如 React、Vue.js 等。

- 在開發階段用 stylelint-no-unsupported-browser-features 或是 CanIUse 網站來找出有相容性問題的地方。

- 把一些 UI 功能面測試和視覺面測試相結合，並對足以覆蓋 80% 用戶的瀏覽器組合做測試。

- 剩下的 20%，盡可能經常舉辦捕蟲大會去補足。

前端性能測試

前端性能測試會檢查元件在瀏覽器演算所花費的時間，我們可以在應用加入各式各樣美美的圖片和效果，但如果因此導致卡頓的話，可能反而使用戶退卻，一般來說，一個頁面整體載入時間的 80% 大約會花在元件下載上，因此追求外觀與性能的平衡是相當重要的，關於這方面的工具與應用會在第 8 章詳細討論，鑑於它的相對重要性，特在此一提。

可用性測試

許多國家都有對可用性做規範，基本上前端的設計都要符合 WCGA 2.0 標準（*https://oreil.ly/TRxmX*），可用性很大程度影響了網站的視覺品質，在可用性考量下，網站必須有一致性的排版、文字必須清晰易讀、點擊區面積必須要夠大，以及許許多多其他方面的要求，在可用性測試的工具與應用方面，第 9 章會再深入探討。

以上是我們對各種前端測試類型的概述，總結一下，我們應根據不同類型測試的意圖和應用的需求制定前端測試策略，一般會建議讓微觀面的測試（如單元測試）比重多一點，宏觀面的測試（如視覺測試、E2E 功能測試）比重少一點。

演練

我們準備好來玩視覺測試工具了，視覺測試領域的工具有的是用命令列呼叫，有的是用程式碼呼叫，還有的是外部的 SaaS（software-as-a-service，軟體即服務）服務商，而在本節中，我們會實際上手兩套工具，分別為 BackstopJS 與 Cypress，之後您可以把它們納入 CI 管線中，讓它自動去測試每一次提交，就如同功能測試那般。

BackstopJS

BackstopJS（*https://github.com/garris/BackstopJS*）是一款滿流行的開源視覺測試工具，它本身是 Node.js 套件，因此可以方便的在 CI 中調用，它的測試腳本是組態風格（configuration style）的，不需要手刻過多的程式碼，它內部是採用 *Puppeteer*，這是一款 UI 自動化工具，它可以操控 Chrome，還可以調用 *Resemble.js* 做圖像比對，比對完畢後 BackstopJS 會產出 HTML 報告，對於圖片比對的參數配置，或是比對失敗後的處理，它都有良好的支援，就讓我們來玩玩看吧！

下面我們會用 BackstopJS 建立一份視覺測試來驗證應用在平板、手機、桌機瀏覽器下的表現。

設置

首先是前置作業，需要先安裝 Node.js 和 Visual Studio Code 編輯器（和第 3 章做的 Cypress 演練一樣），裝完之後，跟隨後續步驟安裝其他工具以及設定基本專案結構：

---

1. 建立新的專案資料夾，開啟終端機進入該資料夾，執行下面命令安裝 BackstopJS：

   ```
   $ npm install -g backstopjs
   ```

   此命令會在本機全域安裝 BackstopJS，未來如果還有其他專案需要就也可以用，同時它也會安裝 chromium（即 Chrome 瀏覽器）和 puppeteer。

2. 建立預設配置以及專案結構：

   ```
   $ backstop init
   ```

您應該會在資料夾內看到預設的配置檔案 *backstop.json*，我們待會會在該檔案內以配置的方式添加測試。

工作流程

現在找一個公開的網站來幫它做視覺測試，步驟如下：

1. 我們要測試三種螢幕解析度，在 *backstop.json* 加入相關配置，參照範例 6-5。

   範例 6-5　*backstop.json* 範例配置文件

   ```
   {
     "id": "backstop_demo",
     "viewports": [
       {
         "label": "browser",
         "width": 1366,
         "height": 784
       },
       {
         "label": "tablet",
         "width": 1024,
         "height": 768
       },
       {
         "name": "phone",
         "width": 320,
         "height": 480
       }
     ],
     "onBeforeScript": "puppet/onBefore.js",
     "onReadyScript": "puppet/onReady.js",
     "scenarios": [
   ```

```
    {
      "label": "Application Home page",
      "cookiePath": "backstop_data/engine_scripts/cookies.json",
      "url": "<填入測試網址>",
      "referenceUrl": "<填入參照網址>",
      "readyEvent": "",
      "delay": 5000,
      "hideSelectors": [],
      "removeSelectors": [],
      "hoverSelector": "",
      "clickSelector": "",
      "readySelector": "",
      "postInteractionWait": 0,
      "selectors": [],
      "selectorExpansion": true,
      "expect": 0,
      "misMatchThreshold" : 0.1,
      "requireSameDimensions": true
    }
  ],
  "paths": {
    "bitmaps_reference": "backstop_data/bitmaps_reference",
    "bitmaps_test": "backstop_data/bitmaps_test",
    "engine_scripts": "backstop_data/engine_scripts",
    "html_report": "backstop_data/html_report",
    "ci_report": "backstop_data/ci_report"
  },
  "report": ["browser"],
  "engine": "puppeteer",
  "engineOptions": {
    "args": ["--no-sandbox"]
  },
  "asyncCaptureLimit": 5,
  "asyncCompareLimit": 50,
  "debug": false,
  "debugWindow": false
}
```

上面的配置文件中，留意到以下幾點：

- 在 viewports 配置了三組解析度，分別對應到桌機、平板、手機。

- 操控 Chrome 的 Puppeteer 腳本定義在 onBeforeScript 以及 onReadyScript 參數內，您也可以添加自己的腳本。

- 主 要 的 測 試 案 例 放 在 scenarios 區 塊 內， 參 數 有 url、referenceURL、clickSelector、hideSelectors 等等，後面我們會再提到每個參數的用意。

- 標 準 參 照 圖 片、 測 試 截 圖 的 儲 存 位 置 定 義 於 bitmaps_reference 與 bitmaps_test；報告的位置定義於 html_report。

- report 參數設為「browser」表示生成瀏覽器可讀的報告，也可以設成「CI」表示生成 JUnit 的報告格式。

- 參數 engine 用於指定瀏覽器操控元件，預設值為「puppeteer」，它可以操控無頭（headless）模式的 Chrome，也可以設為「phantomjs」，它可以用舊版的 BackstopJS 操控 Firefox。

- 參數 asyncCaptureLimit 設為 5，標示最多開 5 根線程平行跑測試。

2. 接著要準備不同尺寸下的標準參照圖片，BackstopJS 可以自動幫我們生成，它會開啟 referenceURL 網址，並以 viewports 定義之螢幕設定分別拍下圖片，存入 bitmaps_reference 定義之位置，只要執行下面一行指令：

```
$ backstop reference
```

3. 接著可以跑測試了，執行以下指令：

```
$ backstop test
```

BackstopJS 就會打開 url 定義之網址，分別拍下不同解析度之截圖，再與前面準備的標準參照圖做比對。

跑完之後，就可以用瀏覽器看結果了，如圖 6-4，這邊我們用 Amazon 首頁當示範，結果顯示一個測試通過，另外兩個失敗，更明確的說是桌機通過，手機、平板失敗，選擇失敗的測試，可以看到它的標準參照圖與實際測試圖，以及兩者之差異圖，圖 6-4 中，可以注意到差異主要集中在下半部。

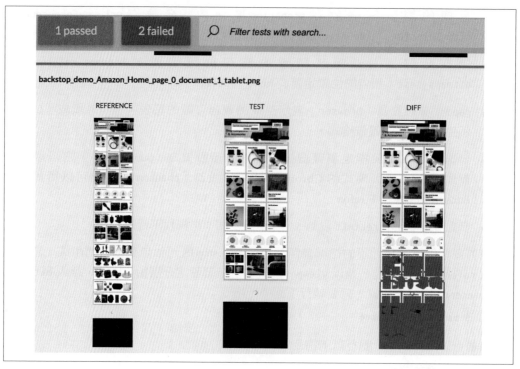

圖 6-4　BackstopJS 的 Amazon 首頁測試報告

測試之所以失敗，是因為 Amazon 首頁下半部內容是動態的，雖然測試資料可以由我們主動掌控，但的確有可能遇到像這樣的狀況，頁面的部分內容以動態呈現，面對這類問題 BackstopJS 也有提供解決機制，我們可以在 *backstop.json* 中定義 hideSelectors 或 removeSelectors 來隱藏或去除那些動態的部分，只要填入動態區塊的 class 或 id 就好，例如這樣：

```
"hideSelectors": [".feed-carousel-viewport"]
```

或者，可以改以元件作為測試標的，在測試標的以外的那些部分就會被忽略，如果要指定測試標的可以在 selectors 參數內指定。

然而就算把動態部分排除，有時候還是會遇到測試失敗，而去看會發現其實只是一點小小的、無傷大雅的像素級偏差，這類問題可以去調整比對的敏感度，使用參數 misMatchThreshold 設定，值可以從 0.00% 到 100.00%，這可以讓我們省去極大的精力去頻繁檢查那些微不足道的小偏差。

如果我們的應用改版了，需要更新標準參考圖，BackstopJS 也有設計方便的作法，只要對最新的提交跑一次測試再告知 BackstopJS 允許（approve）即可，如下面指令（當然您必須先確定最新的圖片是正確的）：

```
$ backstop approve
```

我們還可以讓測試的行為更加豐富，可以用 keyPressSelectors 叫它去找某種商品再比對商品頁，參考範例 6-6，它在 Amazon 的搜尋框輸入文字並按下搜尋鈕：

範例 6-6　在 *backstop.json* 用 keyPressSelectors 輸入搜尋文字

```
"keyPressSelectors": [
  {
    "selector": "#twotabsearchtextbox",
    "keyPress": "Women's Tshirt"
  }
],
"clickSelectors": ["#nav-search-submit-button"],
```

對於畫面測試，一種常見的模式是比較不同環境下的頁面截圖，例如本機和測試環境，可以在 url 輸入本機網址，並在 referenceURL 輸入測試環境網址來做比較。

如果是在 CI 跑測試，那要把 report 參數改為「CI」，並且要儲存測試產物，包括那些截圖，也建議把屢次測試的截圖保留存檔，以便往後追蹤。

Cypress

在第 3 章我們介紹過 Cypress 的前置作業以及它在功能性測試的應用，利用一款 cypess-plugin-snapshot（*https://oreil.ly/76YwA*）外掛，它也可以用來做視覺測試，它的工作方式和 BackstopJS 差不多，主要也是比較兩張截圖，以及標示出差異處，也有許多額外的參數可調，包括敏感度、限定比較元素等等。

設置

依照下列步驟設置此外掛：

1. 安裝外掛：

```
$ npm i cypress-plugin-snapshots -S
```

2. 在 *cypress/plugins/index.js* 和 *cypress/support/index.js* 檔案內添加此外掛之配置，如範例 6-7。

範例 *6-7 Cypress* 外掛配置

```
// cypress/plugins/index.js

const { initPlugin } = require('cypress-plugin-snapshots/plugin');

module.exports = (on, config) => {
  initPlugin(on, config);
  return config;
};

// cypress/support/index.js

import 'cypress-plugin-snapshots/commands';
```

3. Cypress 之配置文件檔名為 *cypress.json*，內容參照範例 6-8，裡面有幾個參數要留意，threshold，用於設定敏感度、autoCleanUp，用於控制是否要自動刪除無用之截圖、excludeFields，用於排除元件，比對時會忽略此處的元件。

範例 *6-8 cypress.json* 配置文件

```
{"env": {
  "cypress-plugin-snapshots": {
    "autoCleanUp": false,
    "autopassNewSnapshots": true,
    "diffLines": 3,
    "excludeFields": [],
    "ignoreExtraArrayItems": false,
    "ignoreExtraFields": false,
    "normalizeJson": true,
    "prettier": true,
    "imageConfig": {
      "createDiffImage": true,
      "resizeDevicePixelRatio": true,
      "threshold": 0.01,
      "thresholdType": "percent"
    },
    "screenshotConfig": {
      "blackout": [],
      "capture": "fullPage",
      "clip": null,
      "disableTimersAndAnimations": true,
      "log": false,
```

```
        "scale": false,
        "timeout": 30000
    },
    "serverEnabled": true,
    "serverHost": "localhost",
    "serverPort": 2121,
    "updateSnapshots": false,
    "backgroundBlend": "difference"
  }
}}
```

工作流程

做視覺測試要用 Cypress 外掛提供的 `toMatchImageSnapshot()` 方法，它會比較實際圖片和標準圖片，Cypress 會用第一次測試的圖片當作標準參照圖片。參考範例 6-9，它首先開啟 URL，等待頁面顯示，最後把整張網頁存成圖片來做比對。

範例 6-9　*Cypress 視覺測試，驗證應用之首頁*

```
describe('Application Home page', () => {
  it('Visits the Application home page', () => {
    cy.visit('< 此處填入網址 >')
    cy.get('#twotabsearchtextbox').should('be.visible')
    cy.get('#pageContent').toMatchImageSnapshot()
  })
})
```

假設網址為 Amazon 首頁，測試會因為動態內容而失敗，我們可以看到 Cypress 的測試結果，其中標示出兩張圖片之差異出，如圖 6-5。

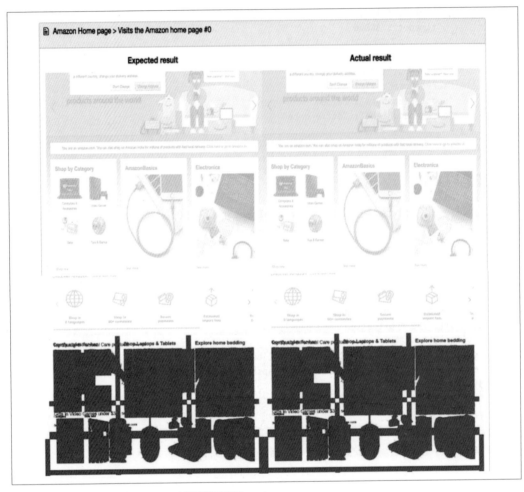

圖 6-5　BackstopJS 的 Amazon 首頁測試報告

它會把標準參照圖、測試圖、差異圖分別存入截圖資料夾內，如果是 CI，也可以保留這些產出物給後續除錯之用。交給 Cypress 同時測試功能與視覺面特性的優點是未來維護較方便，並且測試設置也可以重複使用。

其他測試工具

前面提過，能做視覺測試的方法很多，下面會再介紹一些視覺測試領域中的幾個工具，可以考慮把它們也納入自動化測試流程中，或許也能為我們的測試工作帶來一些啟發。

AI 測試工具 Applitools Eyes

依靠電腦視覺與深度學習技術，AI 也進軍了視覺測試領域，電腦視覺技術讓電腦能看懂影片或圖片的內容，站在工程視角，我們期望讓 AI 做到原本只有人類才能做到的事，例如檢視網頁以及檢查網頁的變化。

Applitools Eyes（*https://oreil.ly/n1hc8*）是一款 AI 視覺測試工具，它採用稱為 *Visual AI* 的電腦視覺技術，具有對頁面的認知能力，能分析頁面的結構與排版，包括元素的顏色、形狀等資訊，也能像人類一樣辨識出頁面間的差異，這是一款走 SaaS 模式的工具。

經過訓練的 Visual AI 能解決一些常見的問題，例如：

維護
> 如果測試因為一點點小小的誤差而失敗，它能夠辨別並自動認定為許可並更新標準圖，減少人力頻繁維護圖片或參數的負擔。

處理動態內容
> 它會自動忽略動態內容，不會傻傻的還去做像素比對。

敏感度控制
> 可以調整敏感度以忽略無傷大雅的微小差異。

要用上 Eyes，首先要註冊一個 Applitools 帳號，以及取得 API 密鑰，才能存取它們的雲端服務，具體的比對工作需要依靠雲端服務來完成，我們要下載 Eyes SDK 才能與服務端互動，利用 SDK 內的 API 去抓圖以及傳送圖片給 Eyes 服務，我們可以在既有的 Selenium WebDriver 腳本中搭配 Eyes API 來建構完整的視覺測試案例。（Eyes SDK 還支援其他各個 UI 開發與測試工具，例如 Cypress、React、Storybook，也支援行動平台測試工具 Appium。）

在 Eyes SDK 中，我們會用到的 API 有：

- `eyes.open(driver)`，用於初始化 WebDriver 與 Eyes 服務端的連線。
- `eyes.checkWindow()`，以設定之裝置與瀏覽器去檢查頁面的視覺品質。
- `eyes.closeAsync()`，讓 Eyes 服務知道測試已完結，並產出測試報告。

範例 6-10 為 Selenium WebDrive 使用 Eyes API 之測試程式。

範例 6-10　WebDrive 使用 Applitool Eyes 之測試

```
// 檢查一：進入應用首頁後進行測試
driver.get("< 應用 URL>");
eyes.checkWindow("Application Homepage");

// 檢查二：點擊按鈕跳轉後進行測試

driver.findElement(By.className("searchbutton")).click();
eyes.checkWindow("After clicking search button on home page");
```

Applitools Eyes 運行的速度相當快，因為它是用來自 Selenium WebDriver 的頁面 DOM 快照（而非截圖）來做比對，它把 DOM 傳送到 Applitools 雲端，在雲端平行測試多種裝置與解析度，以此來達到加速的效果，這樣做不僅快，也節省了我們自建測試裝置的成本，用它們雲端現成的測試裝置即可，另外它們也有一套儀表板可用於管理測試工作。

Storybook

Storybook（*https://storybook.js.org/*）是另一款被相當普遍使用的前端開發工具（GitHub 星數超過七萬），它可與 React、Vue.js、Angular 等主流前端框架搭配使用，我們能用它來建構獨立的 UI 元件，而且不用花時間設置應用架構、準備測試資料，或者在應用中尋覓目標元件，可以省下相當多的時間。

Storybook 會把元件在它自己的應用內進行演算，我們因此可透過 Storybook 檢視該元件的行為與外觀，還能任意的切換元件的狀態，Storybook 將演算後的元件稱為 *story*，元件的每種狀態也是一個 story，每個 story 被獨立儲存起來，以按鈕為例，一個按鈕元件可能有大小尺寸的狀態，Storybook 就會把大尺寸存為一個 story、小尺寸存為一個 story，這種模式對於視覺測試相當便利。

實際上 Storybook 也有提供視覺測試服務，稱為 Chromatic（*https://storybook.js.org/*），這是以 Storybook 為基礎的自動化視覺測試服務，它能檢測多個瀏覽器之下元件的視覺品質（免費版僅提供部分功能），我們可以用 Chromatic 來自動檢測每個 story 以及之前的 story，這也象徵著視覺測試的左移。

對於那些有專責團隊開發組織內通用 UI 系統的公司來說，在不涉及前後端串接的情況下，這款工具會是前端開發的得力助手。

如以上所見，對於視覺測試，有許多工具可以選擇，這些工具都可以在開發的各個階段發揮作用，在開發環境我們能夠整合 Storybook，在開發流程我們可以整合 BackstopJS，在功能測試上，我們則可以使用 Cypress 或 Applitools Eyes，這些工具可以依我們的需求選用，以達到快速獲得品質反饋的目的。

觀點：視覺測試的挑戰

視覺測試的挑戰之一是選到對的工具，本章列舉的僅是眾多工具中的少數幾個，隨著 AI 技術與 SaaS 商業型態的興起，候選的工具只會越來越多，下面是我們對挑選工具時的一些決策觀點：

- 簡單易用，能便於測試建立與維護，也能便於納入 CI 調用。

- 要有足夠聰明的截圖管理能力，否則要用人工花大量的時間去一再微調那些標準圖片，最好能幫我們自動更新圖片。

- 能控制測試敏感度，這樣才不會一直被那些小誤差干擾判斷。

- 能測試多組瀏覽器與裝置。

- 在跑多組瀏覽器與裝置時的速度要快。

除了挑選對的工具以外，另一方面的挑戰是如何讓其他人也願意投入自動化視覺測試，畢竟每多一個新工具也就多了維護與建置測試案例的成本，然而只要在對的階段選擇對的工具，並且工具夠好上手的話，那這些額外的投入也能很快的創造更多的價值，但同時也要意識到，並非所有的應用都適合自動化測試，在投入之前，應該想想自身應用的特性，並且做好效益分析。

本章要點

以下為本章要點：

- 視覺測試是用來確保應用之外觀是否與原設計一致的方法，優良的視覺品質能拉近我們與用戶的距離，並增進用戶對應用之信任，也能強化我們的品牌價值。

- 雖然功能測試或肉眼測試也確實能算是一部分的視覺測試，但卻有所不足，肉眼測試容易出錯，而功能測試所涉及的視覺品質部分又不夠完整，因此自動化的視覺測試還是有其必要。

- 只要應用本身的特性符合，自動化視覺測試會帶來巨大的價值，一般來說，要考慮的因素有：對用戶衝擊的多寡、專案的型態以及需求、我們自身的信心，以及所要投入的工作量，根據以上幾種面向來決定是否應該要導入自動化視覺測試。

- 自動化視覺測試有許多開源工具可以選用，包括 BackstopJS、Stortybook、Cypress 等等，它們各自具備不同的特性，而 SaaS 也有 Applitools Eyes、Chromatic 等等，它們有現成的基礎設施以及工作管理功能可以付費取用。

- 為應用開發的不同階段選用不同的工具，以避免阻礙開發工作的流暢性，對的工具能在不同的階段中為我們持續提供品質反饋。

- 視覺測試只是前端眾多測試的一環，完整的測試策略除了視覺測試外，也應該納入其他各種層面的測試，才能讓我們迅速地取得視覺方面的品質反饋。

第七章

安全測試

鏈條的強度取決於最薄弱的環節。

—*Thomas Reid*，《Essays on the Intellectual Powers of Man》（*1786*）

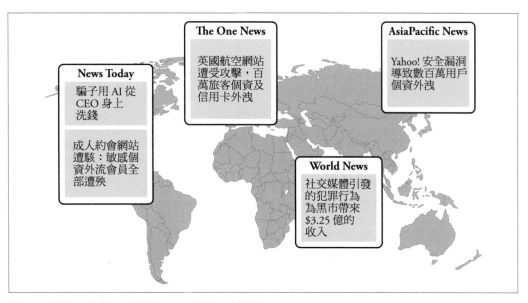

圖 7-1　新聞頭條表示，資訊安全已經是全球議題

我們活在一個比過往更容易遭受網路犯罪的世界，尤其是幾乎人人都有一兩個社交媒體帳號時。網路犯罪是一個概括性的詞彙，它表示所有與電腦和網路相關的非法活動，包括金融竊盜、財產竊盜等，例如私有的銷售文件與研究報告竊盜等，也包括個資的不當使用，例如個人的生物數據外流等等。根據專家估計，在 2025 年全球打擊網路犯罪的成本（包括受害者的直接和間接成本）將會高達 10.5 兆美金（*https://oreil.ly/OwtEm*），遠高於 2021 年的 6 兆，其中大部分與社交媒體有關，2019 年的一項研究表示，全球網路罪犯的年收入總計高達 32.5 億美金，這無疑是個大數字，而且令人髮指的是，其中的錢就來自我們身邊的朋友。

以上這些數據表明網路犯罪比人們想像的要普遍得多，如圖 7-1 所示，從新聞報導也能證明網路犯罪不只發生在銀行或社交網站，任何網站都可能存在風險，航空公司和約會網站也都難以倖免，後面我們會探討這些實際的案例以及試圖從中尋求洞察，而這些問題也帶給我們疑問：究竟有哪些方法能避免這類的攻擊？

要讓系統安全、可靠，一般業界會建議建立所謂的縱深防禦，也就是在讓安全機制散佈在系統的各個層面，而不只在最外圍做防堵，就好比歷史上的城堡：有護城河、有鐵閘門、有守衛等等，每一層都必須足夠堅固，因為入侵者每深入一層就有可能竊走更多資料。

要知道，系統的整體強度取決於其中最薄弱的環節，不論是系統管理員或是被破解的密碼都有可能成為壞人的突破口，要建構出安全、牢不可破的系統，識別出系統的弱點是相當重要的，而安全測試就是找出弱點的主要方法之一。

安全測試就是化身為駭客，去找出自身潛在的漏洞、威脅、風險，因為這些都有可能成為攻擊的目標，資深的測試員是有多年經驗的資安專家或滲透高手，他們透過腳本發動各式攻擊，藉此來找出潛在的漏洞，但對我們來說，如果還不是滲透高手，那還是可以用現成的自動化測試工具來避免發生潛在的安全問題。

與功能一樣，安全問題的事後補救成本也很高昂，要減少系統的防禦破口，我們應該採取安全測試左移的策略，不要等到最後一刻才想找人做滲透測試。

沒錯，最佳實踐方法就是在最初的需求蒐集階段就開始設想安全議題，如果要做銀行系統，那就必須做到除了帳戶所有人之外，沒有任何人能看到進出紀錄，內部也必須建立監管機制，並且要求做雙因素認證以提供額外的安全保障，就像在城牆上部署武裝護衛那樣做到雙重防禦，在整個分析、開發和測試階段結合安全的最佳實踐將幫助您構建強大、安全的系統。

本章範圍涵蓋與安全相關的基本知識，能讓您提昇自身的安全測試技巧，並藉此達到測試左移的目的。您將會認識到真實的攻擊案例、應用的漏洞，以及 STRIDE 威脅模型。本章的實務演練涉及威脅模型、測試策略等議題，還有將安全測試左移的實務方法，也會介紹安全測試工具，以及示範將它們納入 CI 管線之中，藉此讓我們能獲得安全方面的持續性反饋。

本章之目的並不包括讓您成為專業的安全測試員，我們說過這需要經歷數年方可成就，但這並不代表我們可以放生應用之安全性，為了此一目標，本章專注在介紹業界推行的實務方法以及測試工具，最重要的是要讓您具有駭客級思維。

組成元素

想要化身為駭客，首先要了解不同的攻擊型態以及它們背後的漏洞，並反思我們手上的系統是否也有類似的問題，那麼就讓我們開始看看有哪幾種攻擊型態吧！

常見的安全相關詞彙

下面是本章會用到的一些與安全有關的相關詞彙：

- 資產，應用的關鍵資料，必須有安全機制加以守護。

- 安全性損害（*security compromise*），當安全機制失效時的事件。

- 漏洞，系統中潛在的安全破口，可能被用於入侵。

- 威脅，潛在的惡意行為或事件，它們可能試圖利用漏洞入侵系統。

- 攻擊，未經授權對系統發動的惡意行為，目的是破壞系統安全。

- 加密，將明文資訊轉換成密文的技術，有密鑰才能解讀。

- 雜湊（*hashing*），把任何長度的資料轉換成固定長度亂文的演算法（即特定的計算方法），轉換後的亂文即稱為雜湊，雜湊值可用於驗證原資料之正確性，因為雜湊的特性是即使原資料只有一個小改動，算出來的雜湊值也會完全不同，它具有不可變（**immutable**）之特性，一份資料只會對應到一組雜湊，並且算出來的雜湊也沒辦法再逆向轉換出原資料，因此我們說雜湊是一種單向演算法。

常見的網路攻擊

這裡介紹幾種常見的網路攻擊以及具體的案例。

網頁爬蟲

要對一個系統下手，最簡單的方法就是去爬它的網站，挖出所有公開的資料，特別是用戶的資料，這種攻擊會用爬蟲軟體或腳本自動爬取網站，從中找出可用於後續攻擊的資料，社交媒體也是挖資料的一大目標，因為裡面有太多的個資可以利用，像是用戶的位置、電話等等，這些資料對攻擊者來說就像是送到眼前白吃的午餐，如本章開頭所說，研究顯示，來自社交媒體的個資引發的犯罪為壞人帶來每年高達數億美金的收入。

舉個 2009 年的例子，有人在網路上發現一個無保護，且內含 4.19 億個 Facebook 帳號個資的資料庫（*https://oreil.ly/uydzf*），其中還包含用戶的電話號碼，雖然事後 Facebook 移除了在個人頁面的電話欄位，但為時已晚，資料早已被搜刮殆盡。再舉一個意外洩漏的案例，2018 年 Twitter 發現一個臭蟲（*https://oreil.ly/u51SN*），其內部工具會把登入用戶的密碼以明文紀錄起來（想不到吧！）幸運的是沒有任何外洩的跡象，但為了以防萬一，它們還是要求 3.3 億的用戶變更密碼。

暴露的資料終究會被有心人士利用，不論是來自網路或其他地方，當我們站在駭客立場時，應該要想想我們自身的應用有哪些地方可能是外露的破口。

暴力攻擊

如果要猜一個人的密碼您會從哪裡下手？要嘛是猜生日，要嘛是猜喜歡的顏色，要嘛猜另一半的名字或者這些的組合對吧！把這些可能的組合拼起來，並不斷的試誤（trial-and-error）就是人們說的暴力攻擊。

2016 年，因為暴力攻擊，FriendFinder Network 暴露了 4.12 億的用戶資料（*https://oreil.ly/rwYsc*），其中更包含密碼與其他敏感個資，例如性取向什麼的，雖然它們的帳密有經過 SHA-1 雜湊演算，但這樣的防護在現代來看是不夠的，因為在當代電腦的強大演算力下，還是有可能被暴力破解的。

社交工程

社交工程是利用心理學方法，設法從目標對象取得資料，您可能有接過一種電話，對方聲稱是某某大公司的客服，因為哪裡搞錯了需要我們的信用卡才能解開，如果您上當了，不用覺得孤單，2019 年英國能源公司的 CEO 也上了一樣的當（*https://oreil.*

ly/6n3Qy），他接到一通電話，聲音聽起來很像他老闆（其實是經過特意訓練的 AI 語音），要他轉帳一筆相當於 243,000 美元的錢到某個駭客的戶頭。

釣魚

釣魚也算是一種社交工程，攻擊者會利用虛假的方式（通常是 email）讓被害人上當並取得想要的資料，可能是引誘對方去開啟惡意附檔或是點擊假網站的連結，點進去後會看到以假亂真的登入頁面或信用卡頁面，如果真的填進去就中計了！這類釣魚手法如果您不曾遇過那才奇怪吧，2021 年，有一些 Microsoft 365 的用戶就收到了這樣的信件（*https://oreil.ly/YDTnE*），信中聲稱附檔是價格修正資料，但點擊下去馬上就會執行一個會竊取他們身分資料的腳本。

跨站腳本攻擊

跨站腳本（cross-site scripting，XSS）攻擊乃攻擊者在不安全的網站注入代碼來操控應用之行為，例如注入一段腳本把顧客的付款資料傳送到攻擊者的機台上，2018 年英國航空就受到 XSS 攻擊（*https://oreil.ly/OuPZU*），導致 380,000 名旅客的信用卡資料被盜，而英國航空也因為此事遭受鉅額罰款。

勒索病毒

勒索病毒會阻斷系統使其無法正常作業，直到付贖金給攻擊者才讓您還原，2009 年 The Weather Channel 就遭遇勒索病毒攻擊（*https://oreil.ly/SsDlS*），導致網站下線了一個小時，幸虧它們平時就有備份，得以成功度過這次攻擊。

Cookie 偽造

顧名思義，就是偽造存有用戶資訊的 cookie，用它去存取網站來獲得資訊，2017 年 Yahoo! 揭露了一次攻擊事件（*https://oreil.ly/6natu*），有高達 3,200 萬的用戶資料因而外洩，因為駭客取得 Yahoo! 內部程式碼，並研究出如何偽造 cookie，這讓他們得以偽造用戶身分進入系統。

加密劫持

加密劫持是近來日益嚴重的攻擊手法，這種攻擊是盜用他人的設備進行加密貨幣挖礦，攻擊者會以機器人去爬 GitHub 找到暴露的主機密鑰（例如 AWS），一旦找到他們幾秒鐘之內就可以侵入那台主機使之變成攻擊者的礦機，導致受害者得付出高昂的主機費，在 2018 年 Tesla 就遭受到這樣的非法挖礦攻擊（*https://oreil.ly/f4H9L*）。

以上提及的幾種攻擊都只是冰山一角，參見圖 7-2，真正的攻擊型態是多元的，有的針對應用層、有的針對基礎設施、有的針對網路架構，並且攻擊手法也在不斷推陳出新，在這道高一尺魔高一丈的遊戲裡，保持領先是相當重要的，因為保護自身商業利益和用戶資訊是我們的責任，事實上，這不僅是責任也是法律上的義務，各國政府都有推行相關的法規，例如歐盟的 GDPR（General Data Protection Regulation，一般資料保護規則）以及 PSD2（Revised Payment Services Directive，支付服務指令修正案）等等，我們對這些法規都必須加以遵守。

圖 7-2　常見的威脅型態

STRIDE 威脅模型

上一節我們談到許多真實案例，每個故事中的攻擊者的目的都是為了劫持或者濫用個人或企業的資料、財務情報、基礎設施、服務存取權、品牌信譽等，這些也就是我們應該首要保護的重要資產，這件事的重點之一是不要低估可能面臨到的挑戰，我曾經做過一個專案，我們為銀行設計了一套中央安全系統，當時在用腦力激盪去列舉所有可能的攻擊手段時，最後的清單長度真的超乎我們的想像。

在規劃自身應用的安全性時，我們也應該像上面一樣去思考所有可能性，想想有哪些行為有可能去侵害到我們的資產，為了識別出這些可能性，我們會引入一種 STRIDE 威脅模型的框架，此模型來自微軟的 Loren Kohnfelder 和 Praerit Garg，名稱 STRIDE 來自幾個單字的縮寫，分別是 **S**poofed identity（身分偽造）、**T**empering with inputs（輸入竄改）、**Repudiation of actions**（行動否認）、**Information disclosure**（資訊揭露）、**Denial of service**（服務阻斷）、**Escalation of privileges**（特權提升），在列舉所有的可能性時，可以採取這些分類並逐一聯想會有哪些可能的威脅。

下面來深入認識這幾種威脅型態。

身分偽造

身分偽造即攻擊者會偽裝成他人來取得資產，回顧一下前面提過的 CEO 被 AI 語音騙到錢的例子就是典型的案例，隨著社交工程、釣魚、惡意軟體，甚至直接偷看（趁人在打登入密碼或提款密碼時直接從背後偷看）等手段的興起，身分偽造事件也變得越來越多。

對於這類威脅，可以用幾種防禦機制：多因素認證、強密碼，以及在資料的儲存與傳輸帳密時採用加密措施。

輸入竄改

輸入竄改涉及用非法的手段變更應用之數值或內容（例如程式碼、資料、記憶體等等），方式通常是透過注入惡意程式碼，例如從前端注入攻擊腳本之類的，像前面提過的那個英國航空的案例，駭客就是在它們的網站注入攻擊腳本來獲取旅客的信用卡資料。

對這類威脅的防範手段包括添加驗證機制（例如驗證輸入欄位，防止 SQL 注入），添加認證與授權機制，以及在程式端採納業界的安全實踐規範[1]，以防止潛在的程式碼注入風險。

行動否認

當惡意用戶的行為無法被證實或追溯，那他們大可否認所有的指控，如果商品出貨卻沒有任何收取證明，只要消費者心懷不軌，他就有可能聲稱從沒收到，這也是我們在設計時要考量到的重點之一，否則輕則損失一兩件貨物，重則損失商譽甚至更多金錢，有時候還會面臨法律上的風險，要防範此類情事，最好設計適當的紀錄和稽核機制，以避免有人事後翻臉否認。

1　關於軟體撰寫時的最佳安全實踐原則，請參閱 Daniel Deogun、Dan Bergh Johnsson、Daniel Sawano 等人合著的《Secure by Design》（*https://oreil.ly/ezsTI*）（Manning 出版）。

資訊揭露

所謂資訊揭露，意指那些未經授權取得應用內資產的行為，例如我們前面提過的 Twitter 案例，那些不應該知道用戶密碼的員工卻因為意外而見到了暴露的密碼，像這樣的暴露當然是違背當初設計的本意，也幸好最終沒有發生真正的損害，但在其他類似的例子裡，攻擊者的確總是試圖取得存取資料的權限，最普遍的方式就是想辦法在目標主機內埋入惡意軟體，把它偷偷在背景執行，把往來的資訊也偷偷地傳送到攻擊者端，這種模式也稱為*中間人攻擊*，要對其防範，可以建立強固的授權機制、把私密資訊加密，以及採用安全的通訊協議等等。

服務阻斷

顧名思義，服務阻斷（denial of service，DoS）攻擊就是把我們的服務打到下線，既破壞我們的商譽又讓服務難以帶來營收，服務阻斷還有一種進階版的*分散式服務阻斷攻擊*（*distributed denial of service*，*DDoS*），攻擊不再來自單一來源，而是成千上萬的設備持續發出飽和攻擊，最終使我們的服務過載然後掛掉。

防範的方法可以配置負載平衡、對 IP 做限流、啟用 IP 白名單制度、建立系統備份、建立機台自動擴展機制、設置流量監控警示系統等等。

特權提升

特權提升指的是惡意的使用者以某些手段取得他們本不應該有的權限，想像一下，如果駭客拿到系統管理員會有多危險！個人認為這是所有威脅中最糟糕的，他們幾乎可以為所欲為，可能會偷資料，可能會服務阻斷，還可能直接把錢變不見。對於權限管控，最佳實踐為最小權限原則（principle of least privilege），只給予用戶所必要的最少權限，這項原則也適用於開發團隊內部，例如只賦予開發者程式碼的權限，其他人則視必要性開放，另外一些常見的防禦策略有加快存取 token 的更新頻率、實施多重簽名授權機制、重要密文以另外的密碼庫機制儲存等等。

認識過 STRIDE 後，就可以好好腦力激盪一下，我們自身的應用有可能會遇到哪些威脅，另外也要思考該怎麼解決或預防這些問題，以及真的遇到問題時我們的應對機制又是什麼。

應用弱點

在建立駭客思維的過程中，我們提到一些常見的攻擊型態，也提到哪些是駭客覬覦的資產，以及可以用來區別各種威脅的模型框架。下一步我們要往更技術面邁進，談談程式

碼有哪些可能被利用的漏洞，先認清自己的弱點，才有可能做出對的防禦，也才有可能做出對的測試，知己知彼才能百戰百勝。

程式碼與 SQL 注入

對於防護缺失的網站，攻擊者可能會利用漏洞試圖注入程式或 SQL 來改變應用之行為，範例 7-1 展示了一段以名字取得學生資料的 SQL 查詢。

範例 7-1　一段 SQL 查詢，使用了一個來自外部輸入的變數

```
// 以名字查詢學生資料的 SQL 查詢

SELECT * FROM Students WHERE name = '$name'
```

如上所示，這段查詢中有一個變數 $name 給外部輸入，而如果外部的用戶心懷不軌，它可以利用該變數插入其他的查詢語句來刪掉所有學生的資料，如範例 7-2，是不是很簡單！

範例 7-2　被注入加料的 SQL 查詢，可以刪掉整份表格

```
// 如果惡意用戶在前端名字欄位輸入這樣的內容：
Name: Alice'; DROP TABLE Students; --

// 那就會跑出這樣的查詢：
SELECT * FROM Students WHERE name = 'Alice'; DROP TABLE Students; --'
```

看完以上，我們建議的原則是，最好對所有的輸入值都驗證一遍。

跨站腳本攻擊

前面我們就提過跨站腳本攻擊，它會在受害者的瀏覽器執行惡意腳本、劫持用戶連線，或者把用戶導向冒牌網站，又或者用腳本去破壞特定網站的行為，如果網站沒有對用戶輸入做適當消毒（sanitization）的話就有可能受到影響。

舉個例子，有個 Twitter 用戶發了一則如圖 7-3 的推文，如果在 TweetDeck 讀取到這則貼文就會執行其內的程式碼，並秀出 TweetDeck 有 XSS 漏洞的提示訊息，並且還會自動轉發，如此不間斷的跳出提示訊息，像這樣的問題其實只要程式有預先對訊息內容做驗證就可以防範，但很可惜就是沒有，使得瀏覽器只能沒完沒了的見一次跑一次。

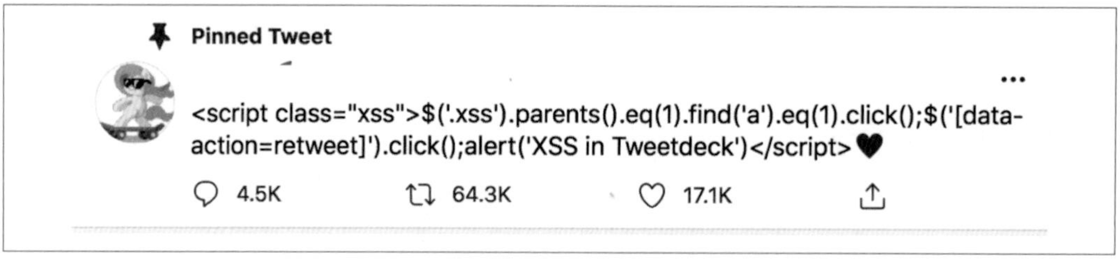

Pinned Tweet

<script class="xss">$('.xss').parents().eq(1).find('a').eq(1).click();$('[data-action=retweet]').click();alert('XSS in Tweetdeck')</script> ♥

💬 4.5K   🔁 64.3K   ❤️ 17.1K   ⬆️

圖 7-3　帶有 XSS 的推文

未處理的已知漏洞

如果程式有第三方依賴（包括作業系統的依賴、套件的依賴、框架的依賴、工具的依賴），那這些依賴的安全問題也有可能影響到我們，一般來說只要有漏洞被發現，維護者都會做修正並發佈新版，但如果我們自己沒有勤於更新的話還是會受到漏洞波及，市面上有一些工具可以協助我們升級套件，例如 GitHub 的 Dependabot（*https://oreil.ly/Hpo7p*），它會掃描程式庫中的依賴套件並針對有漏洞的發出升級通知，另外 Snyk 和 OWASP 的 Dependency-Check 也具有類似的功能，會自動掃描套件並發出漏洞通報。

認證與連線管理

有時候網站的認證機制設計得不夠周全，讓壞人有機可乘去盜取 token 來取得額外的權限。如果您是把連線（session）ID 和用戶個資放在 cookie 的話，那務必要時常更新 cookie，也要記得把舊 cookie 停用，另外還要注意有沒有不小心把連線 ID 放到網址中，以及注意在傳送認證資料時有沒有使用加密的通訊等等。

未加密個資

個資未加密是頗常見的漏洞，用戶也經常成為此漏洞下的犧牲品，例如前面提過的 Facebook 案例，用戶的電話被完完整整地搜括一空。對於這個問題，我們必須確保所有的紀錄檔（log）、資料庫、程式碼、專案文件、對外服務等都沒有暴露未加密的個資，對於加密的算法最好選擇安全性高的（*https://oreil.ly/gWBsM*），例如 AES、HMAC、SHA-256 等等，並且採用動態的加鹽機制（*https://oreil.ly/SKoYx*），以此確保資料在傳輸和儲存時的安全性[2]。

2　關於此主題，請參閱 Wade Trappe、Lawrence C. Washington 合著的《Introduction to Cryptography with Coding Theory》第三版（*https://oreil.ly/BDSmG*）（培生出版）。

應用錯誤配置

另一類常見的失誤是隨便放管理權限給他人，說這樣可以減少管理的負擔，但這都只是理由，對用戶、對資料夾、對系統的權限的放縱會導致非預期的存取，也可能引發特權提升問題，對資料、對管理都有潛在的濫用可能，如同前面提過的，權限給予的原則應該採嚴格遵守最小權限原則。

密文暴露

一種常見的被入侵的原因是自己把密文寫在程式內，這些密文有的是環境部署密碼，有的是管理員帳號密碼，都明明白白的寫在程式或配置文件內，對於這類問題，比較好的方式應該是把密文存放在別的密文管理服務中，要調用必須透過它們的機制，這樣那些散佈在程式碼、CI/CD 管線、配置檔案等所有的密文都可以集中管理，並且隨需取用。

以上所列的幾種可能的漏洞都是我們在開發或測試期間較容易發生的，另外 OWASP（Open Web Application Security Project，開放式網路應用安全計劃）社群也有列出十大常見的漏洞清單（*https://oreil.ly/uXFbn*），也可以去看看。

威脅模型

經過以上章節，您可能已經在思考自身的應用會有哪些潛在的威脅與漏洞，在本節我們會討論到建立威脅模型的方法，這是一種能有條理的把各種可能的安全威脅加以組織與歸納的方法，您之後也可以自行應用這種方法來建立自己的威脅模型。

一般建議先把應用分成幾個規模較小的部分，再來針對各個部分建立它們的威脅模型，舉例來說，可以針對每個使用情境花十五分鐘去建構它的威脅模型，然後再根據威脅的程度和發生率做先後排序，最後再逐項提出應對方案，這些應對方案可以附加在情境卡片中，也可以視為新特性另開卡片紀錄，在此要秉持著一個大原則：**建構應對方案所需的成本不應該比它所保護的資產要高。**

以網誌平台為例，在著手建構首頁前，可以花個十五分鐘想一下，它會有哪些威脅？舉例來說，可能會有勒索軟體的攻擊，於是我們可能的提案是建立安全監控系統，這方案預估一年要花四十萬美金，此時的問題是，這錢花得值嗎？有沒有本末倒置？因為這金額可能比我們一年的利潤還多，另外再想想，這個網誌平台會受到勒索軟體攻擊的可能性有多高？很低的低吧！換個例子，如果是電商網站要預防程式碼注入呢？可能會因此讓信用卡資料外流喔，這樣的衝擊和機率是多少呢？是不是大得多了。

列出所有的威脅以及它的應對方案，加以排列之後，可以把這些資訊加入原本的情境卡中，或者可以另外開以「abuser」（濫用者）、「壞人」為角色的情境卡，例如：

不能讓 Abuser 注入程式碼來重導用戶。

威脅模型也可以用來產生安全面的測試案例，可以用前面的威脅情境卡來當作測試的驗收標準。

威脅模型建立步驟

讓我們深入到威脅模型建立步驟，在建立威脅模型時首先建議要全員參與，團隊中的每個角色都必須要有代表參加，還要準備一張大白板、各種顏色的便利貼，讓我們可以迅速地把議題記下並分類，如果是在遠端執行，那可以選用 MURAL 之類的工具，成員、道具都準備好之後，就可以參照下列步驟來執行了。

定義特性

第一步是定義特性範圍，從整體應用中找出一部分特性，作為後續建立威脅模型的基礎。定義好特性範圍後，畫出該特性或功能內的使用流程，以及與之相關的角色類型，弄清楚這些基本資訊後，再畫出不同元件間的資料流，如此我們就有了使用流程、角色、資料流程，以及元件與元件之間的關係圖。

定義資產

第二步是定義哪些是前面的特性範圍內所要保護的資產，可以從資產損失的衝擊性以及風險的嚴重性方面著手討論。

黑帽思考

下一步，踏入黑帽的世界，讓我們站在駭客的角度，去思考能發動怎樣的攻擊來取得資產，在這步我們的思維模式應該要轉換成「我們來打爆它吧！」此時可以利用 STRIDE 模型為基礎來討論和發想，這裡的發想是無拘束的，不用考慮現實上會不會發生，只要把所有的可能性都先記在便利貼上。

排序以及產出情境

威脅型態定義出來後，依照它們的嚴重性及發生機率排序，把可能的攻擊情境記入卡片，後面建立威脅模型時的腦力激盪活動還會用到。

至此我們已經完成了建立威脅模型前的基本工作，後面來玩真正的威脅模型建置。

威脅模型建立演練

此節的演練中，假設目標是某零售門市系統的訂單管理（增刪查改）模組，該系統之前端是 web，後端有 REST 服務，資料則位於資料庫，首先第一步要定義角色、資料流、元件間的關係。

> 此處演練僅為了讓您了解威脅模型建立之步驟，並非著重於真實之訂單管理系統的威脅模型應對。

此系統中有下列幾種用戶：

- 門市助理負責建立訂單、編輯訂單、取消訂單。

- 系統管理員負責管理系統設施、配置以及部署等工作。

- 客服主管會在系統查詢訂單狀態以回覆顧客的來電。

動線也很簡單：助理和客服主管會登入系統查看及管理訂單，圖 7-4 為此動線下的資料流以及元件之間的關係。

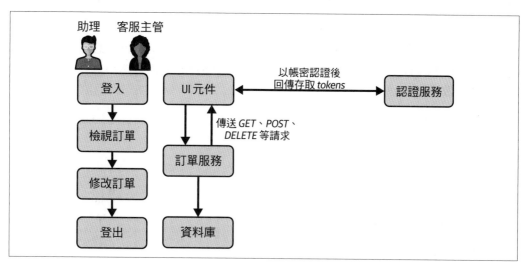

圖 7-4 訂單管理系統的用戶動線與資料流

而在系統管理員這邊也有他的動線，參見圖 7-5，它會登入虛擬機並且執行必要的腳本或配置。

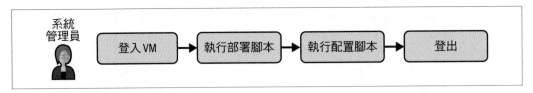

圖 7-5　系統管理員的動線

接著要來評估哪些是必須被保護的，例如以下：

1. 訂單資訊是企業的重要資產，如果被惡意篡改，將失去客戶對我們的信任。

2. 訂單還有客戶的個資，像是姓名、電話、付款資訊、地址等等，如果外流會有法律風險，而且也可能導致客戶受害，因此客戶的個資也是必須被保護的資產。

3. 資料庫有所有的銷售資訊，一旦外流對企業、客戶都是很大的傷害，壞人有可能把資料拿去黑市銷售或是賣給競爭對手。

4. 應用運行的基礎設施也是必須被保護的重要資產，如果故障，那訂單和銷售都只能被迫停止，也就無法營業。

我們已經完成建立威脅模型的前兩步，現在要反過來站在黑帽的角度，想想看，前面的使用流程、資料流程中有那些地方是可能的弱點，把 STRIDE 模型拿出來，套在我們的應用上想想看。

想完了嗎？那比較一下您的想法和圖 7-6 是否相同。

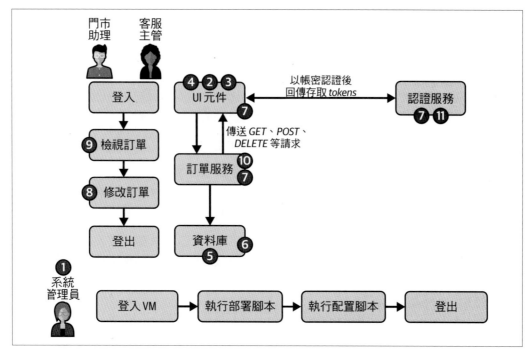

圖 7-6　找出來的潛在威脅圖

讓我們逐一檢視：

身分偽造

1. 有心人士可能會用社交工程對付系統管理員，或者也有可能用偷看、惡意軟體等手段來獲得系統帳密，因為系統管理員的權限超級大，壞人拿到之後可以直接把系統下線。

2. 門市助理有可能忘記登出，導致店內的任何人都有可能使用他的帳號，或許會發生訂單地址被改的問題（例如改成某人自己的地址）。

輸入篡改

3. 如果後端端點沒有防護，攻擊者可以利用已經取得登入認證的瀏覽器去篡改訂單。

4. 如果被程式碼注入，那訂單的付款資訊也可能被攔截。

行動否認

5. 系統管理員如果發覺到自己的行為不會留下紀錄，那它就可以直接在資料庫幫自己塞訂單，大賺黑心財。

資訊揭露

6. 如果資料庫有後門，攻擊者可以如入無人之境取得所有資料。

7. 如果紀錄檔未加密，或其他任何地方存有明文密碼，那攻擊者也有可能取得這些密碼再藉此取得系統內之資料。

8. 客服主管因為工作需要回覆訂單狀態，他除了能查看訂單狀態之外還能修改訂單，權限頗大，但他也有可能成為資料外洩的內鬼。

9. 端點 /viewOrders 允許無限量的訂單資訊回傳，一旦被攻破，壞人就可以利用此端點拿到全部的訂單資訊，我們最好想一下該怎樣縮小這種情況發生的機會。

服務阻斷

10. 攻擊者可能會發動 DDoS 打爆訂單服務，導致服務停擺，門市無法營業。

特權提升

11. 如果攻擊者拿到了管理員權限，他們就能隨意加帳號或者加權限，只要系統紀錄略過管理員帳號一天，他們也能在任何人都不知道的情況下任意建立或者刪改訂單。

如您所見，即使像這樣的小型系統，用戶數、元件數五根手指都數得完，也還是有許許多多的潛在破口，想像一下，如果換作真正的系統，有成千上百個元件和用戶時，又會是怎樣的局面？

接著下一步要把各種威脅排序以及建立它們的情境卡片，排序以威脅的可能性和嚴重性為基準，而情境則視情況加入與之相關的用戶，範例如下：

1. 「惡意用戶不可以看到顧客資料，就算他進得了資料庫。」

2. 「惡意用戶不能利用既有連線（session）的瀏覽器從事進一步勾當。」

3. 「惡意用戶就算有系統管理員或客服主管權限，也不能任意修改訂單。」

4. 「門市助理應該是唯一可以修改訂單的人。」

5. 「門市助理應該被經常提示更換密碼，且必須是強式密碼。」

前面提過，想要建構出完整的威脅模型，那在整個開發階段中就要迭代式的進行這樣的建模活動，讓每個開發階段都有自己的威脅建模活動，讓活動專注在一個較小的範圍內，隨著開發迭代的進行，新功能伴隨著新的威脅，而且通常在每次的腦力激盪時也會找到舊功能的新威脅。

從威脅模型建立安全測試案例

從威脅模型中我們可以預見到許多可能的攻擊型態，而從情境卡片中也可以看到更貼近實際的案例，我們可以利用第 2 章提過的探索性測試來對那些卡片上的案例進行測試。

 零信任的概念是不要信任任何人或物，即便他們看起來是無害的，在這樣的概念下，任何的請求都一律要驗證對方的身分，我們可以利用標準的認證框架 OAuth 2.0 來實現這個概念，OAuth 2.0 使用 bearer token（*https://oreil.ly/RLmbH*）來驗證請求人的身分，後面我們也會看到與此相關的測試案例。

假設要用零信任架構和 OAuth 2.0 來對付前面幾種威脅，那這套訂單管理系統可以規劃出以下幾種測試案例：

1. 在前端 UI 層：

- 驗證連線（session）是否過期，並提示用戶重新登入。

- 驗證用戶是否已處於登入失敗後的鎖定狀態。

- 驗證輸入欄位的內容，看有沒有不允許的值（如 JavaScript 或 SQL 等）。

- 每隔一小段時間就驗證存取 token 是否過期，但仍然要接受更新 token（refresh token）的請求讓前端可以維持用戶的登入狀態。

- 驗證登入的用戶是否為系統管理員或客服主管，並且確保他們不能從前端修改訂單。

2. 在 API 層：

- 驗證是否有人使用過期的 token，並返回 401 Unauthorized 回應（還能改用 400 回應，更能減少攻擊者得知明確的錯誤原因）。

- 驗證發送來的 API 請求之參數欄位（類似 UI 層的輸入值檢驗），如果檢查失敗，回傳 404 錯誤。

- 驗證 /editOrder 端點在收到系統管理員或客服經理的請求時，會回覆 401 Unauthorized 錯誤。

3. 在 DB 層：

- 驗證密碼有遵循 NIST 指南（*https://oreil.ly/RzkYf*），被雜湊計算（與動態加鹽）後儲存。
- 驗證客戶的敏感資訊有被加密存放。

4. 在紀錄檔：

- 驗證密碼沒有以明文的形式被存入紀錄檔。
- 驗證客戶的敏感資訊沒有被明文存入紀錄檔。
- 驗證所有的動作都有被存入紀錄檔，並且包含時間戳，也要包括系統管理員的部分。

以上這些只是一小部分的安全測試案例，能想到的應該還有更多！藉由這樣的演練希望能把安全議題融入您們的開發流程中，包括從需求分析階段就可以開始著手威脅模型的建立，以及在設計階段也納入潛在威脅評估及安全測試等。

安全測試策略

前面我們叫介紹了威脅模型建立的方法，包括對每則情境卡片花十五分鐘找出可能的弱點、把攻擊情境也寫成卡片、建立起應用的安全機制，以及最後生成相關的測試案例等實務方法，只要具體實踐就能大幅強化我們應對威脅的能力，但另一方面，做到持續反饋也是相當重要的，只有在開發階段納入安全面向的持續反饋機制才能做到持續改善，這也是我們提倡測試左移的體現，本節中我們會討論到能實踐此倡議的測試策略方案。

圖 7-7 展示了從生產環境到開發環境各階段中，能進行左移的安全測試項目。

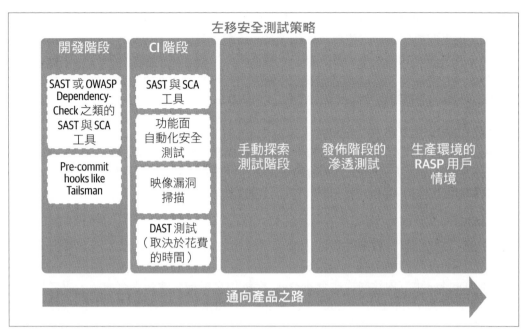

圖 7-7　左移安全測試策略

讓我們逐一檢視各階段所會用到的工具或技術：

SAST（Static Application Security Testing，靜態應用安全測試）工具

　　SAST 是程式碼弱點掃描工具，舉例來說，它會掃描原始碼中有沒有明文密碼。SAST 有各種形式，可以是外掛、套件，也可以是外部供應商的 SaaS（例如 Snyk IDE 外掛、Checkmarx SAST、Security Code Scan 等），也可以與 CI 整合納入管線作業來檢查每次的提交，SAST 是能夠實現安全測試左移的重要部分，有了 SAST 才有可能讓我們在開發階段就能掃出程式的弱點。

　　還有一款名為 Talisman 的工具，它並非嚴格意義上的 SAST，它只專注於掃描程式碼中不該出現的密文，例如金鑰、各種環境的帳密等等，它也可以整合進開發流程，在提交前自動啟動掃描，以防任何密文被不小心推送到遠端，後面的章節我們會展示 Snyk JetBrains IDE 外掛及 Talisman 的用法。

SCA（*Software Composition Analysis*，軟體組成分析）工具

SCA 是專門掃描第三方依賴套件的工具，這類工具（有 OWASP Dependency-Check 和 Snyk）特別適合用在有許多開源套件的專案。它們也同樣能整合進 CI 為我們檢查每一次的提交。有 SAST 和 SCA 的幫忙，在開發階段就能對程式碼進行靜態弱點掃描，後面的章節也會介紹到 OWASP Dependency-Check 的實際應用。

功能面自動化安全測試

我們也可以利用第 3 章討論過的自動化測試機制來做安全測試，以前面的訂單管理系統為例，就可用自動化方式驗證是否只有門市助理能編輯訂單，像這樣的安全測試案例也可以納入訂單服務的測試中一併執行。

映像掃描

應用容器化已經是普遍的做法，而容器映像的安全與否此時就顯得相當重要，映像掃描也有專門的工具，例如 Snyk Container、Anchore 等，它們也都可以整合進 CI，Docker 也有內建掃描命令 docker scan 用來掃描映像是否有漏洞，與之類似的工具還有 Amazon Elastic Container Registry（ECR）內的掃描工具，它也會掃描所有推送上去的容器映像，而另一類的基礎設施代碼化（infrastructure as code）工具（Terraform、Kubernetes）也有 Snyk IaC、terraform-compliance 這些專門的掃描工具，這些工具都是讓我們實現安全性最佳實踐的好幫手。

DAST（*Dynamic Application Security Testing*，動態應用安全測試）

DAST 是一種黑盒（black-box）測試，它會模擬真正的攻擊，對應用發起攻擊並分析應用的行為，舉例來說，像 OWASP ZAP 或 Burp Suite 就會嘗試向待測目標注入惡意腳本，發送請求後再看應用是不是有被滲透。這類工具也可以與 CI 整合，但有些需要較長的運行時間，最好考慮一下應該要放在 CI 的哪個階段（見第 4 章），後面的章節也會帶到 OWASP ZAP 這款工具的實際演練。

 IAST（Interactive Application Security Testing，互動式應用安全測試）（*https://oreil.ly/mbpNW*）是一種新的測試技術，它結合了 SAST 與 DAST，能在應用執行時分析應用之行為，它透過軟體檢測技術（instrumentation）來即時監控應用的安全漏洞，這是一個正在發展中的新領域，IAST 的代表工具為 Contract Security 和 Acunetix。

手動探索測試

在進行手動探索測試期間，配合威脅模型建立活動，在各個層面上（UI 層、服務層、DB 層）也可以挖掘出新的安全測試案例，一些工具如 Chrome DevTools、Postman 也有一些與安全相關的工具，這部分我們後面的演練也會帶到。

滲透測試

根據應用的重要程度以及開發團隊對安全的重視程度，我們可以在交付前聘請專業人士來替我們做滲透測試，以避免交付後發生潛在的安全問題。

RASP（*Runtime Application Self Protection*，即時應用自我防護）

前面提過的 SAST、DAST 都是屬於靜態的掃描程式碼中的漏洞，但在生產環境，我們需要另外的防護方案，也就是 RASP，這是一種能即時偵測潛在攻擊發生的技術，RASP 工具（Twistlock、Aqua Security 等）以防火牆為基礎，但更進一步拓展到與應用相結合，既能監控外來請求也能監控應用本身之行為，它們會監聽應用之運行程序並主動防禦，例如自動發現並終止挖礦程序、自動檢查請求內容並阻擋惡意請求、自動阻擋惡意軟體攻擊等（*https://oreil.ly/DDTmj*），目前 RASP 工具只有商業化的付費產品可供選擇。

後面我們會看到以上介紹的部分工具的實際應用。

演練

下面會示範自動化 SCA 工具 OWASP Dependency-Check，以及 DAST 工具 OWASP ZAP，還有它們與 CI 的整合演練。

OWASP Dependency-Check

前面提過，第三方套件也可能藏有漏洞，OWASP Dependency-Check 是一款開源的 SCA 工具，它能掃描並找出專案中有漏洞的依賴套件，它有許多使用方式，可以從命令列執行，也可以當作 Jenkins 或 Maven 的外掛運行。

設置與工作流程

依照下列步驟設置 Dependency-Check 命令列工具，再以此工具掃描第 3 章所創建的 Selenium WebDriver 專案：

1. 在 macOS 安裝 Dependency-Check，請執行以下指令：

   ```
   $ brew install dependency-check
   ```

   如果是其他作業系統，可以去它的網站（*https://oreil.ly/ICEKY*）下載 ZIP 壓縮包。

2. 安裝完之後，讓它去掃之前的 Selenium WebDriver 專案：

   ```
   // macOS

   $ dependency-check --project project_name -s project_path --prettyPrint

   // Windows（dependency-check.bat 位於解壓縮後的 bin 資料夾）

   > dependency-check.bat --project "project_name" --scan "project_path"
   ```

   它的命令列工具也可以整合進 CI，讓它只要掃到有問題的套件就觸發失敗。

3. 跑完之後它會產生 HTML 報告，其內會列出有漏洞的套件，我們的 Selenium WebDrive 專案所用之套件有可能真的有潛藏的漏洞在其中，圖 7-8 為一份有找到漏洞的報告範例。

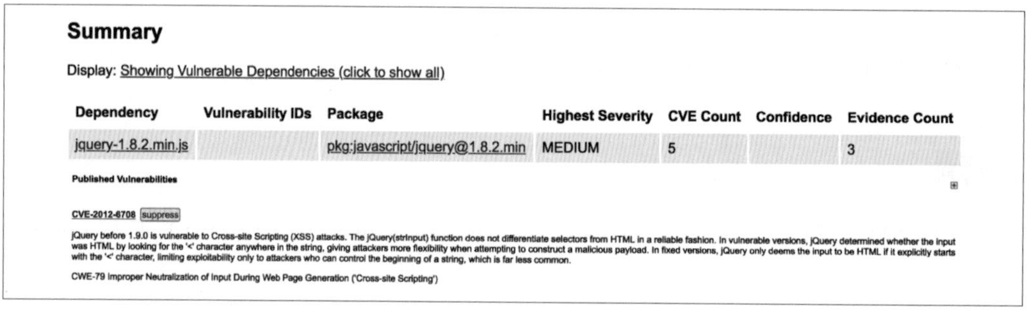

Summary

Display: Showing Vulnerable Dependencies (click to show all)

Dependency	Vulnerability IDs	Package	Highest Severity	CVE Count	Confidence	Evidence Count
jquery-1.8.2.min.js		pkg:javascript/jquery@1.8.2.min	MEDIUM	5		3

Published Vulnerabilities

CVE-2012-6708 suppress

jQuery before 1.9.0 is vulnerable to Cross-site Scripting (XSS) attacks. The jQuery(strInput) function does not differentiate selectors from HTML in a reliable fashion. In vulnerable versions, jQuery determined whether the input was HTML by looking for the '<' character anywhere in the string, giving attackers more flexibility when attempting to construct a malicious payload. In fixed versions, jQuery only deems the input to be HTML if it explicitly starts with the '<' character, limiting exploitability only to attackers who can control the beginning of a string, which is far less common.

CWE-79 Improper Neutralization of Input During Web Page Generation ('Cross-site Scripting')

圖 7-8　OWASP Dependency-Check 掃描結果

如您所見，圖中表示 `jquery-1.8.2` 有一個漏洞，編號為 CVE-2012-6708，並帶有說明「jQuery before 1.9.0 is vulnerable to Cross-site Scripting (XSS) attacks」，根據此描述我們可以更好判斷該如何為套件升級。

OWASP ZAP

OWASP ZAP（Zed Attack Proxy）是一款開源的 DAST 工具，它預載了一些攻擊腳本，可以對我們自身應用發起攻擊，並在攻擊時檢測是否有相關的漏洞，它本質上是一個作用在瀏覽器和服務端之間的中間人程式，它會截取兩端收發之訊息並加以修改來模擬攻擊，這樣的設計讓不具備專業資安能力的團隊也能簡單找出安全問題，另外 ZAP 還有一大堆可用的配置清單和外掛能提供更多功能，如果您本身就是安全專家也能自行編寫更進階的腳本，ZAP 有完善的說明文件（*https://oreil.ly/v7gmD*）可供參考，它也能與其他工具互相搭配使用，例如 Selenium，也能很好的整合進 CI。

開始來摸索一下 ZAP 吧。

設置

執行下面指令在 macOS 安裝 ZAP：

```
$ brew install cask owasp-zap
```

若為其他作業系統，可從它的網站（*https://oreil.ly/lXZ9t*）下載安裝包。

工作流程

安裝好就可以執行它的桌面應用了，如圖 7-9。（如果是 Mac，要先給予它執行權限，因為它不是從 App Store 安裝的。）

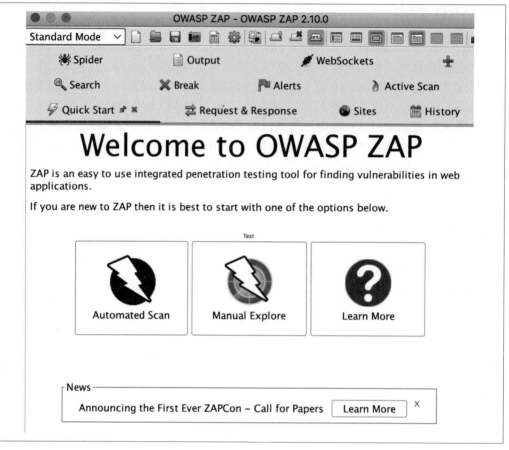

圖 7-9 ZAP

首先我們要告訴 ZAP 要測試的目標 URL 以及要針對的 UI 元件，我們有兩種作法：使用如圖 7-9 的 Manual Explore，或者用 ZAP Spider。

Manual Explore：即手動探索模式，點擊 ZAP 中間的 Manual Explorer 鈕，會開啟一個新畫面，如圖 7-10，在此輸入應用的 URL。

 不要對別人的網站使用這個工具，未經授權任意對他人進行這類安全測試是非法的。

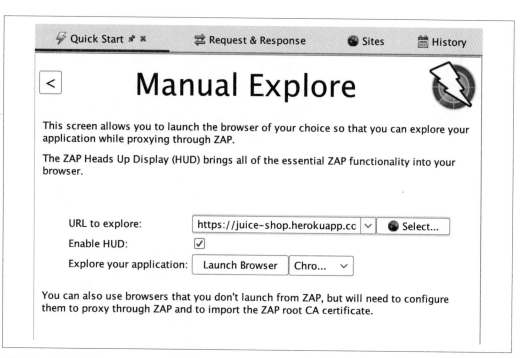

圖 7-10　ZAP 的 Manual Explore 選項

此處可以用 OWASP 提供的實驗網站 OWASP Juice Shop（*https://oreil.ly/BdI8D*）當作測試標的，透過這個實驗網站我們可以親自體驗到安全測試是如何進行的。在瀏覽器方面，ZAP 支援 Firefox 和 Chrome，兩者可隨喜選擇，都選好之後就可以開始進去逛一逛了，逛的同時 ZAP 也會在背景掃描該網站並且留下相關資訊。

注意到圖 7-10 的 Enable HUD 選項，這會在網頁上增加一層由 ZAP 提供的 HUD（Heads Up Display，抬頭畫面）讓我們可以方便的在瀏覽器直接執行一些作業而不用在瀏覽器和 ZAP 之間切來切去，打開此選項的樣式如圖 7-11（見左右兩側工具區）。

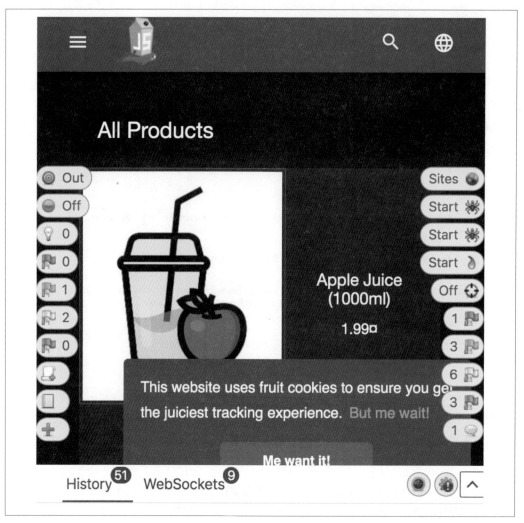

圖 7-11　有開啟 HUD 的 Juice Shop 頁面

在我們瀏覽的同時，您可以注意到右側的 Site 圖標，其內的網站樹狀目錄會隨著瀏覽而增長，另外下側的 History 則是紀錄我們瀏覽過的頁面，這些紀錄都會是發動攻擊時的資訊。

ZAP Spider 它讓我們不必手動瀏覽而自己會跑起 Selenium WebDriver 去爬整個網站，ZAP 的爬蟲有兩種，簡單爬蟲（在右側 Sites 圖標的下一個灰色圖標）不能處理 JavaScript 網站，AJAX 爬蟲（*https://oreil.ly/oifnD*）（紅色圖標的）才可以，兩種都可以任意使用。

掃描，隨著爬蟲對網站的爬取，ZAP 也同時在背後對網站掃描，除了這種被動式掃描，ZAP 也有主動式掃描，也就是發起攻擊，下面說明他們的特性：

- 被動式掃描是擷取瀏覽器和網站之間的通訊，並檢查其中是否能發現漏洞，此種模式並不會修改訊息（也就是沒有攻擊），被動式掃描是自動進行的，當它開始工作時我們可以在左右側看到提示，如果有發現問題，會依嚴重程度（高、中、低）以紅、橘、黃旗號表示，如圖 7-11，點選旗號可以看到該漏洞的詳細資訊，ZAP 也會保留所有相關的紀錄檔，以圖 7-12 為例，其中展示了被動掃描發現的一個內部 IP 暴露問題。

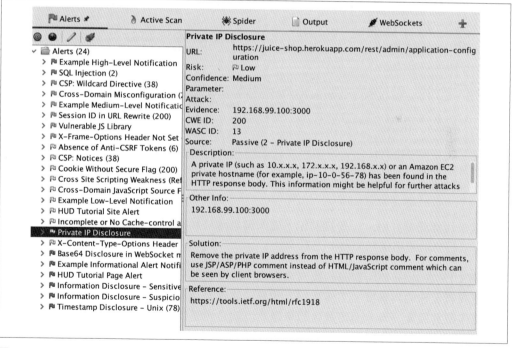

圖 7-12　ZAP 的被動掃描結果

- 主動式掃描則會攔截兩端之間的通訊，修改訊息插入攻擊內容再各自發回，以此來檢驗是否有任何已知的漏洞，例如 SQL 注入等等，要執行主動掃描，按畫面右側第四個按鈕（紅色爬蟲下面），然後 ZAP 就會開始一頁一頁前進並發起攻擊，主動掃描全部跑完要一段時間，完成之後就可以看到以顏色標示的漏洞清單，如圖 7-13，其內展示了 Juice Shop 中的 SQL 注入漏洞。

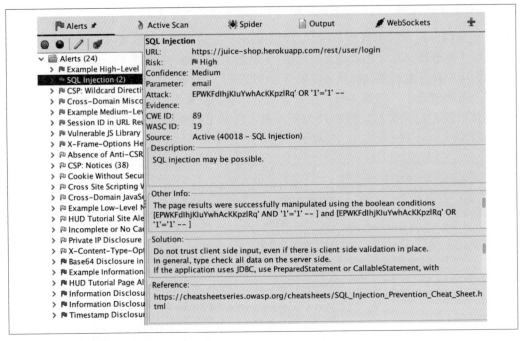

圖 7-13　主動掃描找到了 SQL 注入漏洞

ZAP 就是這樣簡單好用，只要打開它，先叫爬蟲跑被動掃描，再跑主動掃描就好，任何人都可以輕易地運用這套 DAST 工具。

ZAP 與 CI，在 ZAP 把所有漏洞找出來之後，接著就是分析與修正了，這不僅要花許多時間還要有足夠的專業度，工作流程上的最佳建議是在漏洞出現後立即著手修補，而不是把工作留到最後一天，而要做到即時修補也就必然需要即時的品質反饋，只要把 ZAP 與 CI 整合，就可以常態性的得到即時的漏洞清單，也就能即時修補了，聽起來很棒對吧！

前面說過，主動掃描需要花費較長時間，具體的長短取決於目標的大小（有時會長達數小時），如果會跑很久，建議把它擺在 CI 的夜間回歸測試階段，或者改以手動觸發，讓我們根據特定情境自行決定是否要跑掃描。

以下 ZAP API 可供 CI 整合之用：

- `zap.urlopen(target)`，用於開啟待測目標。

- `zap.spider.scan(target)`，用於開啟 ZAP Spider 執行被動掃描。

- `zap.ascan.scan(target)`，用於執行主動掃描。

- `zap.core.alerts()`，用於顯示掃描結果。

您可以在 JavaScript 或 Python 呼叫這些 API，也可以在 CI 流程中直接使用 ZAP CLI（*https://oreil.ly/3S67c*）。

除了以上方法，也可以在 Selenium WebDrive 的功能測試中呼叫 ZAP API，這種方式的好處是可以讓 WebDrive 處理網站的登入問題，這光靠原生的 ZAP 難以做到，範例 7-3 是兩者整合的範例，一旦發現漏洞就觸發測試失敗，用此方式要記得加入適當的等待時間，具體的等待時機與時間則根據您的應用而定。

範例 7-3 *Selenium 測試中呼叫 ZAP 掃描的部分*

```
@Test
public void testSecurityVulnerabilities() throws Exception {

    zapScanner = new ZAProxyScanner(ZAP_PROXYHOST, ZAP_PROXYPORT, ZAP_APIKEY);
    login.loginAsUser();

    // 第一步：呼叫 ZAP API 爬取網站
    zapSpider.spider(BASE_URL)

    // 第二步：啟動被動掃描
    zapScanner.setEnablePassiveScan(true);

    // 第三步：啟動主動掃描、添加等待方法
    zapScanner.scan(BASE_URL);

    // 第四步：記錄找到的漏洞、根據對漏洞數下斷言
    List < Alert > alerts = filterAlerts(zapScanner.getAlerts());
    logAlerts(alerts);
    assertThat(alerts.size(), equalTo(0));
}
```

ZAP 會產出 HTML 格式的漏洞報告，如圖 7-14，可將此報告保存，納入 CI 產出物中。

High (Medium)	SQL Injection
Description	SQL injection may be possible.
URL	https://juice-shop.herokuapp.com/rest/user/login
Method	POST
Parameter	email
Attack	EPWKFdlhjKluYwhAcKKpzlRq' OR '1'='1' --
URL	https://juice-shop.herokuapp.com/rest/user/login
Method	POST
Parameter	email
Attack	VqqxCXFFxHhqClxYYvCGioKa' OR '1'='1' --
Instances	2
	Do not trust client side input, even if there is client side validation in place.
	In general, type check all data on the server side.
	If the application uses JDBC, use PreparedStatement or CallableStatement, with parameters passed by '?'

圖 7-14 ZAP 的 HTML 報告

最後，如果您是用 GitHub Action 做為 CI/CD 的話，能用現成的 OWASP ZAP Baseline Scan（*https://oreil.ly/Ht7hI*） 和 OWASP ZAP Full Scan（*https://oreil.ly/aaxT2*） 兩 個 action，顧名思義，它們會掃描並且把漏洞回報到 GitHub issue。

除以上所介紹，ZAP 還有許多可用在探索性安全測試的功能，列舉如下：

- ZAP 可以讀取 OpenAPI 格式並對其施做安全測試。
- 它的 Breaks 能讓我們插入特定的資料到請求內，並且能觀察應用後續之行為，例如可以插入 SQL 來檢驗後端 API 是否有對注入 SQL 語句的輸入值做檢查。
- 它可以在瀏覽器重播請求。
- 可以高亮 HTML 中的特定關鍵字。
- 可以把所有隱藏的輸入欄位顯示出來。
- 有許多專家寫好的攻擊測試腳本，可以以外掛的方式隨需取用。

總體而言，ZAP 是在安全測試方面不可多得的好工具。

其他測試工具

這裡我們會討論一些其他的工具，包括 SAST 工具以及手動探索安全測試工具，能讓您更廣泛地認識及使用安全領域的測試工具。

Snyk IDE 外掛

Snyk 的 JetBrains IDE 外掛（*https://oreil.ly/8Vq7c*）同時具有 SCA 與 SAST 的特性，它是完全免費的工具，可以安裝在任何 JetBrains 旗下的 IDE（包括 IntelliJ IDEA、WebStorm、PyCharm），對於我們而言，它是最靠近開發階段的安全工具，相當大程度符合了我們一直以來提倡的左移觀念，您可以在開發階段用它去掃描自己的程式及依賴套件，掃描完的結果如圖 7-15，在 IntelliJ IDE 它的結果面板會呈現在下方，圖中我們選取了一個「Information Disclosure」（資訊揭露）的問題，面板內也有建議的解決方法，如此貼心的工具讓我們能更加輕鬆的建造出高安全性的產品。

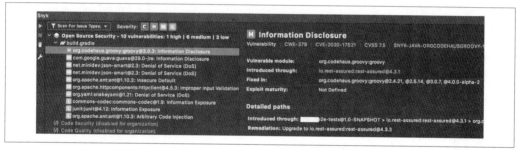

圖 7-15　Snyk IDE 外掛掃描結果範例

Snyk 也有提供只有 SCA 功能的 CLI 工具，可以在 CI 中加以調用，另外該公司也有其他功能更齊全的付費產品。

Talisman 提交檢測

Talisman（*https://github.com/thoughtworks/talisman*）是一款開源工具，它用來掃描程式碼中有沒有出現密碼或其他敏感資訊（像是密碼、SSH 密鑰、token 等等），它會在提交變動時發起檢查，如果找到則會發出警示，能防止我們不小心把密碼提交或推送出去，它可以設定成要在提交時檢查或在推送時檢查，範例 7-4 為它的提交前掃描結果範例。

範例 7-4　*Talisman 掃描結果範例*

```
$ git commit
Talisman Report:
+-----------------+----------------------------------------------------------+
|      FILE       |                          ERRORS                          |
+-----------------+----------------------------------------------------------+
| sampleCode.pem  | The filename "sampleCode.pem"                            |
|                 | failed checks against the                               |
|                 | pattern ^.+\.pem$                                        |
+-----------------+----------------------------------------------------------+
| sampleCode.pem  | Expected file not to contain hex-encoded texts such as:  |
|                 | awsSecretKey=                                            |
|                 | c99e0c79ddcf5ddb02f1274db2d973f363f4f553ab1692d8d203b4cc09692f79 |
+-----------------+----------------------------------------------------------+
```

範例中 Talisman 找到了 `awsSecretKey`，像這樣的密鑰一旦被推送到 GitHub，很容易就被有心人士的密鑰爬蟲找到，對於防範這類意外，這樣的工具就顯得相當重要。

Chrome DevTools 與 Postman

威脅模型建立後連帶會有許多測試案例，在以手動探索方式執行這些測試時，Chrome DevTools 和 Postman 就是相當合適的工具，我們曾經在第 2 章花了點篇幅談了 Postman，它也可以做一些與安全相關的測試，例如拿特定的 token 加入發送的請求中，如圖 7-16，您可以故意拿竄改過的 token 或過期的 token 發送給應用，並觀察後端有何反應。

圖 7-16　Postman 存取 token 設置畫面

Chrome DevTool 也有安全相關的功能，如圖 7-17，在 Security 頁中可以看到網頁是否有 HTTPS，它也會把沒有走加密通訊的外部資源特別標示，因為這些未加密的資源可能會成為中間人攻擊的破口。

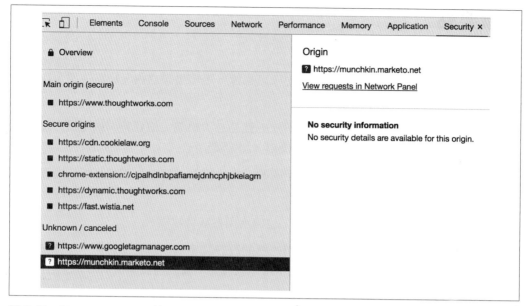

圖 7-17　Chrome DevTools 的 Security 頁

經過以上的介紹，讀者應該可以了解到，安全測試完全可以融入到開發流程中，並非只是後期的滲透測試，並且透過安全測試左移，可以相當大程度的及早預防事後發生重大資安問題的風險。

觀點：安全是習慣

經驗告訴我們，不論我們多麼努力、多麼認真鑽研本章的各種防禦方法，只要沒有把安全變成習慣，就一定會有潛在的漏洞，事實上有些我們習以為常的工作慣例，就是造成安全威脅的原因，舉個例子，您有考慮過那些用來輔助開發或測試工具的安全性嗎？這些工具是不是會把我們的資料上傳到雲端？或者您可曾在網路上畫過架構圖，並且還把過多的環境細節也貼上去了？是不是團隊內的所有人都有生產環境的帳密？如果是，那是如何傳遞的？Slack？文字檔？這些看似理所當然的事其實都可能潛藏危機。

只有把安全養成習慣才是王道，這種習慣就像食物入口前先看看它有沒有異狀，或者走路時留意有沒有被人跟隨，這些行為都是潛移默化中自然而然發生的，同樣的道理，身為軟體開發者，我們也應該養成對安全的習慣，若要讓習慣成自然，可以先從對自己每日一問開始，每天都問問自己，今天做的哪些動作看似簡單又無害，但是卻可能導致安全漏洞呢？

本章要點

以下為本章要點：

- 在現今數位時代，網路犯罪比我們想像更猖獗，短短幾年之內，網路犯罪每年的獲益可以高達十兆美金。

- 真實的案例告訴我們，攻擊的目的不外乎就是為了搶錢、搶資料、搶電腦，這也告訴我們所謂的安全性絕非錦上添花般的「有也不錯」。

- 要建造出足夠安全、堅固的系統，相關的安全措施必須貫穿從需求分析到交付測試一整個開發流程。

- STRIDE 模型可用來區分威脅的型態，也適合用在威脅建模。

- 威脅建模活動應該經常性舉辦，建模的標的應該設定為小規模的功能，例如某個情境或特定的功能，最終產出惡意情境卡片以及相關的安全測試案例。

- 各種不同類型的安全測試工具（SAST、SCA、DAST 等），以及手動、自動測試方法都可以做到測試左移。

- 隨著各式自動化測試工具的問世，我們再也不用等最後一刻再來跑滲透測試，它也不再是唯一能找出安全問題的方法。

- 最重要的是，養成安全的習慣。

第八章

性能測試

時間就是金錢！

—Benjamin Franklin

我們都遇過網站有時候就莫名其妙地變慢，又會想說「是我的網路有問題嗎？」還記得每次超級星期一（Cyber Monday）購物節網站都會塞車嗎？或是聖誕假期前都會上演的訂票網站塞車，又或是強檔新片訂票時那漫長的等待，以上這些屏弱的性能問題都是導致用戶感到挫折的元兇。

如果想終結用戶的挫折，我們必須對自身的性能有所監控並持續改善，本章的目的就是讓您具備測量或測試應用性能的能力，我們會談到性能的 KPI、API 性能測試、前端性能測試、左移性能測試等主題，在實務演練部分，則會帶到前端與 API 的性能測試手法。

由於性能測試是相對大的題目，同時涉及到前後端，因此本章的結構編排會與其他章略有不同，主要的子節依然存在，但會分成兩個部分，前半部談後端的性能測試以及相關的演練與工具，後半部則談前端部分，而整體的策略規劃及左移性能測試的主題則會放到本章的最後。

後端性能測試組成元素

首先讓我們看一下，為什麼性能的優越與否對企業這麼重要，本節中我們會探討那些影響到性能表現的關鍵因素，以及認識性能的關鍵指標與它們的測量方法。

性能、銷售、週末特賣都是相關的！

在最前頭說到孱弱的性能表現會導致用戶的挫折感增加，但不過慢了幾秒，有那麼嚴重嗎？對此我們可以用一個量化指標來衡量頁面載入時間對用戶行為的影響，也就是**跳出率**（*bounce rate*），它計算來到網頁但只停留在一個頁面就離開的那些訪客的比率，最後再轉換成百分比表示。

在可能增加跳出率的所有潛在因素中，性能已被證明是主要的原因，Google 就統計過網頁載入時間與跳出率的相關性報告（*https://oreil.ly/xQGcV*）（見表 8-1），這份資料告訴我們，只要延遲得越久，用戶也流失得越多。

表 8-1　Google 統計的網頁載入時間與跳出率的相關性

網頁載入時間	增加的跳出率
1-3 秒	32%
1-5 秒	90%
1-6 秒	106%
1-10 秒	123%

不僅如此，Google 的排名演算法還會把那些載入緩慢的網站降低權重，這表示如果我們的網站性能越差，那排名也會越差！而對於 Google 自己，它們的標準載入時間只有半秒（*https://oreil.ly/tULJ9*），最多不能超過兩秒。

貧弱的性能會導致用戶流失，失去用戶就等於失去金錢，而我們可能也得因此付出更高昂的代價，舉個例子，Amazon 在 2018 年就因為消化不了 Prime Day 的流量而估計損失了七千兩百萬至九千九百萬美金（*https://oreil.ly/Q1s5h*），除此之外貧弱的性能也會失去用戶對我們的信任，特別是在社交媒體當道的今日，任何一則差評都會迅速散播到全球各地。

相對而言，只要性能改善也就會帶來更多的鈔票，舉例來說，一間英國的鐵道公司 Trainline（*https://oreil.ly/hx3FD*）在 2016 年就因為把網站的平均載入時間加快了 0.3 秒而讓當年的獲益增加了八百萬英鎊（相當一千一百萬美金），另外，前端服務化（frontend-as-a-service）廠商 Mobify（*https://oreil.ly/Lq4Pi*）表示，載入時間每減少 100 ms，增加的轉換率換算成年收入相當於三萬八千美金，從這些故事中我們可以清楚地了解到，對於線上企業來說，增加銷售的第一步就是提升網站的性能，而這對我們來說就是必須盡早並且經常實施性能測試，也就是把性能測試左移。

對我個人而言,想把性能做好的動機很單純:我週末想休息。前面的案例說到,性能問題引發的成本很高,而且又會傷害品牌信譽,一旦在生產環境爆發性能問題,通常就是一波衝衝衝的 ASAP 修正,所以如果沒有先通過性能測試的話,那就做好週末加班(到很晚)的準備吧!

單純的性能目標

什麼是好的性能?簡單說就是能夠同時服務很多用戶而不令人感到卡頓,人再多還是像只有一個用戶在線般順暢,也就是說,性能不得降低到超出一般用戶可接受的程度,因此,想要做性能測試,首先得確認同時湧入的用戶尖峰值是多少,再以此為基礎去驗證在這樣的負載下我們的應用能否承受。

至於什麼叫做用戶可接受,這主要取決於人類能忍受的等待時間極限,網站使用性(usability)與人機互動研究者 Jakob Neilsen(*https://oreil.ly/OJAUL*)指出,只要網站的回應時間小於 0.1 秒,那人們的感受就是即時的,而如果是 0.2 至 1 秒,人們會感到略為延遲但仍可接受,而只要超過 1 秒,他們就會感到明顯的卡頓並且難以使用,另外 Google 的研究也指出,只要延遲超過 3 秒,那就有可能流失用戶,他們建議頁面的載入時間最好低於 2 秒。

就目標來看,這些指標都頗為單純,但單純的性能目標背後其實有許多的調試與優化以及經歷多次的迭代才有可能達到,也因此我們需要把性能測試左移才有可能真正實現這樣看似單純的性能目標。

性能影響因子

想要達成性能目標其實並不簡單,否則就不會有那麼多事故案例了,影響性能的因素有很多,列舉如下:

架構設計

架構設計是影響性能的主要因素,如果後端服務的權責劃分混亂,那前端必須發出大量的請求才能完成任務,這也將導致延遲提高,另外如果沒有配置適當的快取,性能也會受到影響。

技術選型

應用背後的技術堆疊(tech stacks)中,每一層都有各自的技術選項,而有的工具彼此間可能難以整合,這也會影響到整體的性能表現,舉個例子來說,在 AWS Lambda 服務中,不同的語言(Java、Ruby、Go、Python)有著不同的冷啟動時間(*https://oreil.ly/UDHFi*)。

複雜度

過於複雜或品質低劣的程式（過度複雜的演算、長時操作、缺乏驗證、重複驗證）也會導致性能問題。試想這個例子，以空白字串送出查詢，對後端來說該怎麼處理或驗證查詢字串的有效性才是最好最快的？如果沒做好那就會在資料庫裡繞一大圈才送出錯誤，平白增添了無謂的延遲。

資料庫選型與設計

資料庫是另外一個影響性能的主要因素，我們在第 5 章談過，資料庫有許多形式，如果我們的應用對性能有所講究，那最好選擇合適的資料庫，而且資料欄位的安排也相當重要，舉例來說，如果把一張訂單的資料放在多個資料表，那就必須做多次查詢或彙總才能組出前端要的資料，這種方式就會造成更高的延遲，因此在規劃資料時必須要考慮到性能因素。

網路延遲

網路就像是應用的中樞神經系統，應用中的元件都是透過網路來通訊，因此確保元件間的通訊順暢也是很重要的，無論是在同一個機房或是不同的機房，另一方面，終端用戶也會透過他們各自的網路（2G、3G、4G、Wi-Fi）來使用我們的系統，用戶端的網路品質並非我們所能掌控，但我們有責任確保即使是使用慢速網路的用戶依然能享用我們的服務，這可以從 UX 方面著手，好的 UX 會避免肥大的圖片與非必要的資料傳輸，這些優良的 UX 設計實踐對性能的改善對任何用戶而言都是有意義的。

應用與用戶的地理位置

如果您的用戶都來自鄰近的地理位置，那把網站的實體機器擺在與他們相近的位置比較好，這能減少通訊中途節點，也因此會有較低的延遲，如果用戶都在歐洲，但網站卻擺在新加坡，那訪客就會經過許多中間節點才能連上您的網站，這種情況下把網站搬到歐洲就會對性能有所改善，然而如果網站服務的對象遍及全世界，那就要另外規劃放在各地的網站複本，或是使用 CDN（content delivery network，內容傳遞網路），如果您是租用雲端平台，那記得要選擇離用戶最近的實體節點，一種常見的問題是開發團隊選擇了離自己近的節點，而非離用戶近的。

基礎設施

基礎設施是支撐系統運作的底層骨架，基礎設施的算力，包括 CPU、記憶體等越強大，也就能承擔更大的負載，設計高性能基礎設施本身就是一門藝術，對負責基礎設施的工程師來說，持續收集性能資料並做出改善是他們的工作日常。

第三方串接

如果系統中存在第三方元件，那系統的性能表現就一定程度取決於該元件，我們只能概括承受它的延遲，以第 3 章的應用為例，典型的零售系統中都有許多的外部服務，例如供應商的商品資訊管理系統、倉庫管理系統等，像這種狀況，評估並挑選外部系統的性能表現就顯得相當重要了。

在做性能測試時，應該考慮到以上這些會影響性能表現的因素才能讓測試更接近真實，測試環境最好盡可能接近生產環境，它必須要有同樣的網路架構、基礎設施、同樣的地理位置等等，否則做出來的測試是不會有參考價值的。

關鍵性能指標

要對性能做測試必須先制定幾個關鍵性能指標，並在整個開發週期中持續對其量測，如此我們才能又快又省力的在第一時間做出調整與改善，對此我們要監控的指標一般而言有以下幾個：

回應時間

回應時間為應用從接收查詢到給出回覆所要的時間，例如查詢商品到給出結果的時間，前面說過，最好把回應時間控制在三秒內，一旦超過用戶可能就走了，但這裡的三秒是指用戶感受到的時間，也就是說包括後端 API 的回應時間以及前端 UI 的讀取時間不可以超過三秒。

並行量／吞吐量

有些網站同一時間內必須應付數以萬計的用戶，像是證券交易網站每秒的交易量是好幾百萬上下，像這類網站就會要求在單位時間內所能應付的用戶量，也就是並行量，例如條件可能是在三秒內能滿足最多五百個用戶的請求。

在此所謂「並行的用戶」是個在商業或軟體領域頗常見的字眼，但從系統面看，一個系統會接受來自用戶或其他元件的請求，每筆請求都會進入隊列（queue），然後再分給不同的線程（thread）處理，在這樣的概念下，拿用戶量來當作性能指標其實不是最適合的，比較好的應該是吞吐量，也就是一個系統在單位時間內能承受的請求量。

要更好理解這一點，我們可以用如此比喻，假設汽車要跨過一座非常短的橋，而橋上為四線道，如果車流順暢，每台車跨過這段橋大概只需要零點幾秒的時間，所以一秒內能跨過此橋的汽車數量大約為三十至四十輛，如此該橋的吞吐量就是三四十輛車。

不論是並行量或吞吐量都可以用做服務量的規劃指標，在不同的場景中也各自發揮作用協助我們做出決策。

存在性（*availability*）

存在性是指系統能持續運作並且能正常為用戶提供服務的時間，一般來說，網站除了排定的維護日外，都應該是全年無休的，因此存在性也是必要的測試項目，避免發生系統前半小時正常，但之後卻開始越跑越慢的問題，如果有這類問題，有可能是因為記憶體被吃光，或是租用的算力被耗盡等等，也有可能是其他方面的問題。

認識完性能指標之後就讓我們看看該如何量測它們。

性能測試類型

要得出性能指標，我們必須對系統做一些性能測試，下面是幾種不同類型的性能測試：

負載／容納量測試

前面說過，我們用並行量或吞吐量來衡量一款應用能同時間服務多少人，舉例來說，我要搜尋功能能同時服務三百個用戶，並且回應時間要在兩秒內，那我們就可以跑負載測試或容納量測試來模擬這樣的存取負載，並且看回應時間有沒有符合設定的條件，這類測試通常會跑好幾次再求出平均值來當作評價指標。

壓力測試

有一種常見的現象是，應用的性能會隨人數增長而下降，例如剛開始只有 X 個用戶時一切都很順暢，但一旦超過 X 就開始出現延遲，最後當人數多到 X+n 時，應用就開始出現錯誤，對於這種現象，我們需要明確的知道每個階段的臨界點為何，這種壓力測試的時機通常會在遷移或擴展基礎架構時，或者在某個促銷活動時之前量測，量測時會逐步的增加應用的負載，通常這裡的壓力值會大於前面的常態性負載值，如此逐步提升值到錯誤出現的臨界點，該點就是應用的壓力測試臨界點，而這種測試就叫壓力測試。

飽和測試

一款符合性能要求的應用，有可能隨著時間增長而性能逐步降低，原因可能是底層基礎設施的性能問題，也可能是記憶體耗盡或其他方面的問題，而飽和測試會以長時間、固定負載的方式對應用進行測試，並觀察有無隨時間增長出現性能衰退的情形。

在規劃這些測試時，一個重點是不要讓測試偏離現實，不要用根本不可能發生的超極限條件做測試，舉個例子，不可能所有的用戶都分秒不差的在同一瞬間登入，比較貼近真實的行為應該是在一段時間內逐批登入，這段讓負載逐漸上昇的過程稱為**爬升時間**（*ramp-up time*），我們的測試案例也應該遵循這樣的最佳實踐，例如在一分鐘內讓用戶數從零逐步爬升到一百。

另外人也不是機器，他們的行為不可能像機器人一樣都是瞬間完成，登入、搜尋、下單都有一定的時間，但常常有的人在做測試案例時會無意間忽略這一點，真實人類的每一個動作間都穿插了無數的遲疑，有時候只有幾秒，有時候長達數分鐘，人類的這種行為在性能測試上我們稱為**思考時間**，在製作測試案例時，請務必在動作間加入思考時間，可以是幾秒種也可以是幾分鐘。另一個與思考時間類似的概念稱為**步調**（*pacing*），它用於表示交易事務（transaction）之間的時間，在真實的場景中，用戶可能會有間隔的發起多次交易，如果我們想要模擬銷售尖峰狀況，以每個小時一千筆交易做測試，那這一千筆交易也應該散佈在一個小時之內發生，並且交易之間保留適當的步調時間（pacing time），必須將以上三種時間納入測試才會讓性能測試更貼近真實。

負載模式類型

前一節談到幾種不同形式的性能測試，每種形式都可以用負載模式表示，負載模式除了表現該種性能測試的特性外，也納入了前一節所提及的三個時間，爬升時間、思考時間、步調時間，下面我們來看看幾種常見的負載模式。

穩步爬升模式

穩步爬升模式（見圖 8-1）中，會設定一段用戶穩定增長的爬升段，直到到達指定的負載為止，中間保持在固定的負載，這種模式是真實世界中最常見的，像是黑色星期五特賣，顧客會逐漸進場，並在網站待上一段時間，最後也逐步離開。

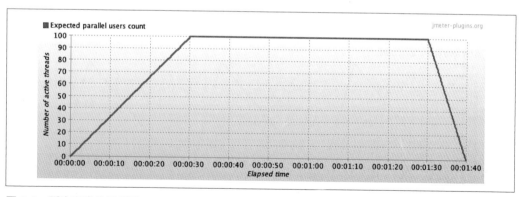

圖 8-1　穩步爬升的用戶數

分段爬升模式

第二種是分段爬升模式（見圖 8-2），此模式中用戶的增長是一批一批的，例如每兩分鐘多一百個用戶，此模式能讓我們更好的監測不同負載下應用的性能表現並給出評價（benchmark），這種模式適用於性能調教或是拿來規劃要開多強的機器時使用。

 評價（benchmark）是指測量重複運行後的平均回應時間。

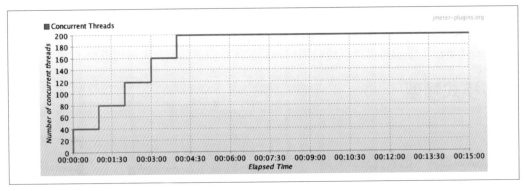

圖 8-2　分段爬升的用戶數

間歇模式

間歇模式（見圖 8-3）在負載到達高峰後就降回基值，並如此重複，這種模式會出現在社交類網站，隨著人們的作息，人數會在白天到達高峰而在夜間下降。

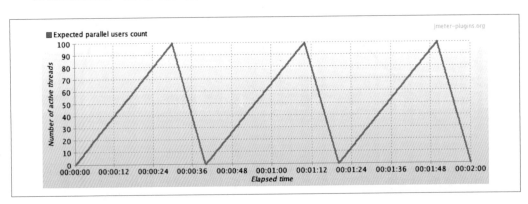

圖 8-3　間歇負載模式

這幾種模式都可以利用專門的負載測試工具產生，後面會陸續提到。

性能測試步驟

認識了性能指標、性能測試類型、負載模式後，下面要開始實際演練了，透過演練能讓您得以對自身的專案做出時間與負載的測試規劃。

步驟一：定義指標

首先第一步是根據自身業務的需求定出想達成的指標，最好的做法是先想想那些特性是我們要的，然後再逐一定下具體的數字[1]，例如我們想要有以下特性：

- 應用要可以擴展到其他國家。
- 應用的表現要優於競爭者 X。
- 新版的應用要優於舊版。

定下特性目標後，自然就會發展出下一步，例如新版要優於舊版，那自然就必須量測出新舊版之間具體的性能數字，或者想要優於競爭者，那自然也必須找出兩者間的性能數字才有辦法衡量。

有些商管人士會定出一些不切實際的目標，請務必確保性能目標的背後有具體的數據基礎：

- 如果已經有生產環境，那可以參考生產環境的資料來定出性能目標與負載模式。
- 如果應用是全新開發的，那試著從競爭者身上找資料。
- 如果應用是全新的，又沒有任何資料可以參考，那就用更廣泛的資料，例如全國的網路使用率、全國的上網高峰時長等資料當作參考資料。

---

1 詳細的做法可以參考 Scott Barber 的《Get Performance Requirements Right - Think Like a User》白皮書（*https://oreil.ly/D3ujD*）。

步驟二：定義測試案例

第二步是定義測試案例，這裡會用到負載模式與測試類型來語意化的制定測試案例，這些測試案例應該涵蓋一款應用中，所有重要端點的存在性（availability）、吞吐量、回應時間等的性質量測，後續還要準備每個測試案例所需的測試資料，一般來說，性能測試的數量遠少於功能測試的數量。

步驟三：準備性能測試環境

前面說過，性能測試環境越接近生產環境越能得到真實的資料，並且藉由擬真的配置也能讓我們看出性能瓶頸所在。

下面是建立一個接近生產環境時的幾個檢查項目，可自行參考使用：

- 系統架構層、元件應該以與生產環境類似的方式部署。

- 機器的配置（CPU、記憶體、作業系統版本等）應該與生產環境相似。

- 機器應該擺在與生產環境相近的所在。

- 網路頻寬也應該相似。

- 一些應用面的配置，例如流量限制，應該要完全一致。

- 如果生產環境有跑背景批次任務，那測試環境也應該跑一下，如果生產環境會寄信，那測試環境也要寄一下。

- 如果有負載平衡，那測試環境也要有。

- 如果有第三方軟體，那測試環境也要有，或至少要有可以做動的假串接。

雖然市場上有雲平台，不需要搭建實體主機，但真的要認真拷貝一份生產環境變成測試環境還是有許多額外的開銷，這是一件頗具挑戰的事情，最後還是要在成本與價值之間做個權衡，如果真的沒那麼多預算，那就只好做出部分妥協，但必須要讓出錢的人知道有多少錢才能做多少事，測試環境打了折，那測試意義也同樣的打了折。

 建立性能測試環境的最佳實踐是在專案一開始就建，需要的時候隨時派上用場。

除了測試環境，還需要跑測試的機台（test runner），如果您的應用是全球化的，可以準備多個機台放在不同的地理位置（藉由租用雲端平台），以此來確認不同地方的網路延遲狀況。

步驟四：準備測試資料

不僅測試環境要像生產環境，測試資料也要像正式資料，因為測試的有效與否很大程度取決於資料的優劣，所以這個步驟是相對重要的，理想的做法是拿真正的生產環境資料，經過匿名化抹去個資後當作測試資料，這樣測試資料就能真正反映出與真實資料相同的量體與複雜度，然而這種方式在某些情況下可能有額外的安全考量而難以採用，此時就只能另外準備盡可能仿真的測試資料。

要自製仿真的測試資料，請參考以下幾點：

- 依照正式環境的資料量（像是 1 GB 或 1 TB），然後用腳本生出相若量體的測試資料，因為每次測試可能都要清空重建，所以務必要準備資料製備與清空的腳本才有辦法順利工作。

- 測試資料的內容也要足夠真實，而不是用「Shirt1」、「Shirt2」這樣一看就很假的內容搪塞，盡量讓每個欄位的內容都接近真實資料，像是「Van Heusen 橄欖綠 V 領 T 恤」就有感覺多了。

- 也要準備一些錯誤資料，例如錯字、空白等這類常見的小錯誤，錯誤資料的比例也要與真實資料接近，錯也要錯的真實。

- 資料的分佈也要接近真實，例如年紀、國家等。

- 根據測試要求，可能要產生非常多的唯一值，例如信用卡號、帳密等等，要有這些才能跑多用戶併行測試。

是的，測試資料就是這麼麻煩！又要找又要想又要超前部署，而且不能不做，也不能簡單做、亂做，否則後面的性能數據就完全沒有意義了。

步驟五：搭配 APM 工具

下一步是搭配 APM（application performance monitoring，應用性能監控）工具（New Relic、Dynatrace、Datadog 等），讓測試的同時也能看到系統內部的狀況，這類工具絕對是性能調試的好幫手，像是記憶體不夠之類的問題，都可以透過 APM 一覽無遺。

步驟六：準備測試腳本與工具

最後一步是開始寫測試腳本，然後把它們放上測試環境跑。市場上有許多性能測試工具，它們不僅能讓我們輕鬆地寫出測試腳本，也能很簡單的一個命令就讓測試跑起來，當然它們也完全可以與 CI 共同使用，這類工具中，比較知名的有 JMeter、Gatling、K6、Apache Benchmark（ab），除了以上這些開源工具，也有商業化的服務，像是 BlazeMeter、NeoLoad 等等，其中有些還有友善的介面，讓人不用寫程式就可以製作出性能測試案例，又有美觀的圖表，還有讓人可以掌控一切的儀表板，而在後面的章節中，我們會介紹 JMeter 以及它與 CI 的實務演練。

 性能測試運行的時間根據單項測試的負載特性不同，可能只要幾分鐘也可能到幾小時，如果想要評估可能花費的時間，可以先以小用戶量去試，然後再以全用戶負載去跑。

以上是性能測試的六大步驟，後面的演練章節會有這些步驟的具體實踐。要做成功的性能測試，關鍵是完善的時間與負載量規劃，在規劃時，除了測試本身之外，也要想到整理測試報告、除錯、性能改善、機台調校等事務所要花費的時間與精力，只有納入從規劃到執行到修正才是一個完整的性能測試作業週期。

演練

接下來我們會用一個線上圖書館管理系統來示範性能測試的實務演練，為求簡便，這個系統只會有簡單的功能，其內有兩類用戶：管理員，有新增與刪除書目的權限、一般用戶，有檢視與搜尋書目的權限，這些功能對應的 REST API 端點分別為 /addBook、/deleteBooks、/books、viewBookByID。

第一步：定義性能指標

在設定指標之前，假設我們已經有了來自業務面以及行銷面的概況如下：

- 我們積極爭取在歐洲的兩個城市推出，並預計第一年將有十萬名新用戶。

- 研究顯示，用戶每次進入平均會花十分鐘找書或瀏覽類似的書目。

- 同樣一份研究也指出，一般而言，用戶一個月會來借兩次書，這表示用戶一個月會進來兩次。

- 在歐洲，用戶主要的上網時段是早上十點到晚上十點。

根據以上資訊，我們可以得出：

- 每月的用戶數 = 100,000 用戶 * 每月 2 次進站 = 200,000 月用戶。

- 平均每日用戶數 = 200,000 月用戶 ÷ 每月 30 天 = 6,667 日用戶（實際上週末的人數應該會比平日多，但這裡採簡單平均值。）

- 面對可能突然湧入的人數，我們以較寬的方式認定每小時有 1,000 人次。

- 用戶每次進來會待上十分鐘，相當於 0.166667 個小時。

- 並行用戶數 = 高峰時 1,000 時用戶 * 0.166 = 166 並行用戶。

- 假設每個用戶每次進站 10 分鐘之間至少會做 5 次請求（找書，檢視書籍清單等等），這相當於 5 * 1,000 時用戶 = 5,000 時請求。

根據以上估算，我們定出下列目標：

- 對於那 166 並行用戶，系統必須在 3 秒內回應。

- 系統吞吐量要能承受每小時 5,000 個請求。

有了初步的目標之後，還是要先跟用戶關係團隊確認一下彼此的共識再進行下一步，此外也可以超前設想一下一年後的狀況又會是怎樣，再回頭看我們對第一年的預估合不合理。

 此處只是為了演示而做的簡單計算，前面說過，最好拿生產環境的資料或競爭者的資料來估算，如此得到的性能指標和負載模式都會精確得多。

第二步：設定測試案例

定出目標後，就可以來制定測試案例了，根據前面所有的情報，這套圖書館管理系統的測試案例如下：

- 對四個 API 端點 /addBook、/deleteBooks、/books、viewBookByID 測試它們的回應時間。

- 一般用戶會用到的端點要做並行測試，人數為 166 至 200，這兩個端點 viewBookByID、/books 在有 166 人同時使用的情況下必須要在 3 秒內做出回應。（注意這裡的 3 秒是總回應時間，包括了前端的延遲，所以對於後端端點的條件還必須再嚴苛一點，具體的時間根據個案自行認定。）而另外兩個端點只有管理員能用，應該不需要做高負載測試。

- 一般用戶的端點也要做壓力測試，以分段爬升模式進行，每次加 100 人，觀察是否有性能問題。

- 以每個小時 5,000 個請求驗證應用的吞吐能力，這可以用真實的情境來做，假設用戶會先查看書籍清單，然後再看一本書的簡介，再回到書籍清單，再選另一本書看它的簡介，最後再回到書籍清單，像這樣一輪走完就相當於發出 5 次請求，在時間方面，每個步驟算做 30 秒，再安排 45 名用戶反覆操作這個流程，爬升段則設計成 10 分鐘，在此時間內逐步讓請求爬升到每小時 5,000 次請求。

- 飽和測試方面，以連續跑 12 小時來驗證系統的可靠度，測試的劇本也可以沿用吞吐測試，讓時間延長到 12 小時。

第三至五步：準備資料、環境、工具

為了這次演練，我在 Heroku 架設了一套示範用的圖書館管理系統，而您需要在本機建立自己的 stub（詳見第 35 頁的「WireMock」一節），當作 /books 端點，該端點的回應格式如範例 8-1，請將回應的書目增加到 50 本書，架好之後測試一下。

 任意對公開站點進行高負載測試相當於對人家發動 DDoS 攻擊，因此此處需要架設自己的 stub，或者有一些測試工具（JMeter 或 Gatling）也有架設專門用來性能測試用的練習站，也可以用它們的站來練習，請參閱它們的網站找到相關的練習站點網址，但請依然記得還是盡可能用最小的負載量來對人家做測試。

範例 8-1　/books 端點

```
GET: /books

Response:

Status Code: 200
Body:
[
{ "id": 1,
  "name": "Man's  search for meaning",
  "author": "Victor Frankl",
  "Language": "English",
  "isbn": "ABCD1234"
},
{ "id": 2,
  "name": "Thinking Fast and Slow",
```

```
    "author": "Daniel Kahneman",
    "Language": "English",
    "isbn": "UFGH1234"
}]
```

第六步：寫腳本給 JMeter 跑

JMeter 是知名的性能測試工具，開源、能與 CI 整合、有漂亮的圖表，如果不想自己管機台的話，也能和 BlazeMeter 雲端性能分析平台整合使用，JMeter 以 Java 開發，社群活躍，有許多第三方外掛可以選用，本書前面的那些負載模式圖也是來自於 JMeter 的其中一個外掛，JMeter 還有優秀的文件（*https://oreil.ly/Kt2YT*）和教學，裡面有為新手準備的各種使用案例可以參考，接著就讓我們來安裝並用它來寫測試腳本吧。

設置

依下列步驟設置 JMeter：

1. 去網站（*https://oreil.ly/0kKfX*）下載 ZIP 包回來安裝，安裝前要確認 Java 版本有匹配，並且您的 *bash_profile* 內有設好 JAVA_HOME 這個環境變數。

2. 在終端機打開 */apacheJMeter-version/bin* 資料夾，執行 *jmeter.sh*，會開啟 JMeter 視窗。

3. 我們還需要一些外掛，您可以去外掛網站（*https://oreil.ly/fIhE0*）下載 Plugins Manager，把 JAR 檔案放進 */apacheJMeter-version/lib/ext*。

4. 重啟 JMeter，在 Options 選單內應該可以見到 Plugins Manager。

工作流程

依照下列步驟為 JMeter 做基本配置以及對 /books 做回應時間測試：

1. 配置 thread group（執行緒群組）在 JMeter 視窗左側面板的 Test Plan 按右鍵，選 Add → Threads (Users) → Thread Group，將其命名為 *ViewBooks*，其餘配置如圖 8-4（*Number of Threads* 設為 1、*Ramp-up period* 設為 0、*Loop Count*（迴圈次數）設為 10），意思為對該端點的回應時間採集 10 個數據後取其平均值。

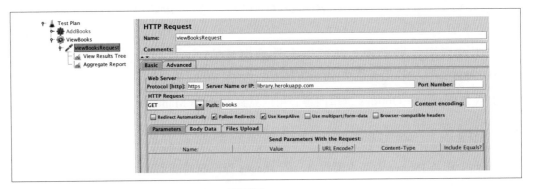

圖 8-4　Thread Group 配置頁，會發出 10 次請求

2. 增加 sampler（取樣）及配置目標 API 端點參數，對剛剛的 thread group 按右鍵，選 Add → Sampler → HTTP Request，輸入目標站台網址、HTTP 請求類型、路徑（參照圖 8-5），將該 sampler 命名為 *viewBooksRequest*。

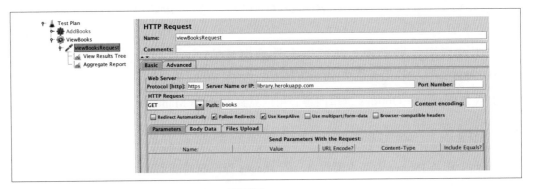

圖 8-5　HTTP request 之 *viewBooksRequest* 配置頁

3. 增加 listener（監聽），它負責記錄測試期間所有的請求與回應。對 viewBooksRequest sampler 按右鍵，選 Add → Listeners → View Results Tree（檢視結果樹），以及 Aggregate Report（彙整報告）。

4. 儲存以上配置，按 Run 開始記錄回應時間，結果會顯示在前面建立的兩個 listener 中。

從左側面板點選 View Results Tree，您會看到裡面有 JMeter 發出的請求清單，每個項目前面都有圖示標示該筆請求成功或失敗，如果回應狀態碼為 200 視為成功，其他則視為失敗，但有一種狀況是後端以 200 回應，但其實並沒有真正處理該筆請求，舉例來說，/addBook 端點在遇到重複的書目時就會以 200 回應，但會附帶訊息表示該書目重複，像這種狀況，就需要另外以 assertion（斷言）做處理（assertion 也是 JMeter 內建的元件之一）。點選 View Results Tress 中的請求項目就可以看到該筆請求的詳細資料，包括收到的回應內容，如圖 8-6。

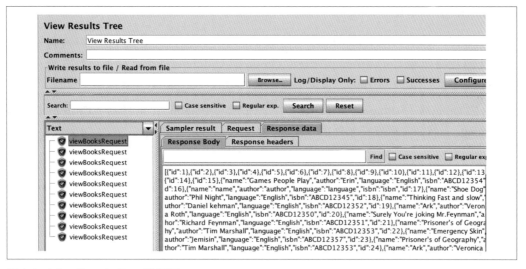

圖 8-6　View Results Tree 結果頁

另外點選 Aggregate Report，這邊可以看到一些統計指標，有平均值、中位數、吞吐量等等，以本例的 /books 端點來說，打 10 個樣本的平均回應時間是 379 ms（見圖 8-7），這表示在低負載的最佳狀況下回應時間是 379 ms。

Label	# Samples	Average	Median	90% Line	95% Line	99% Line	Min	Maximum	Error %	Through...	Receive...	Sent KB/...
viewBoo...	10	379	307	318	318	1139	224	1139	0.00%	2.6/sec	17.87	0.34
TOTAL	10	379	307	318	318	1139	224	1139	0.00%	2.6/sec	17.87	0.34

圖 8-7，Aggregate Report 頁，/books 端點的回應時間。

下一步是對 /books 端點實施 166 個並行請求的負載測試，確認在並行負載下的回應時間，JMeter 有各種負載模式可以設定，此處我們會談到其中比較簡單的三種。

前面我們建立了 thread group，這是 JMeter 測試計畫中最基本的元件，裡面可以再新增好幾種不同的 listener（監聽）或 controller（控制器），也可以配置不同的負載模式，例如並行的執行緒數量、爬升段的時間、測試的重複次數等等，前面我們在設立 *ViewBooks* thread groups 時，把迴圈設為 10 來驗證 /books 端點的回應時間，現在要把負載調高，參數值變成：Number of Threads = 166、Ramp-up period = 0、Loop Count = 5，如此 JMeter 會立即發出 166 個並行請求，並且重複 5 次，最後取平均的回應時間。

JMeter 還有一個很好用的套件能讓我們方便的設定出別種負載模式，例如分段爬升模式等，此處我會示範 Concurrency Thread Group 與 Ultimate Thread Group 的用法，首先是 Concurrency Thread Group，這是能發出並行請求的作業模式，參照以下步驟：

1. 點選 Options → Plugins Manager，在 Available Plugins 頁籤搜尋「Custom Thread Group」，找到之後安裝該外掛。

2. 重啟 JMeter 讓新安裝的外掛生效。

3. 對左側的 Test Plan 按右鍵，選 Add → Threads (Users) → bzm → Concurrency Thread Group。

4. 參照圖 8-8 設定負載參數（Target Concurrency = 166、Ramp Up Time = 0.5、Hold Target Rate Time = 2），JMeter 會在 30 秒爬升段間把負載加到 166 個併發請求，然後維持 2 分鐘。

5. 在此 thread group 之下仿造前面的步驟添加 HTTP Request sampler，執行測試，然後檢視測試結果。

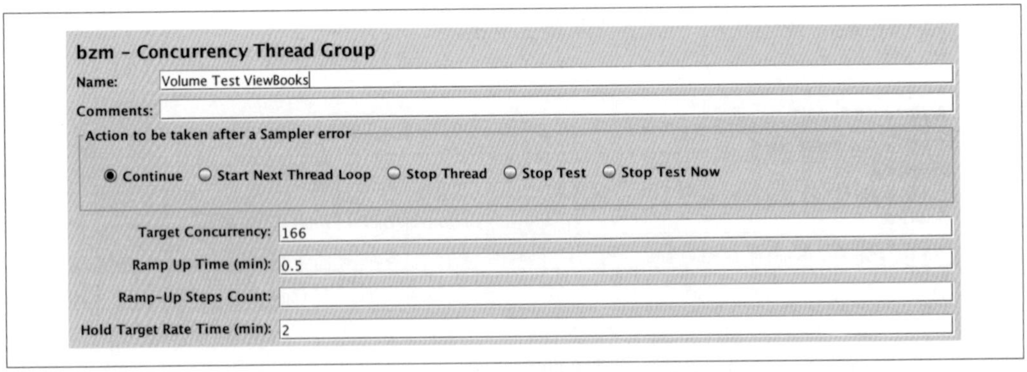

圖 8-8　Concurrency Threat Group 畫面，對 /books 端點進行負載測試

這個 Custom Thread Groups 外掛還有另一種 Ultimate Thread Group 模式，它有更豐富的選項，像是制定測試前的初始延遲時間以及測試運行後的關閉時間等等。使用 Ultimate Thread Group 請參照下面步驟：

1. 對 Test Plan 按右鍵，選 Add → Threads (Users) → jp@gc Ultimate Thread Group。

2. 參照圖 8-9 進行配置（Start Threads Count = 166、Initial Delay = 0、Startup Time = 10、Hold Load For = 60、Shutdown Time = 10），表示讓 JMeter 在 10 秒內把請求提升至 166 個，並持續 1 分鐘，然後再於 10 秒內降回 0。如果要做間歇式負載模式，只要加入其他列就好。

3. 仿造前面的步驟添加 HTTP Request sampler，執行測試，然後檢視測試結果。

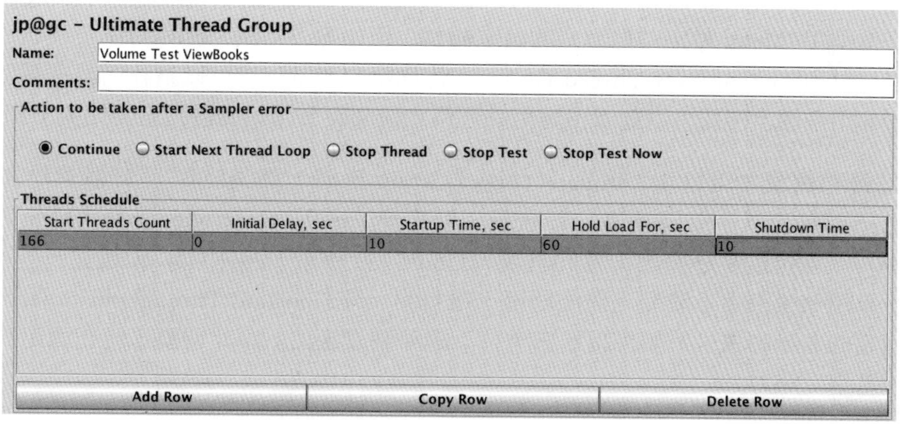

圖 8-9　Ultimate Thread Group 畫面，對 /books 端點進行負載測試

圖 8-10 為最普通的 thread group（即前面建的第一套測試）的測試結果，測試參數為爬升段時間為 0 秒，以 166 個並行請求進行測試，重複 5 次取平均值，結果如下：Average = 801 ms、90% Line = 1499 ms，表示這 166 個並行用戶的 90% 會在約 1.5 秒時收到回應，而以整體來看，總平均是 0.8 秒，為何總平均較低呢？從表格中可以看到，因為回應時間最小值僅有 216 ms。

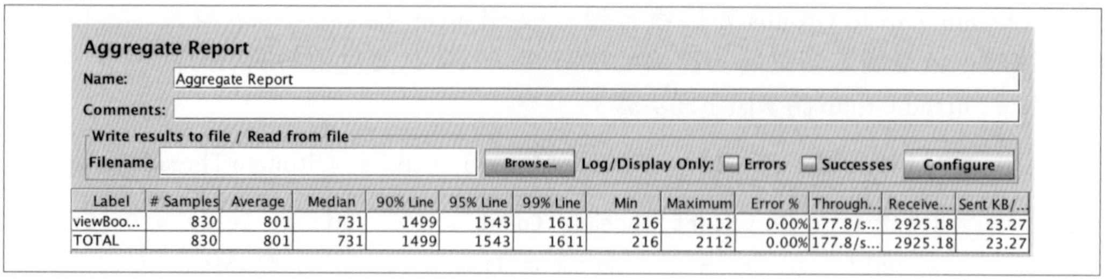
Aggregate Report
Name: Aggregate Report
Comments:
Write results to file / Read from file
Filename
Browse...
Log/Display Only:
Errors
Successes
Configure
Label | # Samples | Average | Median | 90% Line | 95% Line | 99% Line | Min | Maximum | Error % | Through... | Receive... | Sent KB/...
viewBoo... | 830 | 801 | 731 | 1499 | 1543 | 1611 | 216 | 2112 | 0.00% | 177.8/s... | 2925.18 | 23.27
TOTAL | 830 | 801 | 731 | 1499 | 1543 | 1611 | 216 | 2112 | 0.00% | 177.8/s... | 2925.18 | 23.27

圖 8-10　/books 端點的測試結果

其他性能測試案例

在前面一節，我們用 JMeter 做了幾種不同的負載模式測試，有了這些初步的體驗，能讓您更好地利用 JMeter 做出其他形式的負載測試，例如壓力測試、飽和測試、吞吐量測試等，您可以用 Concurrency Thread Group 來建構壓力測試，它可以讓我們設定每個階段要增加的用戶數及時間，以此看出應用在哪個階段回應會開始變慢甚至開始報出錯誤。

如果是飽和測試，可以用 Ultimate Thread Group 建構一個長時間且負載量均衡的測試，如果要驗證以小時為基礎的吞吐量，則需要 Parallel Controller 外掛（*https://oreil.ly/UtuXj*），它可以平行發出一定的請求，Timer（計時器）元件可以制定請求的間隔時間，可以用做模擬思考時間之類的功用，還有另一種 Constant Throughput timer，可以發出固定的數量的請求，如果超過它會往下調節到設定值，藉此觀察系統在固定負載下的吞吐量承受能力。

JMeter 還有很多其他用來建構各種情境的元件，有 If、Loop、Random controller 可以在測試中加入條件判斷，如果目標應用需要登入，它也有從 CSV 讀入帳密並且做大量登入的機制，這種測試稱為**資料驅動性能測試**，我們可以利用這個特性為測試準備要用的資料，後面就來示範這種測試的做法。

資料驅動性能測試

假設在這個圖書館管理系統中，它的 `/addBook` 端點接受的請求內容有書名、作者、語言、ISBN 等欄位，如果要測試此端點，那就需要為每次請求制定唯一的書目資料，這點可以利用 JMeter 的資料驅動性能測試做到，參照以下步驟：

1. 建立一個 CSV 檔案，欄位為 `name`、`author`、`language`、`isbn`，後面 JMeter 會以這些當作變數，在此先填入 50 本書的資料。（可以用 Google 試算表編輯，然後下載成 CSV。）

2. 在 JMeter 加一個 thread group 與 HTTP Request sampler，目標端點為 /addBook，Loop Count 設為 50。

3. 要在 HTTP Request sampler 使用 CSV，對 Thread Group 按右鍵，選 Add → Config Element → CSV Data Set Config，在 CSV Data Set Config 畫面指定 CSV 檔案的路徑，然後再指定要用的變數（參照圖 8-11）。

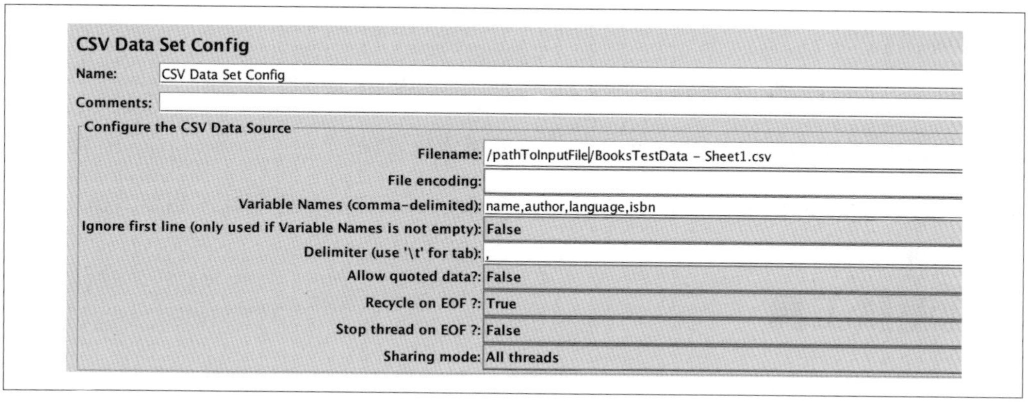

CSV Data Set Config

Name:	CSV Data Set Config
Comments:	

Configure the CSV Data Source

Filename:	/pathToInputFile/BooksTestData – Sheet1.csv
File encoding:	
Variable Names (comma-delimited):	name,author,language,isbn
Ignore first line (only used if Variable Names is not empty):	False
Delimiter (use '\t' for tab):	,
Allow quoted data?:	False
Recycle on EOF ?:	True
Stop thread on EOF ?:	False
Sharing mode:	All threads

圖 8-11　資料驅動測試中配置 CSV 的畫面

4. 參照圖 8-12，在 HTTP Request 的 Body Data 處以 ${variable_name} 的形式填入要用的變數名，這種變數取用方式在 JMeter 其他地方也可以使用。

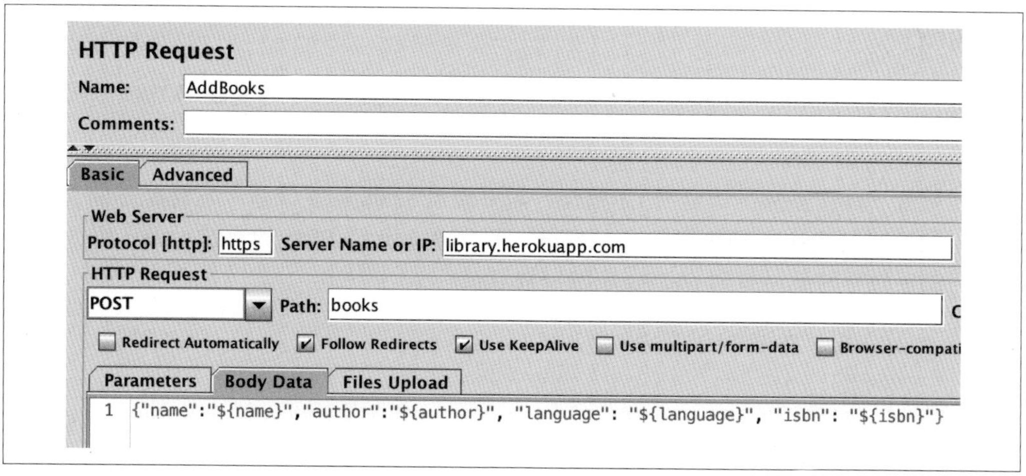

HTTP Request

Name:	AddBooks
Comments:	

[Basic] [Advanced]

Web Server
Protocol [http]: https　Server Name or IP: library.herokuapp.com

HTTP Request
POST ▼　Path: books

☐ Redirect Automatically　☑ Follow Redirects　☑ Use KeepAlive　☐ Use multipart/form-data　☐ Browser-compati

[Parameters] [Body Data] [Files Upload]

```
1  {"name":"${name}","author":"${author}", "language": "${language}", "isbn": "${isbn}"}
```

圖 8-12　以變數形式取用 CSV 內資料

如此在進行性能測試前都會以指定的測試資料進行填值。

CI

最後來把 JMeter 整合進 CI 的管線作業中，如此性能測試也可以左移，在這裡要注意的一點是每個性能測試案例必須獨立進行才會得到正確的數據。要在 CI 中呼叫性能測試，得先在 JMeter 把前面制定的性能測試案例儲存成 *.jmx* 檔案，然後以命令列形式執行，如以下範例：

```
$ jmeter -n -t <library.jmx> -l <log file> -e -o <Path to output folder>
```

您還可以安裝其他的外掛為 JMeter 增加豐富的儀表板功能。

如以上所示，JMeter 讓我們用它的 GUI 就能製作出一系列的性能測試，簡單方便。

其他測試工具

還有一些其他的性能測試工具也能幫我們建構測試案例，基本上它們都是以自己的方式讓我們去配置負載模式的四個主要參數（爬升時間、思考時間、並行數、步調時間），像前面介紹的 JMeter 有它自己的 GUI，而 Gatling 是用 DSL（domain-specific language，領域特定語言）的形式，Apache Benchmark（ab）則是單純以命令列參數的方式制定，下面我們來認識移下 Gatling 與 ab。

Gatling

Gatling（*https://gatling.io/docs*）是一款開源工具，它用以 Scala 為基礎的 DSL 來配置負載模式，

它還能紀錄下操作動線，也能與 CI 整合，如果您是 Scala 的愛好者，它會是一個強大的工具，能用來制定出各種細緻的負載模式，範例 8-2 為 Gatling 的測試示例，裡面展示了如何制定思考時間以及對 /books 端點發動測試。

範例 8-2　*Gatling 負載測試範例*

```
package perfTest

import scala.concurrent.duration._

import io.gatling.core.Predef._
import io.gatling.http.Predef._
```

```
class BasicSimulation extends Simulation {

// 定義 HTTP 請求
  val httpProtocol = http
    .baseUrl("https://library.herokuapp.com/")
    .acceptHeader("text/html,application/xhtml+xml,application/xml;q=0.9,*/*;q=0.8")
    .doNotTrackHeader("1")
    .acceptLanguageHeader("en-US,en;q=0.5")
    .acceptEncodingHeader("gzip, deflate")
    .userAgentHeader("Mozilla/5.0 (Windows NT 5.1; rv:31.0) Gecko/20100101
        Firefox/31.0")

// 定義操作動線以及思考時間
  val scn = scenario("BasicSimulation")
    .exec(http("request_1")
    .get("/books"))
    .pause(5) // 思考時間

// 配置以上面請求為單位的 166 個並行請求
  setUp(
    scn.inject(atOnceUsers(166))
  ).protocols(httpProtocol)
}
```

Apache Benchmark

如果想要快速求得一款應用的性能表現，ab（*https://oreil.ly/tDoiU*）是個好選擇，這是一款開源的 CLI 工具，如果您是用 Mac，它有直接內建於系統，不須另外安裝。如果要以 200 個並行請求對 /books 發起測試，在終端機執行以下指令：

```
$ ab -n 200 -c 200 https://library.herokuapp.com/books
```

結果如下：

```
Concurrency Level:      200
Time taken for tests:   5.218 seconds
Complete requests:      200
Failed requests:        0
Total transferred:      1389400 bytes
HTML transferred:       1340800 bytes
Requests per second:    38.33 [#/sec] (mean)
Time per request:       5217.609 [ms] (mean)
Time per request:       26.088 [ms] (mean, across all concurrent requests)
Transfer rate:          260.05 [Kbytes/sec] received

Connection Times (ms)
```

```
             min  mean[+/-sd] median    max
Connect:      869 2074   97.6   2064   2289
Processing:   249 1324  299.4   1303   1783
Waiting:      249 1324  299.5   1303   1781
Total:       1192 3398  354.3   3370   4027

Percentage of the requests served within a certain time (ms)
    50%   3370
    66%   3483
    75%   3711
    80%   3776
    90%   3863
    95%   3889
    98%   4016
    99%   4022
   100%   4027 (longest request)
```

基本認識過不同工具的特性與使用之後，還是要記得，性能測試不是只有玩這些工具，如果有發現性能問題，還是要除錯再除錯，調整再調整，測試再測試！

至此我們一定程度的認識了後端的性能測試，但事情還沒完，接著我們把重點放到前端性能測試上！

前端性能測試組成元素

雖然透過後端性能測試工具我們能模擬高負載時應用的表現，但測出來的數據和用戶實際的體驗還是會有落差，因為這些工具並非真正的瀏覽器，它們並不具備一個真正瀏覽器的所有特性。

要瞭解所謂的落差，要先認識瀏覽器，回顧第 6 章，我們談到了瀏覽器在呈現網頁時的三大部分：

- HTML，網頁主要骨架。
- CSS，負責樣式。
- 腳本，負責處理邏輯。

對於網頁，瀏覽器的典型行為是先下載 HTML，再下載相關的 CSS、影像等資源，最後再根據 HTML 內的順序執行腳本，以上在下載資源的部分是平行處裡的，但在腳本執行方面則是完全不會平行化的，因為腳本可能會影響到頁面最終的呈現，而腳本又有可能擺在 HTML 最末端，因此只有在所有腳本都執行完畢後才會呈現出最終的頁面。

但以上這些工作在後端性能測試工具完全不存在，它們也會接收到 HTML，但完全不會去做任何頁面演算之類的工作，所以就算後端回應時間只有短短幾毫秒，但由於前端頁面也要演算的緣故，終端用戶真正看到頁面最終的樣子還是要等到更長的時間之後，而且前端演算的時間其實佔了整體時間的 80-90%（*https://oreil.ly/spWi1*），驚不驚喜？意不意外？

舉個例子，當開啟 CNN 首頁（*http://www.cnn.com*）時，在頁面完整出現以前瀏覽器大約要處理 90 個項目，圖 8-13 展示了其中前 33 項，如果您認為只要改善後端服務的回應速度就能大幅提升網站性能，那看到這裡大概會顛覆您的認知！

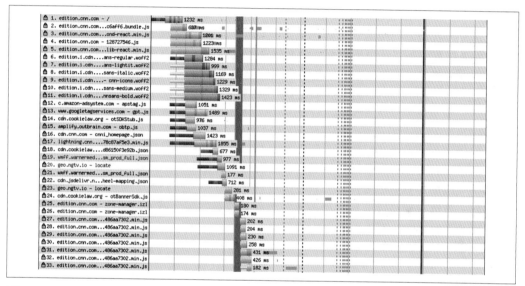

圖 8-13　CNN 前端載入時的工作項目

話雖如此，但前面一部分所提的後端性能測試也還是相當重要的，它們關係到我們該如何規劃系統容納量以及該如何解決系統面的性能問題，也就是說它們能為我們解答「下次黑五檔期五千筆交易撐得住嗎？」這樣的問題，但話說回來，即便後端有辦法在這樣的負載下於 1.5 秒內給出回應，但還是不能完全表示用戶的體驗是滿意的，因為還必須把前端的性能因素納入考量，這也是本節存在的原因。

首先我們先來認識影響前端性能的因素以及需要被量化量測的數據指標，然後就動手來實際測一測。

前端性能影響因子

影響前端性能的因素有以下：

前端程式複雜度

如果沒有遵守一些既有的前端工程最佳實踐，包括 JavaScript 壓縮（minifying）、減少頁面 HTTP 請求、善用快取機制等的話，性能必定是低落的，舉例來說，就算後端幾毫秒就能給出回應，但如果前端請求太多的話，累積起來還是很可觀的延遲。

CDN（content delivery networks，內容散佈網路）

CDN 是一系列部署在全球各地的主機節點，用於幫我們更有效率的傳送影像等內容給用戶，我們先前提過，距離越遠延遲越長，用戶與主機的所在地是否相近對性能有顯著影響，為了減少這方面的負面效應，我們會利用 CDN 替我們就近提供內容給用戶，這種方式比自己做多主機複寫還要簡單得多，當然，依賴 CDN 的問題就會變成 CDN 本身的性能也會影響到我方應用的載入時間。

DNS 查詢

一般瀏覽器在查詢 IP 與域名的時間是 20 至 120 ms，這項事務也被稱為 DNS 解析（DNS resolution），當某筆域名有被查詢過，瀏覽器與作業系統就會把該筆 DNS 紀錄快取起來，省下往後對同一域名重複查詢的時間，而 ISP 端也有自己的 DNS 快取機制，這也有助於性能的些微改善，然而只要是對某一域名的首次查詢依然需要一小段的查詢時間延遲。

網路延遲

用戶端自己的網路速度對載入時間有非常重大的影響，第 6 章我們看到了現今行動端的使用率已經超過桌面端，但問題是行動網路有時候會變得非常慢，並且不論是在市區或郊區皆然，有些網站的做法是當偵測到用戶網路很慢時會改以「輕量版」提供服務，但對用戶來說，那些還在用慢速網路（如 3G）的用戶其實已經習慣了他們的網速，除非網站性能真的非常糟糕，否則那些用戶其實並不會特別抱怨性能問題。

瀏覽器快取

除了 IP，瀏覽器也會對內容做快取（影像、cookie 等），只要一個頁面被開啟過，之後再次打開該頁面的速度就會快得多，並且前端程式也可以自行控制某部分快取機制讓頁面載入時間能再縮短一些。

資料傳輸

受限於網速與延遲，如果應用和用戶端會互相傳輸大量的資料，那整體的性能表現一定也會受到影響。

看過以上這些，您可能會想說這些根本不是我們能掌控的呀，更不用說改善了，這樣要怎麼做？的確，大部分人遇到這些問題都有相同的感受，所以讓我為您介紹 RAIL 模型。

RAIL 模型

RAIL 模型（*https://oreil.ly/cKuz1*）是前端性能的一種建構模型，它以用戶體驗為核心去量化前端性能指標，藉由運用 RAIL 模型，我們能把測試與性能目標兩者做到更緊密的結合。

RAIL 表示網站在用戶體驗方面的四個主要領域：

Response（回應）

您有過這種經驗嗎？按了按鈕卻沒有任何反應，還會懷疑自己是否真的按過，這種延遲被稱為輸入延遲，在 RAIL 模型中，以「response」（回應）表示，當用戶在網站做了某個操作，例如點擊按鈕、觸發元素、勾選項目，這類行為在 RAIL 模型標準中必須在 100 ms 內做出回應，如果超過就會讓用戶感到卡頓。

Animation（動畫）

另一方面，如果有動畫（包括載入轉圈圈、捲動、拖放等），並且影格（frame）切換沒有在 16 ms 內完成的話（也就是相當於 60 FPS），也會讓用戶感到卡頓。

Idle（閒置）

有一種常見的前端設計模式是把一些不重要的部分，例如回送分析資料給後端、留言區塊初始化之類的動作遞延，在瀏覽器閒置時再處理，理想上這類工作最好能在 50 ms 內完成，如此一旦用戶回來操作頁面，那應用還是能在 100 ms 內與用戶互動。

Load（載入）

網站的載入時間應該要在 1 秒內，才會讓人家覺得這是個性能滿載的網站（此數據來自前面提過的同一份研究）。

透過 RAIL 模型，我們能把前端的性能議題拆解成不同的面向，並為他們各自設定測試以及性能目標，此外，藉由通用的模型，團隊成員也能在一致且明確的語境下進行溝通，而不是「這頁怎麼有點慢啊！」這類含糊不清的話題。

前端性能指標

實務上，我們會把 RAIL 模型的性能目標再拆解成更細的指標，讓性能的問題呈現、除錯與微調都更加明確，下面是業界常用的一些前端性能指標：

FCP（*first contentful paint*，首次內容繪製）

表示瀏覽器在演算出第一個 DOM 元素（包括圖片、非空白元素、SVG 等）所耗費的時間，也表示用戶從進入網址到能看見內容出現所需要的等待時間。

互動時間

這是頁面能開始與用戶互動的時間，為了追求更快速呈現出頁面，會在頁面真正能互動以前就先把能呈現的內容演算出來，但也因此造成看得到摸不到的困擾，相較於 FCP 講求的是頁面能多快出現內容，互動時間講求的是網頁真正能讓用戶與之互動的時間。

LCP（*largest contentful paint*，最大內容繪製）

這是頁面中佔據最大部分的內容要呈現出來所需要的繪製時間，所謂最大內容指的是大量的文字或影像。

CLS（*cumulative layout shift*，累積版面偏移）

您是否遇過在閱讀某篇文章時，瀏覽器因為載入了新區塊而把原本的版面擠下去的狀況呢？這個現象會使用戶突然失去焦點，然後他們又要花時間去找回原本的進度，超討厭的對吧！這項指標就是用於評估這種現象的程度，量化後的數字越小，表示頁面的 CLS 程度就越小、頁面表現越好。

FID（*first input delay*，首次輸入延遲）

在 FCP 與互動時間中間，因為還處於載入中的狀態，當用戶在此階段嘗試點擊或做其他互動時，會有些微的延遲，這種延遲會比正常的互動延遲還要久一些，FID 就是用於表示這種延遲的量化指標。

MPFID（*max potential first input delay*，最大潛在首次輸入延遲）

這用於表示可能最大的 FID，也就是在 FCP 與互動時間中，運算最久的項目的時間。

Google 把 LCP、FID、CLS 三者納為**核心 web 指標**（*core web vitals*）（*https://web.dev/vitals*），讓網站經營者透過簡單的指標數字就能得知自身的性能表現，多數的前端性能測試工具也都有這三者，我們可以透過 CI 配合測試工具對核心 web 指標進行持續性量測，以此讓前端性能測試左移，具體的實作方法在後面會陸續提到。

演練

正如 RAIL 模型的核心宗旨，前端性能完全取決於最終用戶的體驗，所以既然要追求前端性能，那就要先定義到底我們的目標客群是誰？他們來自何方？要的體驗又是什麼，再根據他們的目標來制定出相關的測試案例，試舉例如下：

- 針對不同裝置（桌機、手機、平板）的用戶，了解他們手上裝置的廠牌與規格是相當重要的，因為 CPU、電池、記憶體相當大程度決定了最終的用戶體驗。

- 用戶可能來自不同的網路，有 Wi-Fi、3G、4G 等等，它們的頻寬各不相同，並且不同的國家也會有不同的平均網速，根據「世界人口綜述」（World Population Review）2021 年的報告，摩納哥擁有全球最快的平均網速，高達 261.8 Mbps，相較之下，美國只有 203.8 Mbps、英國只有 102.2 Mbps，而巴基斯坦更只有 13.8 Mbps。

- 承上，來自不同地方的用戶，對於他們的前端性能也應該採用不同的標準（除網速外也有其他因素造成標準的分歧），因此測試也必須是獨立的。

網路上還有許多這類關於用戶特性與地理位置的報告可以查閱，除此之外，如果您有 Google Analytics 還可以看到即時的訪客資料，這些資料都可以當作制定測試案例的參考，後續本章所介紹之前端性能測試工具也都可以加入成為 CI 管線作業的一部分。

接著我們來實際做個範例，基本背景如下：「用戶來自米蘭，拿 Samsung Galaxy S5，用 4G 網路上 Amazon。」在這樣的背景之下，看看 WebPageTest 和 Lightouse 分別能如何幫助我們得知這個情境下的性能數據。

WebPageTest

WebPageTest（*https://www.webpagetest.org*）是一款免費的前端性能評估工具，它威力強大，能讓我們選擇要發起測試的地理位置，並且用真實的瀏覽器對網站做測試，沒有比它更像真實瀏覽器的測試工具了！

工作流程

這款工具使用很簡單，請看下列步驟：

1. 輸入 Amazon URL，如圖 8-14。

2. 根據前述之背景條件選擇終端用戶的地理位置、瀏覽器類型、行動裝置類型、網路頻寬，參照圖 8-14。

3. 將 Number of Tests to Run 設為 3，如果只跑一次可能會因為網路的狀況而使數據異常，建議跑多次取平均值。

4. 將 Repeat View 設為「First View and Repeat View」，此選項會把首次訪問及後續訪問的數據分開，前面我們說過，因為有快取，後續訪問的速度通常較快。

5. 執行測試並檢視結果。

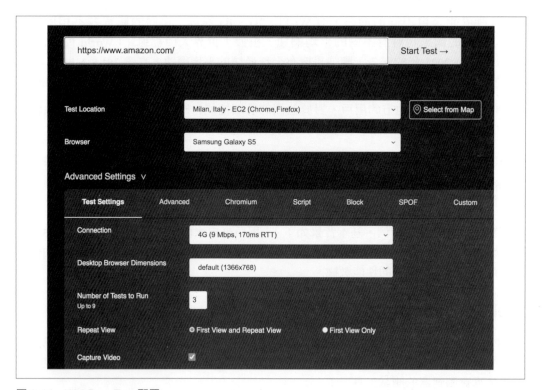

圖 8-14　WebPageTest 配置

因為 WebPageTest 是免費的公用工具，所以測試運行需要排隊，可能要等上幾分鐘才會看到結果，如果不想等，可以付費把它架設在私有的測試環境內。

測試報告中的許多數值都可以當作我們改進的參考，每份報告都有專屬的 ID，在 30 天內可以重複查閱，接著我們就手上的案子來看看報告中幾個重要數據。

Performance Results 表格中（圖 8-15）可以看到 core web vitals（核心 web 指標）的成績，下面的資料又分為首次訪問（First View）與後續訪問（Repeat View），如果想知道載入時間有多久，可以參考 Document Complete 算出來的時間中位數，注意到其中首次訪問的時間是 3.134 秒，並且 LCP 為 2.105 秒，這樣的成績還算是在可接受的程度。最後面的 Fully Loaded 區塊表示包括那些被遞延的腳本、整個網頁完全載入的時間，雖然看起來很久（230 個請求，花了約 14 秒），但這並不影響用戶體驗。

Performance Results (Median Run - SpeedIndex)

	First Byte	Start Render	First Contentful Paint	Speed Index	Web Vitals			Document Complete			Fully Loaded			
					Largest Contentful Paint	Cumulative Layout Shift	Total Blocking Time	Time	Requests	Bytes In	Time	Requests	Bytes In	Cost
First View (Run 1)	0.918s	2.000s	1.994s	2.505s	2.105s	0.156	0.162s	3.134s	38	406 KB	14.615s	230	1,154 KB	$$$--
Repeat View (Run 1)	1.156s	2.100s	2.085s	2.577s	2.316s	0.142	0.050s	3.048s	9	116 KB	13.502s	127	127 KB	

圖 8-15　WebPageTest 報告的性能數據

第二部分 Waterfall View，此處呈現瀏覽器開啟網頁的所有動作，其中包括 DNS 解析、連線、初始化、下載 HTML、影像、腳本等事務，從中也可以看出哪些是比較需要在體積或速度上改良的。

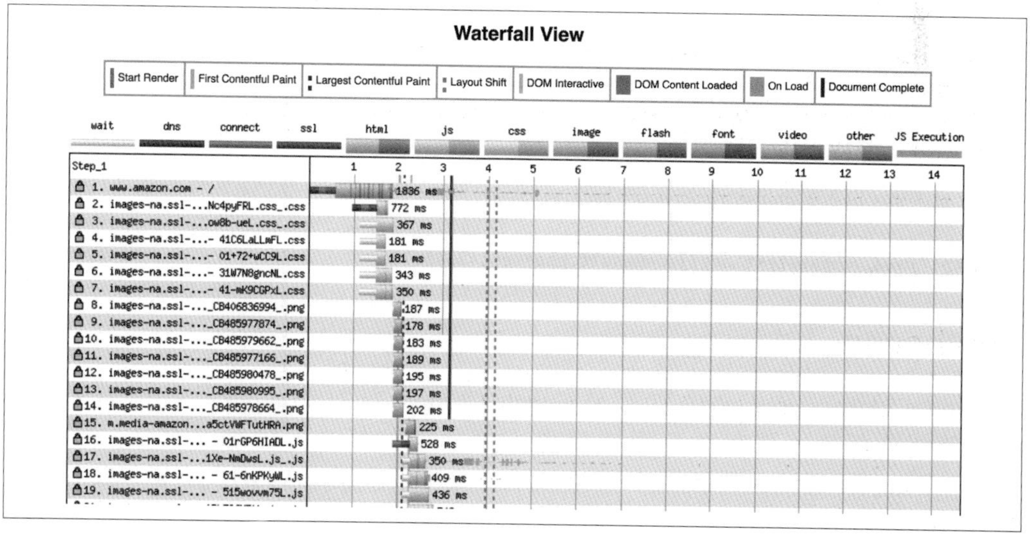

圖 8-16　WebPageTest 報告的 Waterfall View

WebPageTest 也有對網站做身分認證的機制，但要注意它的測試結果都是公開的，只要知道測試 ID 的都可以看到登入的帳密。

WebPageTest 也有 API，能透過 API 取得報告，另外它還有 Node.js 套件，可以從命令列去執行測試，這兩者也都可以與我們的 CI 做整合，但需要先付費取得 API 密鑰才能使用，如果您有興趣，可以參考範例 8-3、8-4，分別為 CLI 工具與 API 的使用示例。

範例 8-3　*WebPageTest CLI 工具的安裝、使用與檢視結果*

```
// 第一步：以 npm 安裝

npm install webpagetest -g

// 第二步：用命令列跑範例測試

webpagetest test http://www.example.com --key API_KEY --location
ec2-eu-south-1:Chrome --connectivity 4G --device Samsung Galaxy S5 --runs 3 --first
--video --label "Using WebPageTest" --timeline

// 第三步：以跑完測試的 ID 去看測試結果

webpagetest results 2345678
```

範例 8-4　*WebPageTest API 的使用與檢視結果*

```
// 第一步：用 API 跑範例測試

http://www.webpagetest.org/runtest.php?url=http%3A%2F%2Fwww.
example.com&k=API_KEY&location=ec2-eu-south-
1%3AChrome&connectivity=4G&runs=3&fvonly=1&video=1&label=Using%20
WebPagetest&timeline=1&f=json

// 第二步：以跑完測試的 ID 去看測試結果

http://www.webpagetest.org/jsonResult.php?test=2345678
```

Lighthouse

Lighthouse（*https://oreil.ly/rfWY0*）是 Google Chrome 內附的工具，它也有 Firefox 擴充套件的版本，具有從多面向稽核一個網站的能力，包括安全性、可用性（accessibility），當然也包括性能，它的報告中會呈現一個綜合的性能分數以及其他細部的成績。

Lighthouse 的優勢在於它不是一個服務，而是本機程式，因此不需要排隊也不需要等待，也因為跑在本機所以不會有安全疑慮，當然這也表示我們不能以別人的地理位置進行測試（只能透過自身所在地），除此之外，它也能配置 CPU、網路、螢幕解析度，以各種不同的組合去執行測試並取得各自的成績。

Lighthouse 也有 CLI 工具，使其更容易與 CI 互相整合，一間歐洲的線上零售商 Zalando 表示，透過 CI 與 Lighthouse，前端性能反饋的時間從一天縮短至十五分鐘（*https://web.dev/zalando*），另外，Lighthouse 也是完全免費與開源的。

工作流程

依照下列步驟來使用 Lighthouse：

1. 在 Chrome 打開 Amazon 網站。

2. 在 macOS 按快捷鍵 Cmd-Option-J，或者在 Windows/Linux 按快捷鍵 Shift-Ctrl-J，或者從 Chrome 右鍵選單的 Inspect（檢查）開啟 Chrome DevTool。

3. 在 Network 頁籤可以配置要模擬的網路頻寬，在此例我們選「Slow 3G」。

4. 在 Performance 頁籤可以配置要模擬的 CPU 速度，中階手機的預設值是 4x slowdown、低階手機的預設值是 6x slowdown，在此例我們選 4x slowdown。

5. 在 responsive 選單可以調整視窗尺寸，在此例我們選 Galaxy S5，如圖 8-17。

6. 在 Lighthouse 頁籤，勾選 Performance，然後按「Generate report」。

圖 8-17　Lighthouse 視窗，以及其他網路、CPU、螢幕解析度之設定畫面

參照圖 8-18，結果顯示 Amazon 的分數還不賴！即使在模擬慢速網路與慢速 CPU 的條件下，互動時間也只要 3.8 秒。

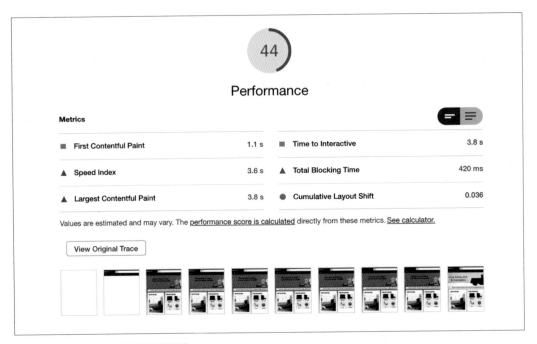

圖 8-18　Lighthouse 性能測試報告

您可以趁早在開發階段就開始使用 Lighthouse 來檢驗前端性能，如果要與 CI 整合，可以用 Lighthouse 的 Node.js 版，在終端機輸入以下命令來安裝：

```
$ npm install -g lighthouse
```

要進行性能稽核，執行以下命令：

```
$ lighthouse https://www.example.com/ --only-categories=performance
```

您也可以加上網路或 CPU 的配置選項，以及指定螢幕解析度（*https://github.com/ GoogleChrome/lighthouse*），執行完畢後測試報告會出現在當前的工作資料夾內，您可以自行撰寫判斷腳本，當分數低於某一下限時對 CI 發出失敗的通知，舉例來說，可以把分數設在 90，如果某次測試的分數低於 90 就把該次組建（build）認定為失敗。除分數制外，Lighthouse 還有另一種預算制（也就是上限制），稱為 LightWallet（*https://oreil. ly/EefD9*），此制度下可以制定各項指標允許的預算上限，一旦該指標實際值超出預算上限就會發出警示。

另一種與 CI 整合的方式是透過 cypress-audit 工具（*https://oreil.ly/OwVi5*），它本身是整合 Cypress 與 Lighthouse 的工具，可把 Lighthouse 納為功能性測試之一，於 CI 測試階段中一併執行。

其他測試工具

市場上還有一些其他能幫我們檢驗前端性能的工具，本節我們會介紹其中的 PageSpeed Insights 和 Chrome DevTools。

PageSpeed Insight

前面章節中的性能測試工具比較像是在實驗室中針對我們的應用實施的測試，我們設定了某些測試條件然後看最後的結果如何，但實際跑在生產環境的系統還是有許許多多影響性能的因素，可能是由於不同的網路環境、不同的裝置設定等等，我們在自己的性能測試中難以全然列舉，因此如果要知道用戶端真正的體驗還是要透過 RUM（real user monitoring，真實用戶監控）工具，Google 就有提供一系列免費的監控服務，它能紀錄網站來自全球用戶的 web 指標（web vitals）以及其他方面的性能指標，這些資料被稱為領域資料（*field data*）或 *RUM* 資料。

PageSpeed Insights 是前端性能的總覽型工具，它有 RUM 資料以及 Lighthouse 產生的測試結果，如圖 8-19，您可以在 PageSpeed Insight 首頁（*https://oreil.ly/N0NlO*）輸入自家網站網址來進行測試。

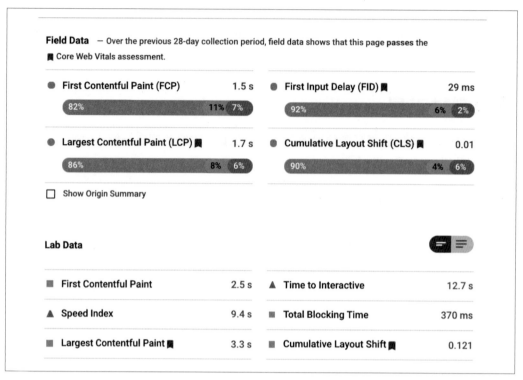

Field Data — Over the previous 28-day collection period, field data shows that this page passes the 🏴 Core Web Vitals assessment.

● First Contentful Paint (FCP)   1.5 s   ● First Input Delay (FID) 🏴   29 ms

82%   11%   7%   92%   6%   2%

● Largest Contentful Paint (LCP) 🏴   1.7 s   ● Cumulative Layout Shift (CLS) 🏴   0.01

86%   8%   6%   90%   4%   6%

☐ Show Origin Summary

Lab Data

■ First Contentful Paint	2.5 s	▲ Time to Interactive	12.7 s
▲ Speed Index	9.4 s	■ Total Blocking Time	370 ms
■ Largest Contentful Paint 🏴	3.3 s	■ Cumulative Layout Shift 🏴	0.121

圖 8-19 PageSpeed Insights 測試報告,有領域資料(Field Data)區塊及實驗資料(Lab Data)區塊

另外 PageSpeed Insights 也有提供 API,我們能用來對網站進行常態性的監測與警示。

Chrome DevTools

另一個常用來分析前端性能的輔助工具是 Chrome DevTools 裡面的性能分析器 (performance profiler)(*https://oreil.ly/Tkyqm*),它可以提供包括網路堆疊、動畫影格、GPU 能耗、記憶體、腳本運行等等各方面的詳細分析資料,它還可以讓我們自行配置模擬網路頻寬與 CPU 算力,因為它內建在瀏覽器裡面,很方便使用,是我們開發者的好朋友。

這邊說一下它的使用方式,假設頁面中有一個自動填充的下拉選單元件,我們想知道它在使用時的性能表現,我們可以在 Chrome Devtools 的 Performance 頁對頁面進行錄製,再去輸入那個選單,結束錄製後就會出現錄製期間的性能分析報告,如圖 8-20。

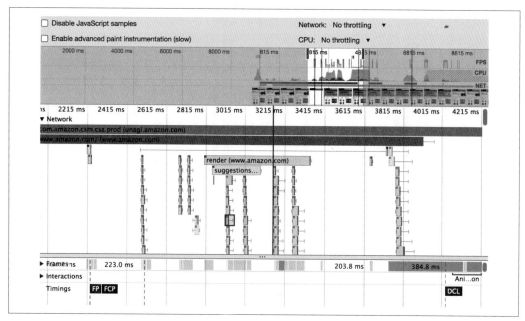

圖 8-20　Chrome DevTools 性能分析器報告範例

經過以上這些，您應該準備好開始您的 E2E 性能測試之路了，上路前的最後一步是運用前面所有介紹過的事物，集合起來建立一套專屬的性能測試策略，並在策略中規劃出性能測試所需的測試量能與時間。

性能測試策略

前面我們提到過，性能測試的核心原則是一直以來本書所提倡的左移，性能測試的策略規劃應該從架構設計之初就開始進行，先追求達到設定的性能目標，然後再將性能測試納入 CI 使性能測試也能經常性的進行及給出性能反饋，完善的策略最終將使企業受益，並且也提高對用戶的吸引力，同時也讓我們免於意外的加班，得以享受應有的假期。圖 8-21 為左移性能測試策略之一覽圖，其中包括許多此前曾涉及的議題。

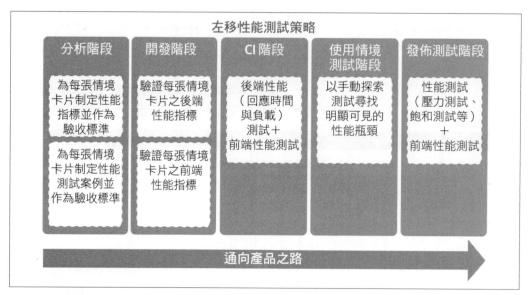

圖 8-21　左移性能測試策略

讓我們逐一檢視在左移概念下性能測試的各階段，首先是規劃階段：

- 在專案開工之前，先與業務端、行銷端、技術端取得對性能指標的共識，在性能先決的條件下選擇合適的技術與架構來實現。

- 在專案開始之初就要設置好性能測試環境，就算不能和生產環境一模模一樣樣，至少還是有個專門的環境能開始做事。

- 為每則使用情境制定前端性能測試案例（例如使用何種網路、所在何地），並作為驗收標準。

- 為每則使用情境相關的後端 API 制定預期的性能指標（例如回應時間要多快、能吃下多少並行請求、存在性（availability）要多高等等），並作為驗收標準。

在開發階段：

- 驗證每則使用情境相關的後端性能指標（即對端點測試回應時間及壓力測試）。

- 驗證每則使用情境的前端性能。

在 CI：

- 每次提交後都要再次驗證回應時間，負載測試則視時間而定，短的可以每次提交都跑，長的可以放到晚上的迴歸測試，重點是要去做才能在第一時間找出性能問題，同時透過經常性的測試，也可以讓我們看到隨著功能的增加性能的下降趨勢，這對之後的除錯也會有幫助。

- 在 CI 管線中納入對那些訪問率高的頁面的前端性能測試。

在使用情境測試：

- 在進行探索性測試時，同時注意到有沒有明顯可見的性能瓶頸。

- 在把一張情境卡片標示為完工前，務必確認它的性能指標有達到驗收標準了嗎？有自動化了嗎？有納入 CI 了嗎？

在發佈測試階段：

- 進行 E2E 應用性能測試，包括壓力測試、飽和測試，並針對測試結果持續改善性能，但進行測試的前提是要盡可能擁有與生產環境相近的測試環境。

到目前為止，您應該已經覺悟到，性能測試是一件需要付出巨大心力的事，並且一旦忽略，到後期才想亡羊補牢的話一定會多少影響到原本的交期。

本章要點

以下為本章要點：

- 糟糕的性能表現會對企業的收入帶來負面的衝擊，反之優秀的性能能夠增加轉換率，也就能賺更多錢。

- 一款應用的性能受到多種因素影響，有架構、第三方服務、網路頻寬、地理位置等等，這裡面有些又是時常在變動的，想要提升某一塊的性能但有時候又會顧此失彼，如此種種讓性能調整變成一項艱鉅的挑戰。

- 盡早開始監測性能指標（存在性（availability）、並行量／吞吐量、回應時間等）有助於避免在生產環境發生任何性能問題。

- JMeter、Gatling、Apache Benchmark 等許多工具都可以實現性能測試的左移。

- 在看待性能議題時，把前端部分獨立出來有其必要性，因為前端佔了影響載入時間的 80%。

- Google 的 RAIL 模型為定義前端性能指標提供了一個實用的框架。

- 在規劃性能測試案例時，要從用戶體驗出發，也要為不同條件的用戶展開不同的測試案例，例如不同的網路頻寬、不同的地理位置、不同的裝置性能等。

- 幫自己一個忙，在 CI 納入前後端的性能測試，不要讓系統發生任何的性能 surprise！

第九章

可用性測試

可用性，某些人需要，所有人受益。

—*W3C WAI*

網路已經成為每個人日常生活的必需品，從各方面皆然，我們用網路購物與配送、用網路溝通、用網路學習與吸收新知，如果少了網路的連接力、生產力、傳播力，令人難以想像要度過新冠肺炎會多麼艱難，網路是這麼必要，不論對任何人而言。對於要讓那些包括障礙人士在內的所有人也能使用網路的特性稱為可用性（*accessibility*），這裡所謂的殘疾人士包括視障者、年老者、文盲者，甚至包括正在開車的駕駛以及其他任何不方便使用網路的人，從網站開發的定義來看，可用性是使用性（*usability*）的一環，而如果從人道關懷（*humanitarian*）的觀點來看，可用性也是包容性（*inclusivity*）的一部分。

雖然可用性立意之初是為了讓行動不便者也能用上網路，但它也同時促進了應用對普羅大眾的便利性，我喜歡本章開頭的那句標語「某些人必要，所有人受益」，它來自W3C 的 WAI（Web Accessibility Initiative，網絡無障礙倡議）小組（*https://www.w3.org/WAI*），這段話彰顯了可用性的價值是遍及所有人的，無論是否身有障礙，簡單舉個例子，不論對誰而言，沒有人不喜歡乾淨、整齊、內容邏輯清楚、導引明確的版面，再舉個例子，簡單、易懂、指示明確的錯誤訊息也是當代應用的基本要求，對任何人而言都是如此，另外，在當今瞬息萬變的世界中，語音讓我們以更自然的形式與應用互動，這類應用的使用也正在普及，這些都足以證明可用性不僅是輔助障礙者，而是具有更廣泛的意義。

W3C 全名為 World Wide Web Consortium（全球資訊網協會），是由全球
資訊網發明者 Tim Berners-Lee 所領導的國際組織，成員來自各個組織代
表與個人，負責制定全球資訊網相關的產業標準，而其中 W3C WAI 負責
網路可用性方面的研究，也就是本章的主題。

從商業角度看，就購買力而言，障礙人士的群體規模相當於是全球第三大經濟體
（*https://oreil.ly/eIRVf*），因為世界上多達五分之一的人口都具有某種程度的肢體障礙，
由此更顯得可用性的重要以及投資價值。

更進一步說，可用性通常也是法規所要求的，根據聯合國身心障礙者權利公約
（Convention on the Rights of Persons with Disabilities，CRPD），取用網路在內的資訊
與通信技術應視為基本人權（*https://oreil.ly/v0RiB*），有許多國家根據此公約制定了網路
可用性方面的正式法規（*https://oreil.ly/3t0NH*），並且近年來針對違反這些法規發起的
訴訟（*https://oreil.ly/V9qld*）也時有發生，在 2017 年有首宗勝訴的案例，一名視障者控
告美國連鎖超市業者 Winn-Dixie，指控該公司的網站不支援螢幕閱讀器（儘管該判決最
終被推翻）。看過以上這些，如果您還沒有準備好可用性，那現在正是時候好好研究可
用性議題並做好支援的準備。

本章會帶您廣泛的認識可用性測試以及相關的測試工具，您會了解到所謂的可用性角色
（accessibility personas）、相關的工具與技術生態、螢幕閱讀器的工作方式，以及受多
國法規推行的網絡無障礙指南，您還會學習到網頁框架與支援可用性的議題，以及把可
用性測試左移的策略，最後的實務演練部分會談到自動化可用性稽核工具，您可以將其
納入持續測試之內，以強化自身網站的可用性。

關於行動端的可用性測試工具，會在第 11 章談到。

組成元素

讓我們來認識一下可用性用戶角色（user personas）以及他們的需求為何，然後會談談
可用性生態以及網路可用性指南。

可用性用戶角色

回顧一下所謂的用戶角色（user persona），是指具有共同特徵的分眾客群，我們在軟體專案中會設定不同的用戶角色，了解他們各自的需求，並在軟體開發的不同階段中逐步消化這些需求，滿足他們的需要。在此我們設定了一組與可用性相關的用戶角色，參見圖 9-1。

圖 9-1　可用性用戶角色

每個角色特徵如下：

- Matt，三十歲專業商務人士，但最近手受傷，不太能用滑鼠，只能用鍵盤做事。

- Helen，八十歲的退休教師，隨著年紀增長，她有辨色力不佳的問題，因此她需要更高對比的 UI，讓背景與前景在視覺上有更明確的分別，使圖片、連結、按鈕等元件都更凸顯於背景，通常這類需求也適用於色盲、色弱人士。

- Abbie，她是位有認知障礙問題的少女，她用網路學習，因此她需要乾淨簡潔的網頁版面，要有適當的標題、導覽列，也要有統一的導覽結構好讓她能更好的瀏覽網頁。另外一位 Fred（不在上圖內）他需要一邊開車一邊找附近的加油站，他也同樣需要乾淨簡潔的版面好讓他快速定位到畫面內的重點資訊。

- Connie，是視障也是門市店長，他需要文字轉語音以及語音識別，好讓他能瀏覽網路。

- Laxmi，她負責全天候照顧嬰兒，因此她也需要語音轉文字輸入，好讓她能用嘴巴發送訊息。

- Maya，軟體從業人員，她有肌肉協調性不佳的問題，因此她需要更大的文字、更大的按鈕等好讓她瀏覽網路，任何有閱讀及視力障礙的人士也會有跟她同樣的需求。

- Philip，他是位聾人，也是烹調愛好者，因此他需要字幕才能收看他最愛的烹飪節目。

- Xiao，他的母語是華語，擁有一間零售門市，他只學了幾個月的英語，因此他需要明確簡單易懂的英文，除他之外，有認知與學習障礙的人士也有同樣的需要。

綜觀以上，每個角色都具備不同程度的使用障礙，有視覺上的（完全或部分障礙）、聽覺上的、認知上的、肢體上的，也有暫時性的障礙人士，對於這些障礙人士，我們的目標是讓所有人都能如正常人一般的去感知、去理解、去導引、去互動。

可用性生態

要建立可用性，首先要了解可用性的相關生態，包括可用性相關工具與技術（不僅是網頁的技術），這些工具與技術將用於協助那些障礙人士與我們的應用進行互動，舉例來說，像前面的 Connie，他是視障人士，上網必須透過文字與語音的互轉技術，因此他需要文字閱讀器與語音命令的輔助，而別的角色也各有不同的需求，也都可能需要一些能幫他們操作電腦的外部輔助設備，而站在我們的立場，應該去思考該如何協助這些需要不同形式幫助的人，我們必須去了解障礙用戶有哪些輔助設備，以及這些設備是如何與使用者互動、如何與應用互動的，下面我們來檢視在可用性生態中，軟體開發應該要考慮的點：

網頁開發工具與實踐

毋庸置疑，HTML、CSS 等網頁開發工具應該本身就具有可用性的機制，像是把元素交給螢幕閱讀器朗讀之類的機制，而網頁開發框架也應該要有明確的方式讓我們得以使用這些特性。

用戶代理（*user agents*）

能表現網頁的工具很多，瀏覽器是其中之一，媒體播放器也可以是，這些工具都有各自的用戶代理，它們應該能根據自身的特性把網頁可用性的一面表現出來，或者與其他工具共同強化網頁的可用性，例如瀏覽器可以與螢幕閱讀器一同使用，讓螢幕閱讀器把網頁文字用語音的形式表達。

輔助科技

輔助科技指的是瀏覽器的外加工具，用戶可以透過輔助技術與瀏覽器互動，例如螢幕閱讀器、特製鍵盤、開關等等。

如上所示，這整個生態系中涵蓋了不同的工具與技術，透過運用這些技術，那些用戶角色才得以與我們的應用進行互動，這些工具之間功能或有差異，因此可能需要由我們應用端來補足，但輔助程度不一終究是難以避免的問題。

為了確保可用性的標準化，W3C 制定了一系列標準規範如下：

- *ATAG*（Authoring Tool Accessibility Guidelines，無障礙創作工具指南），用於規範 HTML 編輯器之類工具的無障礙標準。

- *WCAG*（Web Content Accessibility Guidelines，Web 內容無障礙指南），定義網頁內容的無障礙標準，這是我們開發者需要特別重視的一份標準。

- *UAAG*（User Agent Accessibility Guidelines，用戶代理無障礙指南），瀏覽器、媒體播放器工具的無障礙標準，以及輔助技術的相關指南。

以上這些標準都可以在 WAI 網站（*https://oreil.ly/Y9HzW*）找到，而身為開發方，我們後面會深入認識 WCAG 2.0，其中有許多與網頁內容（文字、影像、顏色、媒體等）相關的可用性規範，另外如前所述，許多國家／地區已為政府、公共和私營部門制定政策以強制執行 WCAG 2.0 標準。

範例：螢幕閱讀器

要了解 WCAG 2.0 的具體內容之前，我們要先了解輔助技術的運作方式，在此以螢幕閱讀器為例，這是視障人士普遍使用的工具之一，因為頗為常見，也是我們必要的測試項目。

螢幕閱讀器，顧名思義，它會讀取螢幕內容，然後以語音念出，而使用者以鍵盤操作，例如當聽到某個段落時，用戶可以按下 Tab、Tab+Shift、Enter 之類的按鍵來與網頁互動。

螢幕閱讀器朗誦的順序會依照頁面的**可用性樹**（*accessibility tree*）進行，它是與 DOM 頗為相似的結構模型，也以頁面元素構成，再加上其他屬性，如 role、id 等等，讓頁面變成口語上流暢且有意義的內容，

舉例來說，假設一個旅遊訂票網站有「從」和「到」兩個輸入框及一個搜尋鍵，那可用性樹的結構就應該也要如同我們正常的使用脈絡一般，先提示輸入「從」何地，再提示輸入「到」何地，最後再按下搜尋，此外，在建構可用性樹時，也可以視需要隱藏多餘的裝飾元素。

若要更認識螢幕閱讀器，建議可以親身感受看看，Google Chrome 有一款螢幕閱讀器擴充套件（*https://oreil.ly/S0Eie*），可以裝來試試看實際的感受，另外上面提到的訂票網站也有一個模擬視障效果的網站（*https://oreil.ly/nxusv*），畫面如圖 9-2，我們可以用它來體驗視障人士上網的感受，畫面中所有的內容都經過模糊處理，您可以試著用螢幕閱讀器和鍵盤來使用它。

圖 9-2　模擬視障效果的網站，內容都被模糊化

WCAG 2.0：指導原則與級別

如果您已經試了螢幕閱讀器，那太棒了！您應該可以相當具體的感受到它的工作方式，接著我們可以來深入認識 WCAG 2.0 了。

WCGA 2.0 制定了在編寫網頁內容時應具備的四大準則：*感知性*（*perceivable*）、*操作性*（*operable*）、*理解性*（*understandable*）、*穩固性*（*robust*），並且該標準還制定了許多更細部的合規標準，根據符合程度的不同，分為三個級別：

A 級

這是可用性的最低級別，符合此級別的網站僅具備最基本的可用性，例如把聲音和影片加上字幕、支援全鍵盤操作、不以顏色當作傳達資訊的唯一方式，符合 A 級的網站能讓我們的用戶角色能夠進行一般性瀏覽。

AA 級

此級別包含所有 A 級的特性及其他更加嚴格的標準，包括網站的色彩對比規範，此級別也是某些國家政策推行的最低標準。

AAA 級

此級別包含前面兩個級別的所有特性，再加上更多強化可用性的特性，讓網站真正達到對所有人都可用，舉例來說，影片必須有手語翻譯，能達到此級別者表示您是真真正正打從心底在乎您的每個用戶！

企業組織應視所在地法規要求達到特定的級別，但當然也可以追求更高的級別來服務更多用戶。

A 級標準

讓我們深入檢視 WCAG 2.0 中的最低級別 A 級標準的要求，然後我們會把這些要求轉換成具體的可用性測試案例。

> 此處談及的部分是為了讓讀者對可用性要求有概略性的認識，正式的規格書可見 W3C WAI 網站（*https://oreil.ly/k4cAv*）。

感知性（perceivable）

第一個原則是讓所有的用戶角色都能方便地訪問網站內容，唯有感知，才可意會，進而操作，這是可用性中最基本的需求，我們必須在頁面設計之初，就開始廣泛的設想，有沒有任何會妨礙用戶感知的問題，並盡早避免問題發生。

WCAG 2.0 具體的定義了感知性的詳細要求，如下所示：

- 所有非文字內容，例如圖片，都必須要有替代的說明文字，讓視障人士可以用螢幕閱讀器去了解圖片內容。

- 聲音或影片內容必須有替代的文稿及字幕（必須與影片同步），並且提供暫停、停止和控制音量的功能。

- 任何會在頁面載入後自動播放的聲音都必須要有地方能控制它的暫停、重播、音量。

- 網頁的資訊與結構必須是有層次的，例如章節標題之上應該要有頁面標題、要取適當的頁面標題和標題標籤等，這些層次讓螢幕閱讀器也能以有意義的順序念出內容。

- 網站導航說明不應僅依賴組件的外觀或其他感官特徵，例如形狀、顏色、大小、位置、方向或聲音，應避免使用「等到按鈕變綠」或「等到聽到嗶嗶聲」這樣的說明。

- 不要僅以顏色作為行動的指示、回應的提示，或畫面元素的區分，也要用對色盲者更友善的文字表示。

- 頁面的前景與背景應該要有足夠的對比，好讓色弱人士也可以清晰閱讀，具體的對比值也有規定。

操作性（operable）

達成最基本的要求之後，接著該思考的是如何讓所有用戶都能以感到適切的方式操作，像是按鈕除了滑鼠外，也應該要可以從鍵盤點按，此方面 WCAG 2.0 的具體的要求如下：

- 支援完整的鍵盤操作，讓用戶靠鍵盤就可以使用整個網站，並且用鍵盤瀏覽時，當下的焦點元素應該要以清楚、有對比的顏色標示。

- 提供用鍵盤前進、後退、離開某個區域的機制，例如用鍵盤就可以關閉彈出畫面。

- 讓用戶有足夠的時間閱讀完所有的內容。

- 避免出現閃動的內容，以及避免出現過多的動畫，這些可能引發令人不適的生理反應，例如癲癇。

- 提供跳過重複內容的功能。

- 有螢幕閱讀器時隱藏螢幕外的內容，譬如某個只出現在特定選取區的連結，可以讓它不要出現在螢幕閱讀器的閱讀動線中。

- 為連結提供詳細、有意義的文字。

理解性（understandable）

要完成一個動作可能涉及到多個元素以及動線，像是訂機票就會需要按很多步驟才能完成，但對於有障礙的用戶，我們應該盡可能讓這些動作簡單且直接，對此 WCAG 2.0 也有定義相關需求如下：

- 避免出現專業術語，盡量用簡單、有意義的文字，例如不要出現只有技術端才看得懂的錯誤訊息「034506451988 is invalid」，應該用凡人都能理解的訊息，像是「不正確的資料格式」。

- 必要時提供詞彙全稱和縮寫。

- 避免突然的破壞頁面脈絡（context）（如一次打開很多視窗），這會影響鍵盤的操作。

- 如果用戶有設置字體等偏好，不要任意變更他的樣式。

- 賦予元件清楚、明確的標示，好讓用戶正確地採取行動，例如 email 框就應該標示為「Email」，並且給出像 *example@xyz.com* 這樣的範例。

穩固性（robust）

最後一點，我們應該保持內容的穩固，穩固意指能支援多種形式的用戶代理或輔助工具，例如螢幕閱讀器，但螢幕閱讀器並非唯一的輔助工具，還有其他各種形式的輔助工具存在，它們會以各自的特性取用我們的內容，而 WGCA 2.0 也針對此需求制訂了統一的規範：

- 網頁原始碼的標記語言應該要符合標準規範，例如要有開頭標籤、結尾標籤，ID 必須是唯一值，不可重複，原始碼編寫的越正確，輔助工具也就可以更正確的解析內容。

- 原始碼內的所有元素，包括由程式動態生成的，都應該要有給輔助工具用的屬性，包括 name、role、狀態等等（例如 role="checkbox"、aria-checked="true|false"），如果狀態有變動，也要即時更新，讓螢幕閱讀器能感知到元素狀態的變化。

> ## WAI-ARIA（WAI- 高可用的多樣化網路應用，
> ## WAI-Accessible Rich Internet Applications）
>
> 前面我們認識了螢幕閱讀器，知道它會把網頁內容以可用性樹（accessibility tree）的形式用念的講出來，但有些應用有複雜的互動，這類客製元件會讓輔助工具難以解析，因此這類元件都必須要加上更多的屬性（*https://oreil.ly/hBj6R*），包括類別、狀態、行為等，好讓輔助工具能理解它，舉例來說，標準 HTML 的 `<input type="checkbox">` 會被當作一般的勾選框，用戶也可以很直觀的正確操作它，點一下就是選擇，然而如果是客製元件，它可能會拿 `<li>` 加上一些 CSS 裝飾讓它看起來像是個選取框，像這種元件如果要讓輔助工具正確解讀，就必須加上一些額外的屬性。
>
> WAI-ARIA（*https://oreil.ly/cSH9c*）提供了一系列能讓輔助工具能更好理解網頁元件的屬性（roles、aria-checked 等等），我們在編寫網頁時必須遵循此規範，這些 ARIA 屬性會被納入可用性樹中，而輔助工具也將能更好的理解元件的特性。

以上即為 A 級的基本要求，另外新版的 WCAG 2.1 又增加了一些額外的要求以達成更好的可用性，如果您需要追求對新版本的合規性，可以參閱官方文件（*https://oreil.ly/5LUcS*）。

支援可用性的開發框架

許多開發框架本身就支援了前面談及的那些可用性特性，像是 React，它可以在組件內編寫原生 HTML 屬性，也因此可以自行添加可用性屬性，建構出一個高可用性的網站，另外像是 Angular，該團隊有維護一套 Angular Material UI 元件庫，這些元件也都預先做好了可用性支援，最後是 Vue.js，它同樣能在元件內編寫標準的 HTML 可用性屬性。除開發框架外，後面我們也會見到專門的自動化可用性稽核工具，它會檢查 HTML 中有沒有遺漏的可用性標籤，所以對於可用性支援，不用擔心會增加太多負擔，依靠手邊的工具就可以輕鬆的做出高可用的網站！

可用性測試策略

從前面的可用性標準要求可以明顯看出，最好在專案建立之初就把這些要求納入考量，並且在後續的開發階段中持續優化，而不要在最後的測試階段才來想辦法支援，以 A 級

標準為例，簡單、一致的導航列、影片字幕、有意義的錯誤訊息、對比足夠的圖片等特性都是在產品設計階段就要納入規劃的，很難在開發或測試期間才想說要傷筋動骨的加這個加那個，所以對於可用性支援的第一步，就是先設定一些可用性用戶角色，就像本章前面做的那樣，並且為每個角色制定他們的情境與需求，而後當我們在討論某項特性時，再把這些用戶角色抓進來，看看該特性是否能為他們所用，而這種開發模式也是可用性測試左移的具體實現。

圖 9-3 展示了在軟體開發流程中，可用性測試左移的各階段實現方法，在後面的章節我們會深入探討其中的重點項目，以及實際的演練。

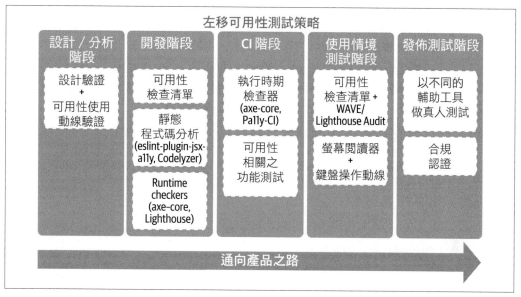

圖 9-3　左移可用性測試策略

使用情境內的可用性檢查清單

在 WCAG 2.0 的諸多規範之中，有一些是適用於所有整體網站的通用性要求，像是把圖片加上替代文字、支援鍵盤瀏覽、替網頁加適當的標題等等，這類通用要求可以整合成一套檢查清單，讓開發端與測試端在工作時可以對清單內之項目逐一清查，下面我們準備了一份通用的檢查清單，您可以以它為基礎再添加自身應用的特有需求。

- ❏ 檢查瀏覽器中的頁面標題,頁面標題文字都會呈現在瀏覽器頁籤上,該文字應該要能清楚的呈現當前網站中頁面的主題。

- ❏ 檢查頁面結構,確保有適當的元素屬性與層次,把 CSS 關掉,看看拿掉樣式後頁面內元素之間的邏輯順序是否合理,合理的順序有助於螢幕閱讀器正確解讀頁面,此外 Chrome 的 DevTool 也有可用性樹檢視的功能,能檢視那些輔助工具讀取到的頁面結構。

- ❏ 檢查以鍵盤瀏覽的可行性,也要看以鍵盤對頁面元素賦予焦點時的樣式是否足夠明確,以及測試以鍵盤進行前一頁、後一頁、離開操作的可行性。

- ❏ 檢查錯誤訊息、標籤、連結等任何文字,確保文字有傳達出正確的意圖。

- ❏ 檢查當變更文字大小時頁面內容的可閱讀性,包括從作業系統做全域性變更後檢查,以及瀏覽器自身的文字縮放功能變更後檢查。

- ❏ 檢查以灰階顯示時的可閱讀性,Mac 可以在系統設定→輔助使用→顯示器→灰階開啟灰階濾鏡。

- ❏ 檢查影音內容是否有附上字幕,並且確認字幕的正確性以及有與影音同步。

- ❏ 檢查圖片的替代文字有沒有正確表達圖片的含意,可以透過把圖片關掉來執行此項檢查(以 Chrome 為例,到設定→網站設定→圖片→禁止網站顯示圖片),如此網站就只會呈現圖片的替代文字了。

- ❏ 檢查螢幕閱讀器唸出來的網頁動線正確且意思也是正確的,以及確定用戶可以透過螢幕閱讀器完成操作。

自動化可用性稽核工具

上列的檢查清單中,有一部分項目是必須要人工進行的,像是灰階檢查、縮放檢查、替代文字語意檢查等等,而其他一些則可以用自動化工具代勞,這類工具會對 HTML 結構做檢查,去確認是不是有遺漏的可用性標籤,在開發期間,運用自動化工具能幫我們省下大量的人工時間,同時也確保了持續測試的可行性。

這類工具主要有兩種形式，靜態程式碼分析器以及執行時期（runtime）檢查器，其中一款 eslint-plugin-jsx-a11y（*https://oreil.ly/xsw0H*）是 React 的程式碼檢查工具（lint tool），它是 ESLint 的外掛，用於檢查 JSX 元件是否有符合可用性標準。另外一套 Codelyzer（*https://oreil.ly/xjLFv*）也是類似的可用性檢查器，它針對的是 TypeScript、HTML、CSS，以及 Angular 元件，這類檢查工具都是在開發階段使用的，在編寫程式時就會立即對當前文件的可用性狀態給出提示，而另外一類則是執行時期檢查器（包括 axe-core、Pa1y CI、Lighthouse CI 等，後面我們也會談到這幾個工具），這類工具則是在開發後使用的，檢查的對象則是真正的網頁而非原始碼，這類工具可以在本機執行，用來確認每則情境卡片的可用性程度，也可以放在 CI 來檢查所有的提交。

除了專門的可用性測試工具，您也可以在功能測試上加入一些可用性方面的測試，像是檢查影音有沒有字幕、錯誤訊息有沒有意義等等，這些都是可以以功能測試的形式驗證的可用性特性。

手動測試

手動測試是可用性測試重要的一環，如同前面所說，那些自動化工具只會檢查 HTML 結構，而前面那些檢查清單的項目也都是一些概略性的原則，真正要做到實際的可用性檢查還是要靠人工進行，例如螢幕閱讀器和鍵盤的可用性就還是必須得依賴真人實測，所以在手動測試時，我們整理了一些需要特別關注的點，下面以不同的測試階段或範圍做說明：

情境測試

進行手動情境測試時，確保前述檢查清單之項目在每個頁面上都有效，另外此處可以結合一款 WebAIM 開發的免費線上工具 WAVE，它會根據 WCAG 2.0 標準找出頁面中的可用性問題，但它並無法完整的驗證頁面是否符合 WCAG 2.0 的全部規範，僅針對視覺層面的問題提出警示，但仍然可以很有效地找出我們可能沒有注意到的問題，此外還可以使用另一款工具 Lighthouse，這是 Chrome DevTools 內建的工具之一（前一章提過），也可以用來做可用性方面的稽核，這兩項工具也都會在稍後的內容再次提到。

功能測試

雖然在情境測試階段我們就做了可用性測試，但當功能完成時，還是需要再做一輪手動測試，以確保整個功能都可以在沒有滑鼠的情況下以鍵盤操作，以及螢幕閱讀器也都要能給出正確的語音指引，如此可以確保整體應用中所有的功能都有良好的可用性支援。

在測試鍵盤操作時，可以按 Tab 和 Tab+Shift 鍵來向前或向後定位網頁內元素，並按 Enter 選擇，還可以利用鍵盤的上下鍵在下拉清單中選定項目，在測試時，要注意到定位到的焦點元素是否有明確且清楚的標示，而在測試螢幕閱讀器時，則可以使用前面提過的 Chrome 擴充套件來協助進行。

透過這些測試，我們得以確保從端到端（end-to-end）的可用性特性。

發佈測試

最後，在某一版發佈的功能都完成之後，建議用人工跑一次可用性測試，並且最好請到真正的障礙人士來試用，不同的障礙人士各有自己的輔助工具，藉由他們的試用，我們可以得到最真實也最即時的反饋，這有助於我們在提交合規認證前能夠自我檢視可用性的完成度，我們可以到 UserTesting（ *https://www.usertesting.com* ）網站發佈需求，這是遠端測試的媒合平台，在此可以找到適合的障礙人士來為我們進行測試。

合規認證

當網站一切都準備好，就可以請 WCAG 標準專家來為我們做合規性評估，此處的專家或認證並非來自某個特定的機構，我們自身組織內也可以培養出熟悉 WCAG 標準的專家，或者也可以聘用外部顧問，他們都可以負責最終的評估工作，並且給予合規認證。

綜觀以上，因為整體網站的每一個頁面的每一個元件都要有可用性支援，要消化如此龐大的工作唯一有效的方法只有把可用性左移，因為我們不可能在最後一刻才全面翻盤去為所有的元件加上可用性支援。

演練

前面的章節中我們提到了幾個不同的可用性稽核工具，而在此我們會對其做實際的演練。

這些可用性稽核工具會幫我們檢查 HTML 結構的完整性並回報問題，像是檢查有沒有關閉標籤、有沒有替代文字、表單元素有沒有文字標籤、ID 是不是唯一的等等，對於結構面的檢查非常好用，但是這些工具終究無法完全替代手動測試。

WAVE

WAVE 是一個線上的可用性評估工具，我們可以用它來檢查網頁是否符合可用性標準，它會以排除 CSS 樣式的方式對頁面結構進行測試，並且會檢查如顏色對比度、lang 屬性是否有設定等各方面的可用性特性，然後回報找到的問題，這是一款免費且容易使用的工具。

工作流程

依下面流程使用 WAVE：

1. 打開 WAVE 網站（*https://wave.webaim.org*）。

2. 在「Web page address」框輸入您的網站的 URL，或者用 WAI 準備的示範站（*https://oreil.ly/qwuer*），這是一個故意做成缺乏可用性的示範站。

3. 按下箭頭圖示，開始進行稽核。

圖 9-4 展示了示範站的稽核結果，在 Summary 頁籤中，列出了 3 個結構元素、6 個特性，而錯誤標示與警示則有 37 個、顏色對比錯誤有 2 個，在右邊的頁面區塊可以看到代表失敗、成功、警示的圖標。

圖 9-4　WAI 可用性不佳的示範站的 WAVE 稽核報告

點選下一個 Details 頁籤可以看到更詳細的錯誤資訊，如圖 9-5。

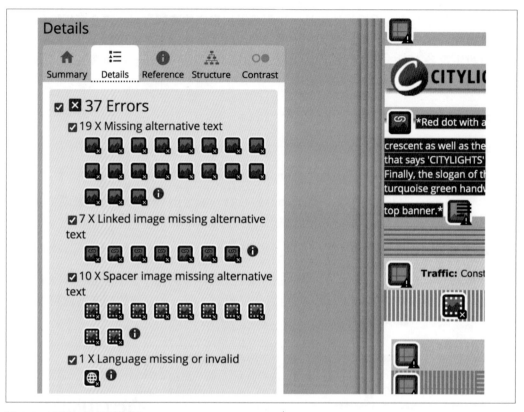

圖 9-5　WAVE 的錯誤資訊

此示範頁中有 19 張圖片沒有替代文字，7 張圖片型連結也沒有替代文字，10 張填空圖片也沒有替代文字，並且有 1 個有問題的語言屬性，在錯誤資訊區中的圖示，也可以在右邊的頁面區找到相應的對照，讓我們比較好去定位問題點以及除錯。

接著我們來看頁面結構，從左側的資訊區塊上方可以切換 CSS 開關，點選 Structure 來檢視頁面結構的分析結果，如圖 9-6 所示，一旦樣式關掉，就會有文字重疊的問題，使頁面難以閱讀，除此之外，頁面也缺乏適當的層次、標題、導覽列等，主要內容區塊也難以辨別，像這樣的網頁就是低可用的。

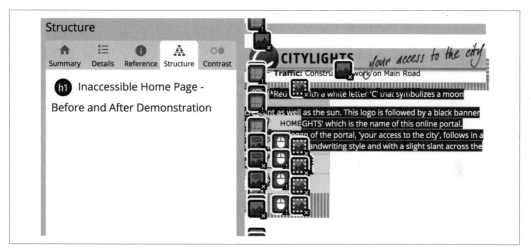

圖 9-6　在 WAVE 關閉頁面樣式進行結構分析

接著看另一個可用版示範站（*https://oreil.ly/EEMv7*）的表現，這是同一個網站，但補完可用性特性的版本，您可以看到此網站的頁面結構與層次都相當完善，如圖 9-7。

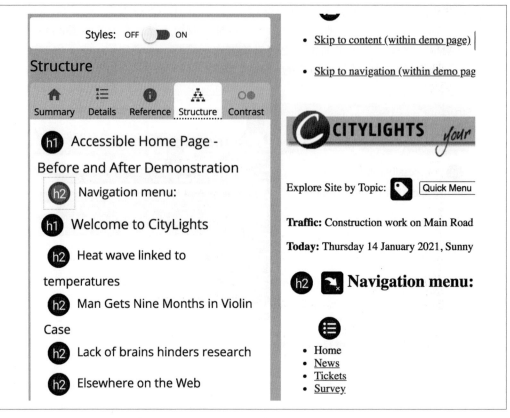

圖 9-7　在 WAVE 對高可用示範站的頁面進行結構分析

在這樣可用性設計良好的網站，您可以看到它的內容順序是明確的，並且導航列的編排層次也是明確清楚的。

Lighthouse

如果網站還沒有公開發佈，那 WAVE 是用不了的，這種時候可以改用 Google 的 Lighthouse，這是 Chrome 內建的工具，可以用來稽核本機網站。

工作流程

跟著下列步驟看 Lighthouse 的使用方式：

1. 用 Chrome 打開 WAI 的可用性不佳的示範站（*https://oreil.ly/qwuer*）。

2. 開啟 Chrome DevTools，在 macOS 可以按 Cmd-Option-I 開啟，在 Windows/Linux 按 Shift-Ctrl-J 開啟。

3. 進入 Lighthouse 頁籤，選 Accessibility（協助工具）項目，如圖 9-8，並按「Generate report」。

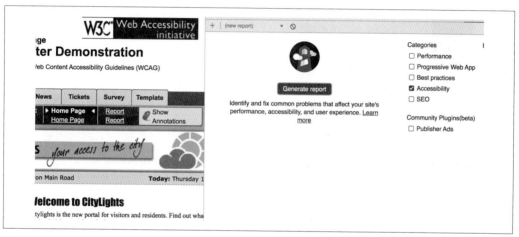

圖 9-8　用 Chrome DevTools 的 Lighthouse 產生可用性報告

稍待一下報告就會生成，如圖 9-9。

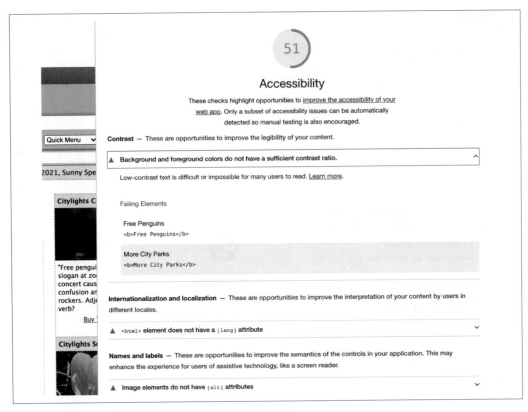

圖 9-9　Lighthouse 針對 WAI 示範站的可用性稽核報告

如您所見，報告中的問題點與 WAVE 相當類似（都有兩個顏色對比問題，以及遺漏 lang 屬性問題），報告內也有標示出原始碼中出問題的行號，方便我們除錯，另外也提供外部參考文件，讓我們知道怎麼做比較正確，在報告的最上方有一個綜合分數，從分數能直接感受到該網頁的可用性好壞，而在報告最底則有一份檢查清單（「Additional items to manually check」），裡面是一些額外的項目，這些項目也都有附上外部參考文件，讓我們在手動驗證時能有所依據。

Lighthouse Node 套件

Lighthouse 的 Node 套件和 Chrome DevTools 內的幾乎一模一樣，只差在可以直接從命令列執行，因此可以很方便的把它與 CI 整合，也就能根據我們的需求自行配置測試與產出報告的時機。

工作流程

依照下列步驟在命令列使用 Lighthouse 的可用性稽核功能:

1. 假設您已經裝了 Node.js (*https://nodejs.org/en/download*),執行下面命令安裝 Lighthouse:

   ```
   $ npm i -g lighthouse
   ```

2. 用以下命令來進行稽核:

   ```
   $ lighthouse --chrome-flags="--headless" URL
   ```

預設會在當前目錄下產生 HTML 報告,如圖 9-10。

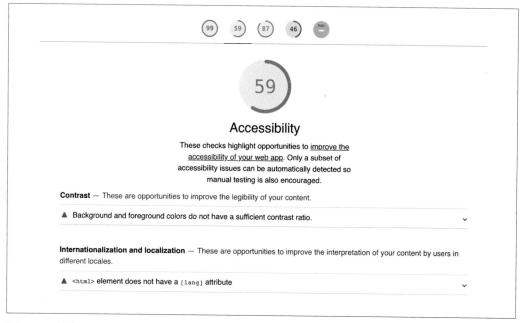

圖 9-10　針對 WAI 可用性不佳示範站的 Lighthouse CLI 報告

您可以把每次驗證產出的 HTML 報告納入 CI 的產出物中,另外您也可以配置當綜合分數低於某下限時就觸發建置失敗。

其他測試工具

還有一些也頗常用的可用性測試工具，包括 Pa11y CI 與 axe-core，下面來看看它們有哪些功能。

Pa11y CI Node 套件

Pa11y CI（*https://github.com/pa11y/pa11y-ci*）是一款開源的命令列工具，以 Node 套件的形式發佈，它可以針對多個 URL 進行可用性稽核並產出報告，類似前面介紹的 WAVE 與 Lighthouse。要對多個網頁進行檢測，可以在配置文件中的 urls 區塊內填入網址，如範例 9-1，或者也可以在命令列以 --sitemap 選項以及 sitemap XML 文件的方式執行。您可以把 Pa11y CI 加入 CI，讓它在 CI 的建置階段執行，也可以讓它在另一個獨立的階段執行。

> Accessibility（可用性）有時會簡寫為 *a11y*，
> 表示「a-[中間十一個字母]-y」。

範例 9-1　Pa11y CI 配置文件，檢測目標為 WAI 的兩個示範站

```
{
    "defaults": {
        "timeout": 1000,
        "viewport": {
            "width": 320,
            "height": 480
        }
    },
    "urls": [
        "https://www.w3.org/WAI/demos/bad/after/home.html",
        "https://www.w3.org/WAI/demos/bad/before/home.html"
    ]
}
```

這個工具的配置文件中支援設定將結果判定為失敗或警告的界限值，也支援設定稽核時的畫面大小，以及頁面載入時間的上限。

Axe-core

根據 axe-core 在 GitHub 的文件（*https://oreil.ly/Whu2x*）指出，axe-core 平均可以找出 WCAG 的 57% 的問題，axe-core 支援多款瀏覽器，包括 Microsoft Edge、Google Chrome、Firefox、Safari 以及 IE，另外也有許多以此工具為基礎的應用，像是 Java Selenium WebDriver 就有與之整合的應用，可以把 axe-core 加成 Maven 依賴套件，另外像是 Cypress，也有一個 `cypress-axe` 套件可以使用，在前端框架方面，也有 `vue-axe` 以及 `react-axe` 可以用來測試前端元件的可用性。

Axe-core 提供可用性稽核 API，我們可以在功能測試案例中去呼叫它進行可用性測試，例如可以呼叫它的 `run()` API 來對當前頁面進行可用性稽核，如果失敗則會拋出錯誤，所以基本上，我們可以像其他功能測試一樣，在可用性測試案例中加入斷言來對測試結果進行評斷。

總結以上，我們認識了相對獨立的可用性測試工具，這類工具適合放在 CI 的建置階段或其他階段來進行可用性稽核測試，我們也認識了另外一種工具，它比較適合與功能性測試一同進行，無論您的選擇為何，重要的是堅持持續測試的落實，以便在開發前期就獲得可用性方面的反饋。

所有我們在可用性上的努力，最終都將化為回報，讓 Matt、Fred、Helen、Laxmi、Connie、Xiao、Abbie、Maya、Philip，以及您自己都能享受到方便好用的網站。

觀點：可用性文化

本章所談及的可用性都圍繞著網頁應用展開，但可用性所涉及的不僅止於網頁，它是一種文化意識，一旦具備可用性意識，我們就會開始問自己：這封信發出去，如果少了圖片替代文字，那會不會有人沒辦法看？簡報字放這麼小，會不會有人看不到？我是不是應該用簡單白話的字詞代替艱澀的詞彙好讓所有人都能看懂？經過本章之後，我確信讀者心中都有了這些問題的答案。

本章要點

以下為本章要點：

- 可用性對某些人需要，對所有人都有所受益。

- 障礙人士數量相當於全球第三大經濟體，憑藉如此強大的購買力，可用性也因此帶來龐大商機。

- 許多政府都有強制性的可用性規定，可用性也是法規要求的項目之一。

- W3C WAI 制定了讓軟體開發者得以遵循的 WCAG（Web Content Accessibility Guidelines，Web 內容無障礙指南），我們在開發期間可以參考此規範進行可用性設計。

- 可用性生態是廣泛的，不只有網頁相關的工具與技術，建議親自使用障礙人士的輔助工具，像是螢幕閱讀器，透過親身感受能更好的去思考如何做出更高的可用性。

- 我們應該在開發階段的初期就把可用性納入考量，如果拖到最後才改會是一場噩夢。

- 許多框架都已經內建可用性特性。

- 可用性測試也可以左移，方法包括檢查清單、自動化靜態程式碼檢查、執行時期檢查等等，工具則有 Codelyzer、Pa11y CI、Lighthouse、Wave、axe-core 等等。

- 可以去找外包的測試服務或平台來做用戶測試，那裡可以招募障礙人士來為我們的可用性測試並取得立即的反饋。

第十章

跨功能需求測試

了解跨功能需求才能真正了解品質！

在設想應用需求時常常我們只會想到功能面，試圖用豐富的功能為應用與用戶添加價值並賺取金錢，功能面的需求代表了我們能提供的核心價值，例如叫車應用的核心功能就是讓用戶能在應用中預約載客車輛，又或者網路銀行的核心功能之一是支付，然而要做一款成功的應用，只滿足功能面是不夠的，以叫車為例，如果叫個車要等五分鐘才能看到有沒有車，那我們何必找自己麻煩？去招計程車還比較快，或者是功能都很正常，但就是步驟太多也是個麻煩，這種對用戶不友善的設計也是早晚會把用戶趕跑，另外一種例子，如果發現某個應用暴露了過多的個資，那同樣地，用戶也會想跑，以上這些例子說明了跨功能需求（cross-functional requirement，CFR）的必要性，它會讓應用更完整，更重要的是能讓應用具備更好的品質。

跨功能需求是每個功能特性中所必不可少的部分，以叫車應用為例，在功能特性以外，跨功能需求可以是：必須在 x 秒內回應、一項操作最多只能有 n 個步驟、個資的傳輸與保存必須保證加密，唯有在完整考量跨功能需求後，一款應用才有可能在市場上成為強勁的競爭者。

其實我們在前面的章節也有談到一部分的跨功能需求（性能、安全、可用性、視覺、資料等等），但在本章我們會以更全面的角度檢視跨功能需求的種種，我們會談到跨功能需求的測試策略，讓測試帶給我們經常性的品質反饋，我們也會談到一些跨功能需求的測試方法與工具，讓我們能更好的進行跨功能測試。

組成元素

在第 1 章，我們談過所謂品質在營運端與用戶端有著不同的看法，它們有著彼此各自在乎的品質特性，這些品質特性可以視為跨功能需求看待之，表 10-1 列出了三十項常見的跨功能需求以及它們的定義與範例。

表 10-1　跨功能需求與定義清單

跨功能需求	定義
可用性 Accessibility	讓障礙人士使用系統的能力，參見第 9 章，例如讓應用對螢幕閱讀器有良好的支援。
存檔性 Archivability	系統儲存與取得事件（event）和事務（transaction）的能力，像是保留顧客的購買紀錄。
稽核性 Auditability	透過紀錄（log）或資料庫，讓系統得以保留事件並讓人得以追溯過往事件的能力，參見第 7 章，此特性讓我們得以抵禦行動否認類的詐欺攻擊。

跨功能需求	定義
身分認證 Authentication	系統管控只讓經過認證之用戶使用的能力，典型的例子就是登入後才可使用各項功能。
授權 Authorization	系統能根據權限來允許或禁止使用特定功能的能力，例如想要看銀行帳戶細節只限有該權限的銀行員工。
存在性 Availability	系統能維持對外持續提供服務的時間，參見第 8 章。
相容性 Compatibility	兩個系統能無縫接軌地運作而不發生問題的能力，例如新版本與舊版本之間的相容性（也就是向前相容性）。
合規性 Compliance	符合法規或產業標準的能力，如 WCAG 2.0。
配置性 Configurability	可以透過變數改變系統行為的能力，例如配置來決定多因素認證的可用類型。
一致性 Consistency	在分散式環境中，系統能產生一致結果，並且不遺漏資訊的能力，例如在社交媒體中，貼文留言能以正確的順序顯示，不因當前用戶的所在地而不同。
延展性 Extensibility	系統能植入新特性的能力，例如加一個新的金流外掛。
安裝性 Installability	系統能安裝在特定平台的能力，例如安裝在作業系統，或者安裝在瀏覽器內。
互通性 Interoperability	與外部應用互動的能力，例如員工管理系統可以與保險系統、薪資管理系統、績效評估系統互相串接。
本地化／國際化 Localization/ Internationalization	能為不同區域的用戶提供當地語言與用戶體驗的能力，例如 *amazon.de* 為德語用戶提供服務，此特性常被簡寫為 l10n/l18n，就像 a11y 一樣（參見第 9 章）。
維護性 Maintainability	應用易於維護、程式可讀性好、測試可讀性好的特性，例如程式方法的命名都是富有意義的。
監控 Monitoring	系統能蒐集運行資料，並且在錯誤發生時或某一指標超出界限時觸發警示的能力，例如主機掛掉就發送警示通知。
觀測性 Observability	透過監控系統進行分析的能力，可用來對系統除錯或對應用行為進行洞察，例如可以知道以日或週為期間，每個功能的使用狀況。
性能 Performance	系統能在尖峰時刻依然能即時回應用戶請求的能力，例如在叫車的尖峰時刻依然能在 x 秒內告訴用戶目前的配車狀態。
移值性 Portability	讓應用能在新環境運作的能力，例如換了別的資料庫系統也能照常運作，或者換了別的雲平台也能照常運作。
隱私 Privacy	保護用戶隱私與個資的能力，例如把信用卡資料先加密再存入資料庫。

跨功能需求	定義
恢復性 Recoverability	系統故障後能恢復的能力，例如自動化資料備份機制。
可靠性 Reliability	系統容錯、持續運行、維持資料正確性的綜合能力，例如常見的重試機制，當網路或其他暫時性錯誤發生時就可以透過重試機制處理。
報表 Reporting	以既有資料產生具有意義的報表的能力，包括營運端或用戶端的報表，例如 Amazon 讓用戶產生歷史訂單報表。
復原性 Resilience	處理錯誤與離線系統的能力，例如導入負載平衡，讓請求可以由負載平衡器送到還在線上的服務，或者等到服務上線再次傳送。
重用性 Reusability	讓既有程式或服務能為新功能所用的能力，例如在企業級應用中，多個套件中可以重複使用同一元件的特性。
擴展性 Scalability	系統能擴展到更多區域或是容納更多用戶的能力，例如雲平台都有的自動擴展功能，此功能確保了當負載變大時得以擴展擁有更多運算資源。
安全 Security	防止弱點暴露與防止潛在攻擊的能力，相關的工具與方法參見第 7 章。
支援性 Supportability	幫助新開發者著手進行開發或者新用戶開始使用應用的能力，例如把底層設置過程自動化以及測試自動化。
測試性 Testability	系統以不同的測試案例與實驗進行測試的能力，例如建立第三方服務的模擬體（mock）來對系統進行整合測試。
使用性 Usability	系統提供優良的用戶體驗，令操作富有意義且直覺、簡單的能力，例如在介面上提供統一的導航區。

在此清單以外當然還有其他跨功能需求，總而言之，這些跨功能需求，或者這些以 -lilities 結尾的項目，有時被視為一款應用的**執行品質**（executional qualities）與**進化品質**（evolutionary qualities），執行品質代表應用在執行時期的行為品質，例如存在性、身分認證、監控等，而進化品質則是在程式碼層次的品質特性，例如維護性、擴展性、延展性等等，一旦應用缺乏執行品質，終端用戶與自家的營運團隊會首先受到影響，而如果應用缺乏進化品質，則會是開發團隊自己先受到影響，然後問題才會蔓延到營運團隊，舉個例子，如果系統無法使用，那最先受影響的是用戶，而如果問題是程式碼維護性差，那最先感到困難的會是開發團隊，然而也會導致後續的生產力下降的問題，進而影響到整個產品，總而言之，我們應該要盡力避免任何的品質問題發生，因此建議把這些跨功能需求在開發之初就納入考量，並且也設立相關的測試案例，讓它們像功能性需求一樣，可以經常性的被測試，並且經常性的取得反饋。

為了達成上述的目的，我們接著來談談跨功能測試的策略規劃。

跨功能測試策略

下面會談到 FURPS 模型，這是一種用於把軟體需求分類的模型 [1]，首先我們會用此模型來為跨功能需求建立高層次的測試策略，FURPS 分別代表 functionality（功能性）、usability（使用性）、reliability（可靠性）、performance（性能）、supportability（支援性），說明如下：

Functionality（功能性）

此分類為與用戶使用流程相關的需求，例如登入流程、叫車流程、訂票流程等。

Usability（使用性）

此分類為與用戶體驗相關的需求，例如視覺品質、瀏覽器相容性、可用性、易用性等等。

Reliability（可靠性）

此分類為讓應用具備一致性、容錯性、恢復性的相關需求。

Performance（性能）

此分類為與前後端性能指標相關的需求，參見第 8 章。

Supportability（支援性）

此分類為與進化品質相關的所有特性，包括維護性、測試性、程式碼安全等等。

我們可以用這套模型把表 10-1 的跨功能需求做多面向劃分，舉例來說，第 9 章談到的可用性，其中的影音字幕就可以以功能性測試的形式來驗證，因此這方面的功能性測試既滿足了功能面的需求也滿足了使用面的需求，又例如安全性，可以以功能性測試的形式去驗證身分認證機制，也可以從設計面就在程式碼導入某些安全最佳實踐。

本章節會從前述五個面向討論它們的測試策略，參見圖 10-1，而對於讀者自身專案的跨功能需求，也可以依照本節的概念把需求解構成這五大面向，並且為它們施用適合的測試方法與工具。

1　此模型由 HP 所開發，並見於 Robert Grady 之著作《Practical Software Metrics for Project Management and Process Improvement》（Prentice-Hall 出版）。

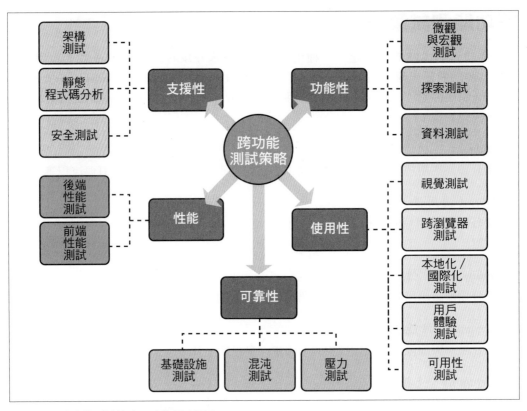

圖 10-1　跨功能測試策略，分為五大面向

功能性

對於功能性的跨功能需求，我們可以用第 2 章、第 3 章提到的手動自動功能測試的工具與方法來進行，例如 Postman、Selenium WebDriver、REST Assured、JUnit 等都可以用來測試這類的跨功能需求，也可以用第 5 章提過的資料測試工具來進行。

要特別一提的是，如果是與合規有關的測試，例如 PSD2 或 GDPR 相關的身分認證機制測試，那最好在設定需求與測試前弄清楚應遵循的標準或法規，並且最好與公司法務一同進行，關於這部分，本章後面（見第 291 頁之「合規測試」一節）還會再提到。

使用性

為了能有系統地進行使用性測試,我們把使用性再解構成幾個部分,包括視覺品質、跨瀏覽器相容性、本地化 / 國際化、用戶體驗設計,以及可用性等,其中視覺品質、跨瀏覽器之測試工具與方法已經在第 6 章討論過,而可用性測試則見於第 9 章,其他的部分在此介紹:

本地化 / 國際化測試

本地化測試可以以多種方式進行,如果 UI 外觀會根據不同地區而變化,那應該以視覺測試的形式進行,如果外觀不變,只有語言、日期、貨幣變,那可以以單元測試或手動測試的方式進行,舉例來說,可以用一個單元測試去比較不同的語系檔,看有沒有遺漏的字串,不過要注意的是,不同語言會導致字串長度不一,有時候會使 UI 破版,這種狀況就要用視覺測試來捕捉問題。

如果要以手動方式測試語言文字相關的需求,最好依循最佳實踐步驟才能避免無謂的測試重工,第一步是請懂得目標語言的人來確認文字意思的正確性,包括所有元件與訊息中的文字,確認意思正確後,交給產品負責人或其他有權限的人進行批准,接著把這些確認過沒問題的文字寫入情境卡片,讓開發與測試都有所依據,這是常常被忽視的一步,一旦忽視,開發者往往就會直接用現成的機翻文字填入,這也導致前面的確認動作浪費了,後面程式做完又要再一次驗證文字的正確性。

要留意的是,因為前面提過,不同語系文字可能讓 UI 破版,如果把本地化測試拖到發佈前才做,那相對的風險就是破版的問題可能會很晚才發現。

不要以前端功能測試來驗證所有的文字,因為這種測試跑得太慢了,對於多語系應用,如果會因為語系不同而使操作流程有所不同的話,才適合以前端功能測試來驗證不同語系下不同的使用流程,此時我們可以把測試字串與斷言以參數化的形式帶入不同語系下的文字,這使得相同的測試案例可以被不同的語系共用,並且這樣的測試配置也符合前面所提的測試金字塔模式。

用戶體驗

用戶體驗概括了一款應用中所有與設計有關的面向,例如介面有多直覺、做某件事過程要點幾下、圖示能否表達它背後的涵義、應用的配色是否有迎合受眾的偏好等等,這些都是在專案立案之初就要先行研究的,並融合出一套應用專屬的設計原則,以筆者經手過的零售商行動端應用為例,我們發現義大利用戶特別偏愛鮮紅色這類亮色系的顏色,所以我們就為應用設計了亮色系的配色以迎合用戶的口味。

一般來說，每個手動測試情境中都應該納入與用戶體驗相關的驗證，我們可以參考 Nielsen Norman Group 所給出的十條使用性原則（*https://oreil.ly/pPfpY*）來進行，多數情況下，這類測試會由產品負責人與 UX 設計師兩兩一組搭配進行，此外也可以運用 UserZoom、Optimal Workshop 之類的工具來讓真人用戶對產品原型做測試，以我個人經驗來說，只要能定期蒐集不同受眾的反饋，都可以顯著改善產品設計。

A/B 測試是另一種用戶體驗測試，它可以在生產環境取得真實且即時的用戶反饋，雖然它名為測試，但實際上它更像是實驗，它會把訪客分為兩組，分別導流到不同版本的設計介面上，然後收集用戶在不同版本下的行為，如此可以讓產品團隊知道哪款設計更受用戶歡迎或者成效更好，並以該設計作為最終發佈之版本，舉例來說，可以做個簡單的實驗，測試用戶比較喜歡紅色的銷售鈕還是藍色的銷售鈕，我們分別設計了兩種版本，並透過測試機制把用戶分成兩群，分別導引至紅色版與藍色版，然後再統計哪種顏色按鈕被按的次數較多，最終以該顏色作為正式版本發佈，這種測試通常會需要一點資料科學知識（*https://oreil.ly/DhF5k*），並且對於實驗的規劃也需要多方的參與，包括產品負責人、資料科學家、開發人員、用戶體驗設計師等。

可靠性

表格 10-1 中，歸屬於可靠性的項目有恢復性、復原性、稽核性、存檔性、報表、監控、觀測性、一致性等等，而可靠性的許多特性，包括錯誤處理、重試機制、單點故障回退機制、資料一致性確認、第三方監控／觀測工具整合等，皆可以以功能性測試的形式測之，因此可以用到第二、三章所談的測試方法來進行，除了以上這些，還有一些別的可靠性測試項目，如後續說明：

混沌工程

混沌工程是一種挖掘出應用中漏洞的方法，這些漏洞可能會導致當機、故障，影響到系統可靠度。一般來說，混沌工程專門用來找出系統中那些「未知的未知」的問題，特別適合用在架構複雜的大規模系統，關於混沌工程的詳細說明，後面的章節還會提到。

基礎設施測試

基礎設施是一款應用中重要的一部分，它關係著可靠度與可恢復性，如果基礎設施死掉，所有建構於其上的應用也會跟著死掉，此外，基礎設施之間也要有正確的配置，才能做到自動化擴展、警示／監控、負載平衡、歸檔等特性。一直以來對於基礎設施的測試都不是那麼盛行，但隨著業務規模的擴大，針對基礎設施的測試也顯得越來越重要，關於基礎設施的測試，後面的章節還會談到。

性能

在第 8 章，我們談過了性能的議題，包括性能測試的工具、指標、前後端性能測試的概念等等，回顧那些內容，我們談到一些重要的指標，包括可用性、回應時間、並行量等等，也認識了一些性能測試工具，包括 JMeter、WebPageTest、Lighthouse 等等。在此要特別說明的是，藉由性能測試，我們可以知道系統負載的上限，並可以以此上限為參考，去設定自動擴展，這也有助於改善應用的可靠性。

可支援性

可支援性包括所有與進化品質相關的特性，像是相容性、配置性、延展性、安裝性、互通性、移植性、維護性、重用性、安全、測試性等等，其中有些可以視為功能，並且在適當的環境與可以以功能測試的形式進行，例如功能的配置、通訊協議的相容性、作業系統的安裝性、互通性等等，而其他的可支援性項目則參考以下：

架構測試

架構測試用於驗證系統中的架構特性，例如驗證某個類別是不是有在某個 package 內（並由此來確保程式的重用性）。透過對架構特性的自動化測試，能讓我們知道那些跨功能特性，包括重用性、移植性、維護性等特性有沒有在開發迭代的過程中喪失，在第 296 頁我們也還會再提到「架構測試」會用到的一些工具。

靜態程式碼分析

市面上有許多靜態程式碼分析工具，藉由分析後的改善建議可以增進我們自身應用的維護性。Checkstyle（*https://oreil.ly/2OTi1*）是一款靜態程式碼分析工具，它專門用來確保所有的程式碼都使用相同的風格。PMD（*https://pmd.github.io*）是另一款靜態程式碼分析工具，它專門找出程式碼中的一些問題，像是未使用的變數、空的 try/catch 區塊、重複程式碼等等，它還可以自行添加團隊自身的檢查規則。ESLint（*https://eslint.org*）則是專屬於 JavaScript 的程式碼與風格檢查工具。SonarCube（*https://www.sonarqube.org*）是一款被廣泛使用的程式碼檢查工具，它專門用來檢查程式碼覆蓋率以及掃描弱點。除以上幾款，此前我們也曾經介紹過用來確保安全性以及可用性的程式碼分析工具。

藉由以上介紹的方法與工具，您可以將跨功能需求測試左移，如第 4 章所示，跨功能需求測試可以與功能測試一併進行，並且納為 CI 的一部分，讓我們可以經常性地獲得全面的品質回饋，並且確保每次發佈的版本也都是高品質的。

其他跨功能測試方法

前面我們簡單的介紹了幾種能讓測試左移的跨功能需求測試方法，包括混沌工程、架構測試、基礎設施測試等，此處我們會再對這些方法做更深入的介紹，本節最後還會介紹到一些法規需求，可以以此為基礎展開合規性測試。

本節標題之所以稱「其他」，因為跨功能需求之測試工具與方法實際上從第 5 章至第 9 章就已經介紹過了。

混沌工程

可靠性是所有跨功能需求中頗為重要的一項，一旦服務不穩定直接影響到的就是商業收入，根據 Gartner 在 2014 年的研究（*https://oreil.ly/TlYbl*），一旦服務停擺，每個小時損失的金額大約是十四萬至五十四萬美金，而如今 2022 年這金額肯定只會更高吧！以 Amazon Web Services 為例，它們對於服務正常運行的目標是 99.999%，相當於一整年只能有 5 分 15 秒的停機時間。

會導致服務停擺的因素有很多，包括臭蟲、架構內之單點故障、網路問題、硬體故障、負載過高、第三方服務停擺等等，其中大部分是可以在架構設計時就預防的，也可以在實作時納入相應對策，其中一種被廣泛採用的方法為指數退避法（exponential back-off method），這是一種對停擺服務發動重試請求時，請求頻率以指數下降的策略，這種方法可以使服務有餘裕時間，使其有機會恢復運作。另外還有一種藍／綠部署模型策略也常被用來減少因為系統更新而使服務停擺的機會，這種模型下會有兩個生產環境實例（instance），其中一個在線上服務，另一個用於更新，更新完後兩者再交換做到無縫接軌。除以上這些，我們還可以用幾種方式來控制服務停止的發生，例如可以用多個主機複本來分擔負載，或是使基礎設施自動擴展、仔細的處理輸入值的異常等等，雖然方法這麼多，但這些方法對於分散式系統還是力有未逮，因為分散式系統的架構過於複雜，有多個分散的節點、有多層次的依賴、有多個可能會故障的第三方服務、還有多個也可能會故障的下游系統，諸如此類的特性導致分散式系統的停擺始終是難以預期也難以克服的。

假設以下情境，某五十人團隊，開發了一套大型的分散式應用，設置兩個實例（instance）分別用來服務美國與英國的用戶，並且兩個實例之間互為備援，當其中一個停止，另一個可以正常服務來自另一大陸的用戶，這個備援機制被測試過沒問題，並且也測試了兩台實例都可以承受各自的負載，但如果英國實例掛掉，而美國這邊又因為是銷售高峰期，導致美國實例負荷不了兩邊加起來的大負載，最終美國這邊還是掛掉開始報錯，最後檢討原因，發現根本原因是某個第三方服務有請求限流，而英美兩邊的流量超過導致該服務就開始報錯，以上的案例就實務而言是典型的極端案例，難以預期也難以查證，儘管故事中他們最終做了完善的盡職調查，但就現實上而言，任何人都很難全盤掌握大型分散式系統內的所有細節。

以上的假設並非特例，Netflix 就上演過類似的戲碼，它們在轉換到雲原生（cloud-native）架構時有著相似的遭遇：各種因素導致雲端實例發生非預期的停止，導致各種損失以及無盡的工時，它們把該次事件視為一種挑戰，人為的去重現事件發生的各種現象，一個一個解決，直到確認系統能再次承受類似的故障為止，為了重現問題，他們設計了一款稱為 Chaos Monkey 的工具，這隻猴子會每天隨機拉下一個節點使其停止運作，藉此來確認架構設計與實作上是否足夠安全與強健，這種方法確保了系統中的每一個潛在的缺陷都顯露出來，並且得到解決，最終使系統既有彈性又可靠，藉由這次成功的經歷，它們把該次經驗提煉成一套工程方法，也就是**混沌工程**。

對於混沌工程，Nora Jones 和 Casey Rosenthal 合著的《混沌工程》（O'Reilly 出版）給出了正式的定義：

> 混沌工程是在分散式系統上進行實驗的工程方法，目的是在生產環境中，建立起系統能承擔各種不穩定狀態的信心。

換言之，此方法會對系統施行實驗，包括模擬各種錯誤、停擺等各種日常預期外的情況，並且檢視系統在混沌之下的行為是否正常，這種方法在軟體業界已經被廣泛採用，並且許多公司也進一步發展出衍生的工程方法，一般業界認為混沌工程具有以下幾個基本特性：

- 相對於測試，混沌工程更像是實驗，也就是說它並不驗證遭遇未知錯誤時應用之行為是否依舊正確，而僅是洞察問題發生當下之行為。

- 實驗的目的是為了建立對系統在可靠度與復原性方面的信心，如果您對於自身系統在處理未知問題方面已經有充足的信心，那可以**不用做這樣的實驗**。

- 對於開發中的大型分散式系統，這類實驗特別有幫助。

- 混沌工程並非單一角色之職責，不是 DevOps 工程師或測試者獨立進行的，它是全團隊的活動，所有人都要參與設計實驗、執行實驗，並且對觀察到的問題進行除錯。

在前面的故事中，如果那五十人團隊能導入混沌工程的話，或許他們可以更早發現那限流問題並且防止悲劇發生。

混沌實驗

如果您打算規劃一場混沌實驗,由於測試環境難以百分之百模擬生產環境,因此 Netflix 建議直接在生產環境進行,並且還要準備還原機制,讓實驗可以隨時暫停並且恢復到實驗前的正常狀態。當前市面上有許多的工具可以拿來寫混沌實驗腳本,例如 Chaos Toolkit 或 ChaosBlade,不需要自行手動去控制生產環境中對單一節點的運行與停止。

要進行一場混沌實驗,首先要與跨功能小組一起設定一些會破壞應用穩定的情況,接著制定穩態假設(steady-state hypothesis),也就是在實驗場景下應用應有之行為,然後用前述之工具來撰寫實驗腳本,最後開始執行,如果實驗失敗,表示前面的穩態假設行為並不成立,也意味著我們的跨功能小組得要進場動工了。

為了讓您大致了解一下混沌實驗工具的工作方式,範例 10-1 為一個 Chaos Toolkit (*https://chaostoolkit.org*)的實驗腳本,Chaos Toolkit 是用 Python 撰寫的開源工具,在此範例中,模擬了一次技術故障(刪除了一個實例的配置文件),並且檢查有沒有替代實例可以維持應用運行。

範例 *10-1*　混沌實驗範例,模擬技術故障,並且觀察應用之行為

```
{
    "version": "1.0.0",
    "title": "Application should still be up if there are technical issues",
    "description": "When a particular config file is missing, application should
                    still be up from another instance",
    "contributions": {
        "reliability": "high",
        "availability": "high"
    },
    "steady-state-hypothesis": {
        "title": "Application is up and running",
        "probes": [
            {
                "type": "probe",
                "name": "homepage-must-respond-ok",
                "tolerance": 200,
                "provider": {
                    "type": "http",
                    "timeout": 2,
                    "url":"https://www.example.com/"
                }
            }
        ]
    },
    "method": [
```

```
{
    "type": "action",
    "name": "file-be-gone",
    "provider": {
        "type": "python",
        "module": "os",
        "func": "remove",
        "arguments": {
            "path": "/path/config-file"
        }
    },
    "pauses": {
        "after": 1
    }
}
]
}
```

這支腳本最開頭先描述了實驗的目的，第二個區段為標籤，此處標示了該腳本為有助於高可靠性和高可用性的測試案例，後面為穩態假設及觸發實驗的方法，在方法區塊中，使用了 Chaos Toolkit 的功能來把指定路徑的配置文件刪掉，然後於一秒鐘後去驗證穩態假設成不成立，而在穩態假設區塊中，則是使用 Chaos Toolkit 的探測功能來驗證指定 URL 的回應是不是 200，並且設定了逾時上限為兩秒，實驗腳本制定完後，就可以從命令列執行了。

假設實驗結果失敗，並且進一步分析後發現預期的回應是兩秒，但實際花了四秒，原因是在做實例重導時，路由較長因此回應時間也變長了，像這樣的分析洞察就可以彰顯出混沌實驗的價值。

Chaos Toolkit 提供了豐富的 API 可以讓我們進行各種形式的實驗，並且它的配置也很簡單，只要用像上面示範的 JSON 就可以配置出一套實驗，在實驗結束後也可以產出美美的 HTML 報表。

架構測試

在一個專案開始之初，我們都會列出一份功能和跨功能需求清單，仔細衡量每個項目，並以此做出最好的架構設計，舉例來說，為了確保維護性與重用性，在架構上我們會做出分層式的設計，因為性能也很重要，所以也會在架構內配置快取機制，但是這些最初美好的設計最終都逃不過被康威定律（Conway's Law）打破的宿命，該定律出自《How Do Committees Invent?》（*https://oreil.ly/BR0iT*），此論文中陳述了團隊之架構，特別是人與人之間的溝通路徑的模式會影響產品最終的設計，更明白的說，一個大型系統中的小團隊會更傾向於優化自己經手的部分，而忽略站在更宏觀的角度去思考全面性的需求，對應到實際的例子，一個團隊可能會重視當前手中功能的性能而忽略了重用性以及架構面分層的規劃，導致最終需要重工，這也是架構測試之所以存在的原因，架構測試用於確保沒有程式偏離當初規劃時設立的架構特性，並且給予我們警示。

架構測試的工具在 Java 有 ArchUnit（*https://github.com/TNG/ArchUnit*），在 .NET 有 NetArchTest（*https://github.com/BenMorris/NetArchTest*），其他語言也有各自的工具（*https://oreil.ly/KrikZ*），這類工具可以用來測試是否有循環依賴（cyclic dependencies）的問題，可藉此來強化程式的維護性，也可以用來測試 package 的獨立性，以此來確保 package 的重用性。ArchUnit 與 JUnit 頗為相似，都可以納入成為 CI 管線作業的一部分。範例 10-2 展示了 ArchUnit 的測試案例，此案例檢查了所有在訂單管理服務之下的類別應該都位於 oms package 內，並對此情況做斷言，此案例確保了程式的重用性，往後一旦有任何與訂單相關之類別，卻不屬於訂單管理服務內，則斷言就會失敗，如此我們即可展開討論來決定應該怎麼安排才是最好的。

範例 *10-2* 用於確保重用性之 *ArchUnit* 測試

```
@Test
public void order_classes_must_reside_in_oms_package() {

classes().that().haveNameMatching("*order*").should().resideInAPackage("..oms..")
                .as("order classes should reside in the package '..oms..'")
                .check(classes);
}
```

JDepend（*https://oreil.ly/HecHx*）是另一款類似的架構測試工具，它用於評估在延展性、維護性、重用性等方面的設計品質指標，它會掃描所有的 Java 類別，然後給出每個 Java package 的設計評分（.NET 也有類似的工具 NDepend（*https://www.ndepend.com*）），在延展性方面，JDepend 會以 package 中，類別與介面的數量來評估分數；在維護性方面，JDepend 會檢查外部依賴套件，如果有多餘的依賴會發出警示，並且也會檢查有沒有循環依賴的問題，JDepend 也可以寫入 JUnit 測試案例中，並且納入 CI，使我們可以獲得經常性的架構品質反饋。

範例 10-3 展示了 JDepend 的測試案例，其中會檢查 package A 和 B 有沒有互相依賴，如果有循環依賴也就破壞了它們的重用性。

範例 10-3　*JDepend 測試，檢查是否有循環依賴*

```java
import java.io.*;
import java.util.*;
import junit.framework.*;

public class PackageDependencyCycleTest extends TestCase {
    private JDepend jdepend;

    protected void setUp() throws IOException {
        jdepend = new JDepend();
        jdepend.addDirectory("/path/to/project/A/classes");
        jdepend.addDirectory("/path/to/project/B/classes");
    }

    public void testAllPackages() {
        Collection packages = jdepend.analyze();
        assertEquals("Cycles exist",
                    false, jdepend.containsCycles());
    }
}
```

以此類推，也可以在測試內驗證一個 package 的依賴是否如預期，或者一個 package 是否沒有任何依賴，以這幾種形式來檢查應用的架構特性，一旦有出現問題，透過測試就可以立即得知有非預期的變更發生。

基礎設施測試

所謂基礎設施是運算資源（實體機、虛擬機、容器等）、網路架構（VPN、DNS、proxy、閘道）、儲存體（AWS S3、SQL Server、密文管理系統）等一切支撐應用運作的底層設施之概稱，而基礎設施測試就是測試這些資源的設置是否正確，這算是比較新興的測試領域。

之所以會興起這方面的需求，主要是因為應用規模的成長，一個企業會在成功之後尋求快速成長，它們會開始進軍別的國家並追求更大更廣的用戶量，為了實現這樣的快速增長，整個應用棧（application stack）就必須能夠短時間快速複製，這當然也包括那些基礎設施，最好還能一鍵全自動部署，然而目前大多數的自動化機制都只針對應用本身的測試、建置、部署等事務上，在基礎設施方面的自動化還多有欠缺，也因此難以做到真正的快速拓展規模，這也造就了基礎設施程式碼化（*Infrastructure as Code，IaC*）工具的流行。

IaC 指的是把基礎設施的設定與配置都轉變成程式碼的形式，讓它們可以像程式碼腳本般編寫與管理，如此便可帶來更方便的部署及擴展能力，舉例來說，可以在 IaC 腳本中配置一台有 3 GB 記憶體的雲端實例，以及相關的負載平衡規則、防火牆等周邊設施，IaC 工具就會根據我們的腳本去呼叫雲端平台 API 去建立起這些基礎設施，而這整套腳本當然也有測試的必要，如此才可確保真的有開出正確的機台，一旦負載過高，或是要把應用開展到新區域時，也就可以順利地快速進行。

HashiCorp 的 Terraform（*https://www.terraform.io*）是一款開源的 IaC 工具，它以聲明式的風格來撰寫基礎設施配置腳本，它支援多個雲端平台，在測試用 Terraform 搭建生產環境的基礎設施時，要注意以下事項：

- Terraform 有一個 `terraform validate` 指令，它可以檢查 Terraform 腳本的語法錯誤，可以在開發階段用它來協助更正錯誤。

- TFLint（*https://oreil.ly/VffGT*）是 Terraform 的外掛，也可以用來檢查語法錯誤，包括有沒有用到過時、棄用的語法，有沒有遵循一些固有的命名慣例等等，它還可以檢查映像檔是不是來自 AWS、Azure 等雲端大廠。

- 隨著開發的進行，Terraform 之基礎設施配置腳本也可能隨之改變，Terraform 可以比較新腳本與目前實際的基礎設施狀態，這能讓我們在套用新配置前能先預覽一下會有哪些變更，例如不小心在新腳本刪了一個資料庫，那預覽功能無疑能救我們一命，此功能的命令為 `terraform plan`，您也可以把它寫入自動化測試中，並施加某些規則來預防意外的失誤，就像安全政策檢查那樣。

- 下一步就是要根據我們寫的基礎設施配置腳本去實際建立雲端實例，也要檢查建完的基礎設施是不是有依照我們的規劃做配置，舉例來說，某台實例應該位於一個私有的子網段，並且有規定它的磁碟空間，那我們可以用 Terratest、AWSSpec、Inspec、Kitchen-Terraform 等自動化工具來建立測試案例，納入 CI 並檢查之。

- 最後是基礎設施的 E2E 測試，我們必須確保基礎設施節點之間可以正常通訊，例如 web server 應該要可以發送請求到 application service，而話說回來，其實功能測試也會測試兩者間的通訊，如果功能測試沒問題，也就相當於確定了基礎設施應該也是沒問題，雖然如此，我們還是可以利用前述之基礎設施測試工具在實際部署之前就早一步確定底層的基礎設施有沒有問題。

《基礎架構即程式碼》（碁峰出版）作者 Kief Morris 認為，在應用的不同層級內都納入基礎設施測試會讓原本的測試金字塔模型變成菱形，那些用來測試底層基礎設施腳本的單元測試案例不太實用，建議盡可能的少，也因此形成底部收斂的菱形形狀，他建議根據基礎設施的特性，把與其相關的測試放到各自適當的層級內。

除了功能性 E2E 測試的面向，基礎設施測試也與別的面向有關：

擴展性

我們應該也要測試實例在面對高負載時的自動擴展機制，以及擴展後的應用是否正確運行。

安全性

基礎設施的安全性也相當重要，必須加以測試，Synk IaC（*https://oreil.ly/vHjYX*）是一款可以對基礎設施腳本中掃描潛在漏洞的工具。另外一些安全方面的測試，例如檢查有沒有多開的埠號、檢查實例應該是放在私有網段還是公有網段等的測試案例則可以以手動或自動化測試案例方式進行。

合規性

有時候底層的基礎設施必須遵守某些標準或法規，例如要符合 PCI DSS（詳見下節）就必須設置防火牆，對於這些合規性檢查，HashiCorp 提供了企業級的解決方案 Sentinel（*https://oreil.ly/sbK6J*）。

在開源工具這邊也有 terraform-compliance（*https://oreil.ly/IazoT*）可以選用，這是一款以 Python 開發的合規檢查工具，它走的是 BDD（behavior-driven development，行為驅動開發）模式，以類似於 Cucumber 的方式撰寫測試，但它檢測的對象並非實際的基礎設施，而是對 `terraform plan` 命令之輸出結果做檢測。

作業性

所有與基礎設施本身作業相關的特性，包括紀錄檔有沒有正確存放以供稽核之用、監控工具有沒有正確運作、自動化維護機制有沒有正常運作等，也都需要被測試。

由於基礎設施天生的複雜性，我們可以把這些測試案例寫成自動化腳本放到 CI 跑，不同面向的工具它們有各自的生態與語言，像 Terratest 是 GoLang，terraform-compliance 是 Python，AWSSpec 是 Ruby，想要把這些工具納為己用就必須對這些語言加以熟悉。另一方面，這些工具有的會開起真正的實例，這也會導致費用提高，考量以上種種，最終還是要根據自身應用特性做最適合的規劃。

合規測試

對於網頁，最常見的兩種規範是 GDPR（*https://gdprinfo.eu*）與 WCAG 2.0，第 9 章我們已經談論過 WCAG 2.0 了，這裡來談談 GDPR，後面也會談到與線上支付相關的合規性議題。

本節僅初步介紹這些規範，詳細的合規條文與措施請根據讀者自身應用之特性尋求專業的法律建議。

一般資料保護規則（General Data Protection Regulation，GDPR）

GDPR 主要用於保護歐盟公民，如果您的企業有與歐盟生意往來，那就必須要符合 GDPR 之規定，GDPR 適用的對象不只公司行號，也包括其他機構，像是學校，如果學校有透過網站對歐盟招生的話，那學校也必須符合 GDPR 規定，不合規可能導致重罰，最高可達公司年收入的 4%。

其他國家也有各自的資料與隱私保障法規，截至 2022 年四月，全球有 71% 的國家（*https://oreil.ly/Vmhgv*）都制定了類似的資料與隱私保障法規，例如加拿大的 CPPA（Consumer Privacy Protection Act，消費者隱私保護法）與英國版的 GDPR（脫歐後制訂）。

根據 GDPR 定義，個資指一個或多個可用於辨識個人身分的資料，而一個人的種族或族裔出身、宗教或哲學信仰、政治觀點、性取向、基因資料、生物特徵、過去或現在的刑事紀錄等，則被視為敏感個資，需要更完善的保護，其他像是 IP 位址、MAC 位址、行動裝置 ID、cookie、帳號 ID 等比較系統面的資料因為也都可以用於辨識特定個人，因此也受到 GDPR 管制。在資料保護方面，GDPR 建議遵循「Privacy by Design」原則（Privacy by Design（*https://oreil.ly/g6Z4K*）是 Ann Cavoukian 博士所建立的隱私設計指導框架，其中制定了七項用於防止侵犯個人隱私的基本原則）。

對於資料保護，在技術面我們可以用動態加鹽與雜湊來存放資料、在傳輸時則可以用加密的協定、採取最小權限原則、對資料進行假名化、匿名化處理，也可參考我們在第 7 章談過的各種安全方法。

GDRP 也允許用戶有管理他們自己的資料權利（*https://gdpr.eu/checklist*），對於個資，用戶擁有之權利如下：

被告知的權利

應用應該讓用戶知道他們的資料如何被使用，一般會陳述在網站的隱私政策中。

存取的權利

用戶有權索取他們在網站的個人紀錄。

被遺忘的權利

用戶可以要求刪除他的個資，如果沒有特別理由網站不得拒絕。

限制使用的權利

用戶可以限制網站使用他的資料，網站仍然可以儲存他的個資，但不得作後續使用。

更正資料的權利

用戶可以更正不完整或不正確的資料。

攜帶的權利

用戶可以取得並且轉移他的個資。

拒絕的權利

用戶可以拒絕他的個資被用於行銷、研究、統計等用途。

自動化決策相關之權利

如果要對用戶個資以自動化決策機制處理，例如建立個人檔案，必須事先取得用戶同意。

以上這些項目大多可以用功能性測試來確保有符合相關規定，測試可以以微觀或宏觀的自動化測試進行，例如可以測試是否在蒐集個資前有取得用戶同意，沒有擅自收集，也可以測試是否紀錄檔沒有出現個資等，我們在第 7 章談過的測試策略與方法在此處也同樣適用。

PCI DSS 與 PSD2

如果您的網站有收信用卡（大部分的零售型網站應該都有）或使用歐盟境內的支付服務，那就必須遵守下面兩種規範：

PCI DSS（Payment Card Industry Data Security Standard，支付卡產業資料安全標準）

PCI DSS 是由 PCI SSC（PCI Security Standards Council，支付卡產業安全標準協會）制定，用於保護線上信用卡交易的全球標準，所有儲存、處理、傳輸信用卡資料的實體都必須遵守這個標準，這表示所有收受信用卡的網站也都得遵守，包括那些慈善捐款機構，雖然 PCI DSS 並非法規，但它是強制性的產業標準，所有往來的銀行與機構，也都會要求必須符合才接受與我們進行信用卡交易，並且在我方與後端金流的合約中也有相關的違約罰則，如有違反會有罰金，公司通常可以透過自評問卷來驗證其合規性。

PCI DSS 提供了讓信用卡交易更安全的十二項指南（*https://oreil.ly/yOOwE*），其中包括傳輸加密、使用防火牆、更新防毒軟體等等，而我們在測試時，應當考慮的是如何保護信用卡資料，像是應該在 UI 和其他儲存層上對卡號、授權碼等加遮罩，或者像是應該有個防止任意取用卡片資料的權限機制，也應該避免卡號出現在紀錄檔中，等等諸如此類的測試案例，此處也可以使用第 7 章提到的威脅模型來加以評斷。

PSD2（Payment Services Directive，支付服務指令）

PSD 是歐盟區第一版對於防止線上支付犯罪的標準（*https://oreil.ly/cu4gd*），此標準一方面也為了促進支付產業的競爭力，避免支付服務被單一銀行壟斷，而 PSD2 是對原始 PSD 標準的全面修訂，歐盟法規也規定所有支付服務業者必須遵守該標準，如果您打算在歐盟展開支付業務，那就得好好研讀了。

PSD2 的要點之一是嚴格顧客驗證（strong customer authentication，SCA）機制（*https://oreil.ly/QLPX1*），以及把 PSD2 之適用範圍擴展到歐盟以外地區，也就是說，只要交易的任何一方涉及歐盟成員國，就必須做到 PSD2 合規，而要做到 PSD2 合規，其中一種方法是與已經合規的支付業者合作，例如 Stripe（*https://oreil.ly/sW1VL*）、PayPal（*https://oreil.ly/iGule*）等，或是用其他支付服務並且自行建立合規制度，而 SCA 簡單的說就是多因素認證，在歐盟執委會，它們把 SCA 定義為以下三種認證方式中，至少採用兩種的多因素認證機制：

- 密碼這類僅有用戶知道的認證密語。

- 現金卡、信用卡、行動裝置這類歸用戶獨有的認證設施。

- 面部、聲紋、指紋等用戶獨有的生物認證特徵。

以上幾種認證措施也都必須加以測試確保符合 PSD2 規範。

綜合以上，合規性的第一步是先了解相關的法規標準，然後我們用跨功能測試策略（談到的五個面向）來對合規特性做適當的分配與進行測試，測試都沒問題後，法務團隊或認證機構就可以進場進行合規認證，而合規測試要到取得認證才能算告一段落。

在取得認證的過程中，測試的項目可能有一長串，因此最好能導入持續交付（CD），把跨功能測試左移並持續性的進行測試與交付。

觀點：讓軟體與時俱進

至今我們談了許多功能、跨功能測試，以及如何以測試促進品質的話題，但我們也必須認知到，軟體需求並非一成不變，它總是隨著市場需求而變，改變是必然，而必然的改變也必然帶來新的威脅，在草率或匆忙行事之下，任何人都有可能因為求快而忽略把該加密的加密，為應用帶來安全威脅。

在 Neal Ford、Rebecca Parsons、Patrick Kua 合著的《建立演進式系統架構》（碁峰出版）中也有提及此觀點，該書提出一種新的跨功能需求：演進性（*evolvability*），該特性是系統在保留既有架構特性（包括既有的分層架構設計、資料持久化機制、加密的儲存與傳輸機制等特性）的同時，又可引入新變動的能力，要做到不破壞既有架構特性的演進，書籍建議在引入變更的同時也要有一些機制來確保那些既有特性的存在，當架構特性收到破壞就會立即發出警示，這些機制可以是各種形式，可以是自動化的測試案例（例如性能測試、安全掃描、可用性稽核或其他功能測試）、可以是程式碼覆蓋率指標、也可以是靜態程式碼分析器，或者是以上三者的混合，該書把這類機制統稱為 *fitness functions*（適應函式），在該機制的作用下，在引入變更的同時也能保證不會破壞既有架構，如此我們就建立了所謂的演進式系統架構（evolutionary architecture）。

結合以上，至今我們學到的所有功能、跨功能測試工具與方法，以及本章所提及之觀念，都是為了建立演進式系統架構，並且不僅於滿足當下的品質要求，也能在時間的考驗下滿足未來的品質要求。

本章要點

以下為本章要點：

- 跨功能需求也被稱為非功能需求，它是一款應用能成功的基本要素，唯有同時滿足功能面與跨功能面才能打造出高品質的應用。

- 跨功能需求主要分為執行品質（executional quality）與進化品質（evolutionary quality）。

- 跨功能需求的範圍常常是覆蓋整體應用的，因此每則情境卡片中都要將其納入考量及測試，可以在撰寫卡片時拿跨功能需求清單來逐一檢視適用於該張卡片的項目，以此方式來完成一張情境卡片。

- FURPS 模型把軟體需求劃分成五大主題，可以利用該模型把跨功能需求分門別類。

- 本章以 FURPS 模型為基礎，講述了五大主題的測試策略，讀者可以根據自身專案的需求，把這五大主題策略整合成專屬於自己的測試策略。

- 透過測試自動化及 CI 把跨功能需求測試左移。

- 混沌工程是一種實驗方法，它可以揭露應用內部潛在的可靠度問題，進行混沌工程時應該由全部的人共同參與。

- ArchUnit、JDepend 之類的工具可用來做架構測試，並確保程式碼的進化品質（evolutionary quality）。

- 基礎設施測試是較新的測試領域，主要針對需要快速擴展的應用，自動化基礎設施測試工具仍在發展中，並且測試時可能會有額外的費用，因為測試會開立真正的機台來驗證擴展能力。

- GDPR 與 WCAG 2.0 是最常見的網頁合規規範，想要測試合規性，首先要了解這些規範的條文，這部分可以洽詢法務團隊。

- 包括功能測試、跨功能測試都可概稱為應用之 fitness functions（適應函式），它們不僅確保當下的產品品質，也確保了產品具有演進式系統架構（evolutionary architecture）之特性，能因應未來的變化。

第十一章

行動測試

想像沒有手機的日子！

隨著手機等行動裝置時代的到來，我們身上彷彿多了一隻連往虛擬世界的手，透過手機任何服務只需要輕輕一點就唾手可得，從未有任何設備像手機一樣萬能，我們用手機買東西，舉凡生活雜貨、服裝、家電等一切生活必需品都可以透過手機一鍵下單，我們也用手機閱讀、看電影、玩遊戲，手機還可以進網銀、付帳單、訂排程，它也是我們揪感心的好朋友，需要求助任何時刻隨手一撥即時 call out。

手機是如此便利，也難怪全球手機用戶高達 66 億人了（*https://oreil.ly/HvCHF*），而令人驚訝的是，如果以手機門號統計的話，更是高達 80 億（*https://oreil.ly/lEGtR*），這已經超過世界人口總數了，手機使用率是如此驚人，此數字背後也代表著超大規模的使用量，最近美國的一項研究指出，平均每人每天會查看手機 344 次（*https://oreil.ly/td87T*），相當於每四分鐘就會看一次，另外一項針對全球用戶的研究指出，每人每天會使用 10 款應用，而一個月會用到 30 款應用（*https://oreil.ly/fFfg3*），並且這樣高的使用率並不侷限於年輕人，18 至 24 歲年齡層平均每個月會花 93.5 個小時在手機上，45 至 54 歲會花 62.7 個小時，65 歲以上也會花到 42.1 個小時（分別相當於每日 3 小時、2 小時、1.5 小時），手機已經與我們的生活密不可分。

因為手機這麼普及，毫不意外地，在 2021 年，Apple App Store 和 Google Play 就有高達 570 萬個應用（*https://oreil.ly/6lMp3*），而且未來還會有更多的應用陸續上架，因為市場就是這麼大，人人都想分一杯羹，光 2020 年，全球行動應用的總收入就有 3,180 億美金（*https://oreil.ly/zbvwc*），預計在 2025 年更會高達 6,130 億美金。

這些數字之所以重要，特別對我們這些開發和測試人士來說，因為應用就是經由我們之手誕生的，本章的目標也就是給予讀者在行動測試方面的思維與工具的見解，如果您好奇網頁端與行動端的測試有何不同，在這裡也會找到解答，在此我們會介紹行動應用測試的概況，並且對比它與網頁測試的不同，您會學習到完整的行動測試策略，包括自動化、性能、安全、可用性、視覺、跨功能等多面向的測試規劃議題，此外，在演練的部分會實作能加速行動測試的實務方法，讓您的專案能更快準備好，更早投入市場！

組成元素

首先我們來認識一下行動領域，包括它帶給我的挑戰，以及一些在做測試時應注意的事項。

行動領域介紹

參見圖 11-1，行動領域分為三大塊：裝置、應用（app）、網路，我們來逐一檢視。

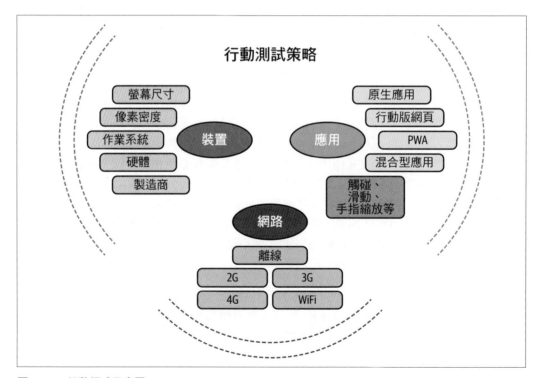

圖 11-1　行動領域示意圖

裝置

當代的行動裝置正在以多元的方式進行演化，我們必須要掌握裝置的重點特性才能決定該拿哪幾種設備來跑測試，就通則而言，要考慮的是測試覆蓋率，我們的目標設備至少要涵蓋市場上主要設備的 85%，除此之外，下面是另外一些在挑選設備時需要考量的點：

螢幕尺寸

所謂行動裝置，不只手機，平板也是，世界上平板用戶超過十億（*https://oreil.ly/37EwY*），並非小到算不上數。平板尺寸與型號各異，但相同的是它們的螢幕（*https://screensiz.es/tablet*）都比手機大得多（*https://screensiz.es/phone*），此外，因為裝置可以轉向，所以螢幕尺寸也會變動（根據橫向或直向擺放而異），而且較新的平板還可以把畫面分割使用，這進一步造成螢幕尺寸又一次切割。

螢幕尺寸對用戶體驗至關重要，因此多螢幕尺寸的設計、開發、測試對我們而言也就同樣重要，舉例來說，用戶在小螢幕往往必須捲動才能看完整個頁面，而在大螢幕上可能又有許多浪費的空間，這兩者的過與不及對用戶體驗來說都是不好的。

像素密度

螢幕由無數個小方塊構成，這些小方塊稱為像素，它是螢幕的基本發色單元，而像素密度指的是在一個一英寸長寬的方塊中有多少顆像素，像素密度越高表示觀賞的感受越好，不同的行動裝置除了螢幕整體尺寸有差異，即使是同樣大小的螢幕，也會有像素密度的不同（*https://oreil.ly/eXIz7*），我們把像素密度高低分成六級，分別為低、中、高、超高、超超高、超超超高[1]，圖像最終呈現的品質會受到像素密度的影響，因為裝置會根據物理尺度對圖像做縮放，這可能導致低像素圖像被拉大而導致模糊或失真，因此最好能根據不同的像素密度等級分別準備適合的圖像，並將此納入測試以取得最佳的觀賞效果。

 螢幕的解析度（*resolution*）很容易與像素密度搞混，解析度指的是這面螢幕的水平與垂直各顯示為多少像素，例如一面解析度為 1,024 x 768 的螢幕，表示該螢幕在水平擺放時，水平方向可顯示 1,024 顆像素、垂直方向可顯示 768 顆像素。

---

1 也可以分為 LDPI、MDPI、HDPI、XHDPI、XXHDPI、XXXHDPI，這裡的 DPI 表示 dots per inch，也是表達像素密度的單位。

作業系統

就像桌面端是 Windows、macOS、Linux 三分天下，在行動端則有 Android、iOS、Windows Mobile、Symbian、KaiOS，而其中主流中的主流是 Android 和 iOS，它們共計佔有約 99% 的使用率（*https://oreil.ly/ZWMvn*），但事情沒這麼簡單，這兩種作業系統之下還分成諸多版次，許多較舊的版次依然在支援中，並且許多舊手機也還在使用，這種現象稱為碎片化（*fragmentation*），以 Android 為例，在 2020 年，Android 6.0 仍然高居所有版次中的第二名（*https://oreil.ly/OnKm8*），儘管它早在 2015 年就發佈了，而排名第一的是 Android 9.0，因為舊版使用量依然可觀，所以我們的測試的守備範圍也必須包含這些不同的版次，因為不同的版次之間可能有功能或特性上的差異。

硬體

另一項型號之間的差異就是硬體，舉凡記憶體、處理器、電池、儲存空間等等都是產品表現差異化的所在，硬體配置的高低關係到性能，更具體的說是平行處理的能力以及演算畫面的流暢度以及這兩者帶給用戶的整體感受，而當應用與 GPS、相機、麥克風、觸控、感測器等功能有關時，這些元件的優劣也直接影響到用戶使用應用時的感受。

硬體功能是相對需要關注的，它關係著我們的應用能否使用，舉例來說，假設海嘯或颶風等災難後，有一款可以收集倖存者資訊的拍照應用，這款應用就不應該要求用戶的相機要有多高階，並且還必須盡可能節省電力消耗，儘管不能一概而論，但我們在開發自己的應用時，也應該考量在嚴苛環境下使用的能力。

製造商

當今市場上有許多行動裝置製造商，像是 Oppo、三星、小米、LG、Motorola、Google、Apple 等，其中有些廠牌會自行對 Android 客製化，並冠以像是 Cyanogen OS、Oxygen OS、Hydrogen OS 之類的名字，軟體之外，廠牌也有各自獨到的硬體設計，像是有的會提供實體的 home 鍵，有的會提供實體的返回鍵等等，這些不同之處也是我們在測試時應當加以考量的。

如我們所見，這些與裝置相關的特性有些對我們而言是種挑戰，接著讓我們從應用的角度來檢視又有哪些別的挑戰。

應用

行動應用最與眾不同的是它的互動方式，除了普通的點按、文字輸入外，還有滑動、觸碰、長按、放大、縮小、長按拖放、旋轉等等，這些都是行動裝置獨有的手勢操作，也是行動裝置之所以吸引人的原因之一，這幾種手勢中有一些已經成為共通的慣例，像是左右滑可以拉出選單，或是從底部往上滑可以叫出額外的動作選單等，這些通用性的互動我們將其視為跨功能需求，並且在測試時也必須納入，確保每個功能都可以正確使用這些操作。另外這些手勢操控也可能因為應用的型態而不被支援，但終端用戶不會意識到這些技術層面的問題，所以作為開發團隊，我們應該根據自身應用的型態為用戶做最妥善的測試，對於行動應用的型態，目前主要分為以下四種：

原生應用

原生應用通常只能在單一作業系統運行，iOS 應用不能跑在 Android，反之亦然。以原生開發的好處是它的性能是最好的，並且可以使用所有的 OS API 與硬體功能（包括手勢），也能離線使用，並且享有與作業系統較為一致的操作體驗。Android 的原生開發語言是 Java 與 Kotlin，iOS 則是 Objective-C 與 Swift，兩者的應用商店分別為 Google Play 與 Apple App Store，在提交上架之後兩個平台都需要審核才能真正上架販售，因此從提交到上架會有幾天時間差，一般來說這不會有什麼大問題，但如果是緊急修補就有影響了，它可能沒辦法即時送到用戶手上。另一方面，原生應用的開發成本也較高，如果想做雙平台的話得分別開發。

行動版網頁

行動版網頁應用意指可供行動裝置使用的網頁應用，它的好處是不侷限任何的作業系統、不需要安裝、不佔用裝置空間、更不需要提交審核，另一方面，因為本質是網頁，所以可以用任何的網頁技術開發（HTML、CSS 等），也因此不用再學新的語言，缺點是網頁無法使用許多作業系統的功能，像是調用通訊錄、相機等等，也不能離線使用，因此它能帶給用戶的體驗也是受限的。

混合型應用

混合型應用兼具原生、網頁兩家之長，混合型應用也是以 HTML、JavaScript、CSS 等網頁技術開發，但最後會被封裝在一個原生容器內，這類技術讓網頁得以調用 OS API。混合應用的主流開發框架有 React Native、Ionic、Apache Cordove、Flutter 等，它的另外一個好處是可以開發跨平台應用。混合型應用最終也必須透過應用商店對外發佈，但其中網頁的部分可以擺在自有主機內，應用再透過網路取用，如此一來想要更新內容就不用再次送審，但缺點是如此就難以離線使用了，所以一般而言會採折衷之道，把一部分內容包在應用內讓用戶即使離線也可以使用。總體而言，混合型應用的開發較為簡單，也因此成本較低，但相對的性能表現就沒辦法像原生應用那樣流暢，另外會選用混合方案的大多著眼於它的跨平台特性，但部分用戶對平台有顯著的偏好，他們可能不太喜愛沒這麼原生感的應用。

PWA

PWA（progressive web app，漸進式網頁應用）是進階版的行動版網頁，它可以透過 URL 安裝，而且佔用的儲存空間非常小，雖然它還是網頁，但能使用一些額外的功能，像是訊息推播、離線使用，也能取用部分作業系統功能，因此 PWA 的體驗相當接近原生，在性能上也與原生應用相近，而且又能跨平台，更棒的是，它的開發成本比原生和混合型應用更低，因為有這麼多優點，PWA 已經成為當代企業的首選，Twitter 在 2017 年就試過以 PWA 取代原生應用（*https://oreil.ly/ukF4b*），最終讓跳出率降低了 20%，推文數量增加了 75%，並且每次進站的頁面瀏覽量增加了 65%。

如上所示，應用的型態會關係到要做的測試範圍有哪些，可能涉及到離線功能、作業系統功能、應用更新、操作互動等方面的行為，這些都會因為應用型態而有所不同，接著讓我們繼續看在網路方面又有哪些值得關注的特性。

網路

這世上並非人人都享有高速網路，雖然低網速通常只出現在偏遠地區，但實際上即使是天龍都會區也常常有網路塞車不穩的問題，如果我們的應用必須要走網路，那就必須確保在各種頻寬（2G、3G、4G）下也能正常使用，也因此必須測試在各種網路情況下應用的處置能力，像是逾時、切換（4G、3G 切換）、離線等，也要測試這幾種狀況下應用的性能表現。此外，也可能要在設計之初就把有限的網路頻寬納入考量，像 Facebook 就另外出了輕量版的 Facebook Lite（*https://www.facebook.com/lite*），讓即便是走 2G 網速或網路不穩的用戶也可以上他們家的服務。

看過這三個面向後您應該可以體會行動測試獨特的複雜性了，為了讓讀者更認識行動測試的範圍，接著我們會再深入一點談行動應用的架構。

行動應用架構

我們在第 2 章談過網頁應用架構，簡單的說，前端 UI 負責收用戶請求，後端服務與 DB 負責處理請求，行動應用也是大同小異，如圖 11-2 所示，只差在行動端的 UI 取代了典型的網頁層，而後端部分則幾乎差不多。

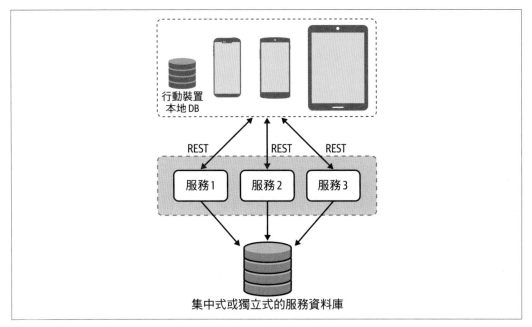

圖 11-2 行動應用架構

注意到其中多了個行動裝置本地 DB，這是原生與混合應用儲存資料的地方，像是帳號名稱、頭像、最近擷取的內容都可以放，此機制讓應用得以離線使用，或者作為快取加快畫面內容出現的速度，而其他部分則與網頁應用類似，行動應用也是走網路傳送請求給服務層，因此對服務層與 DB 層的測試方法與網頁是相同的，也要做好微觀、宏觀規劃，也有單元測試、整合測試、API 測試等不同層級的測試，也要對服務層做性能、安全、合規等各種跨功能需求測試。在行動 UI 部分，這方面有其複雜性需要注意，這也是我們下面要接著談到的內容。

要更深入了解行動應用 UI 層的內部元件，請瀏覽 Google 的 Android 架構指南（*https://oreil.ly/evawz*）。

行動測試策略

行動測試策略規劃的第一步，就是定出要測試哪些裝置，這裡的目標是希望涵蓋 85% 用戶的裝置，企圖想完全枚舉所有的裝置組合（各種螢幕尺寸、各種 OS、各種硬體配置）是不可能的，在沒有鈔能力和時間的情況下不可能測試所有廠牌的所有裝置的所有版本，特別是在跑敏捷開發時更不可能用如此大量的測試裝置來跑全部的測試，這無疑會使交付難以進行，在時間、精力、金錢有限的情況下，裝置的選定就顯得相當重要了，在 85% 覆蓋率的目標下，我們可以利用下面一系列問題來篩選出適合的裝置，參見圖 11-3。

- 目標客群是誰？舉例來說，如果是高端服飾品牌，那客群就應該是有錢人，也就沒必要測低階裝置了。

- 要開展業務的市場是哪裡？那裡的主流 OS 是哪個？主流品牌又是哪個？以高端服飾為例，市場設定在歐洲主要城市，在歐洲主流品牌是 Apple 和三星（*https://oreil.ly/rfe8S*），如此就又進一步縮減了測試裝置，並且我們可以合理假設，有錢的歐洲人應該用的也是旗艦級的裝置。

- 如果已經有網站了，那訪客都用哪些設備最多？例如可能是 iPhone 和三星平板。

- 目標市場的網路頻寬有多大？以歐洲為例，平均網速大約在 54 Mbps（*https://oreil.ly/O2G8e*），這是 4G 才能到達的速度。另一方面，如果目標裝置是低階手機，那網速會顯得更重要，能稍微彌補一點載入時的體驗。

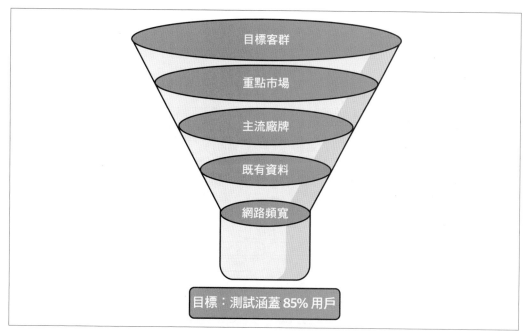

圖 11-3 測試裝置篩選漏斗

在以上的問題都獲得解答之後,就可以挑出三到四支特性符合的裝置了,也可以多挑一些在捕蟲大會時使用。

選定測試裝置這件事必須在專案開始就做,選定之後可以算一下成本,決定要不要用雲端的行動裝置測試服務,像是 AWS Device Farm、Firebase Test Lab、Xamarin Test Cloud、Perfecto、Sauce Labs 等都是這類服務供應商,用這類服務的好處是可以透過自動化機制方便進行測試,並且不用自行管理裝置,但缺點是在操作時可能會有點慢。

圖 11-4 展示了完整的行動測試策略一覽圖,如圖所示,裡面大部分的項目都曾經在前面的章節介紹過,後面我們會專門介紹一些在行動測試方面特別需要關注的議題。

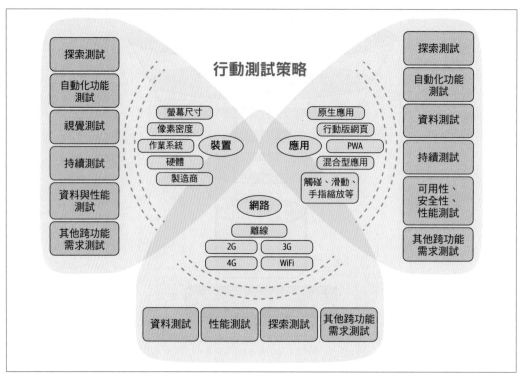

圖 11-4　行動測試策略

手動探索測試

由於行動測試涉及了裝置、應用、網路等三方面，因此探索測試更顯得重要，第 2 章的探索測試技術與策略可用來對行動應用之行為做全面性的檢視，另外在第 8 章我們也提過，Chrome DevTools 可以以任意的解析度檢視網頁，這個功能也很適合用在行動網頁測試上，而對於其他行動應用類型，可以採購適合的測試裝置或者用模擬器來跑測試。

模擬器顧名思義是可以在一台電腦中建立虛擬機器的軟體，例如 Android Studio 就有附帶 Android 模擬器，可用來建立特定配置的 Android 虛擬機，其中的配置可以比照實機，例如 Google Nexus 4、三星 Galaxy 5、Moto G 等等，iOS 方面也有相對的模擬器用來建立虛擬的 iPhone 或 iPad，在後面的章節中，我們會實際演練設定一台 Android 虛擬機。這些模擬器建立出來的虛擬機雖然的確可以用來測試，但也有其限制，例如一些多指觸控、機身感應器可能就難以完美實現，個人認為，模擬器尚不足以測試發佈階段的應用，業界也抱有同樣意見，Apple 與 Google 都建議對於在發佈階段的應用還是拿真正的機子測試為宜，模擬器比較適合用在開發階段，可以快速的確認程式的運行狀況，但總體而言，還是盡可能以實機測試，只有手邊沒有實機或是小規模測試的情況下才用模擬器。

> 在敏捷測試環境中，藉由模擬器可以輕易地將裝置測試左移，像是在開發階段就可以針對較冷門的解析度（LDPI、MDPI）做測試，而在 dev-box 測試中，QA、商業代表、開發人員可以分別測試不同的裝置版本，在回歸測試中，也可以在 CI 為不同的裝置跑自動化測試。

自動化功能測試

對於行動應用的功能與互動，與網頁一樣也可以用自動化單元測試或是 E2E 測試進行，並且也一樣可以透過 CI 做到持續測試。也可以透過煙霧測試或回歸測試來確保在不同的裝置間功能正常運行。Appium 和 Espresso 是兩款常用的 Android E2E 測試工具，而 iOS 方面，主流的工具也是 Appium 和另一款 XCUITest，其中 Espresso 和 XCUITest 僅針對原生型應用，而 Appium 適用範圍較廣，可針對不同型態的應用（原生、混合、行動網頁），後面會帶讀者認識該如何使用這些 E2E 測試工具。

資料測試

在行動應用中，資料可能會根據目的不同而存放在不同的地方，如圖 11-2，有行動裝置內的本地 DB，也有服務端的 DB，以及行動裝置內的其他儲存空間，我們必須知道這些儲存位置之間資料是如何流動的，並參照第 5 章的方法對它們施作測試。舉個實際的例子，像 Facebook 就會把最近的貼文存在行動端的本地 DB 內，如此就算網路突然不穩，也還是能呈現出應有之內容，在設計這類快取機制時應該要考慮到用戶體驗，他們能接受不是真正最新的資訊嗎？資料量的大小適合放進 DB 嗎？DB 資料的同步機制為何？此外，考慮到用戶可能同時擁有多個裝置，可能有手機、有平板、也有電腦，那麼不同裝置間的資料庫的同步性也是必須測試的。

在服務端資料庫方面，需要有一個機制來確保多個設備間與服務端互相傳輸資料時，彼此資料的正確性，並避免衝突，舉個實際的例子，用戶用日曆管理事件，當用戶有多台設備時，每台設備都會與後端服務交換資料，這種情況就應該把資料放到服務端，並且有個機制確保不同設備的資料是一致的，這方面的驗證工作可以以功能測試進行，可以是微觀的單元測試，也可以是宏觀的 E2E 測試。像這樣雙向、多裝置的同步情境也會受到網路的影響，因此對於在不同網路狀態下的測試也是必要的。

除了資料庫外，如果功能有涉及行動裝置內檔案的存取，那也需要測試，並且要考慮邊界條件發生時的情況（像是空間滿了或記憶卡被拔掉了），也要考慮 OS 對特定檔案格式的支援性，總而言之，對於資料測試，我們應該永遠把裝置、應用、網路三方面都納入考量。

視覺測試

在對行動裝置進行手動測試時，相當於同時也在為它做視覺測試，前面說過行動測試可以左移，而視覺測試也可以以自動化的方式進行，像是可以在回歸測試中使用 Appium 或 Applitools Eyes（*https://oreil.ly/M6pQz*）來對不同解析度的裝置做測試（但要先選定測試裝置），第 6 章我們有提過 Applitools Eyes，這是一款付費的 AI 自動化行動裝置視覺測試服務，而 Appium 則是開源的工具，在後面的章節我們會帶到以 Appium 做自動化視覺測試的實際演練，您可以根據第 6 章提到的要點來決定使用哪款工具。

安全測試

在第 7 章，我們討論到安全測試的心態以及從安全的角度去進行功能測試，這些方法在行動端也依然適用，在行動裝置上我們依然要思考該如何安全的儲存用戶的個資、該如何做加密、該如何建構強健的認證機制，以及該如何為應用註冊適當的權限等議題。

在第 7 章我們也討論過安全測試工具，它們有的可以做自動靜態程式碼掃描，有的可以以注入攻擊的形式找出潛在的漏洞，這些工具大多針對的目標是後端的服務層，但也可以間接用於行動端的測試。除此之外，也有專門針對行動應用（包括 Android、iOS、Windows）的自動化靜態與動態安全掃描工具 MobSF（Mobile Security Framework）（*https://oreil.ly/7MCp9*），這是一款開源的工具，知名 DevOps 平台 GitLab 就有提供以 MobSF 為基礎的 SAST（Static Application Security Testing，靜態應用安全測試）工具，在後面的演練章節中，我們也會介紹到 MobSF 與其他自動化安全掃描工具的使用。

除了這些安全掃描工具，身為開發人員也必須認識 OWASP 整理的行動應用十大風險（*https://oreil.ly/zvnFX*），並在從事開發工作時加以實踐。另外，取決於開發團隊的技術水準，也可能需要找專家來做開發後的滲透測試。

最後，由於行動應用安全測試在撰寫本文時仍是一個相當小眾的領域，我建議可以持續關注由 OWASP 社群合作編撰的行動安全測試指南（*https://oreil.ly/p4903*）。

性能測試

在第 8 章，我們了解到如何對後端服務實施負載／壓力／飽和測試，以及如何量測與監控它們。

而在行動端，我們看待性能的方向略有不同，因為行動端的 CPU、記憶體、電池、網路等資源往往都是有限的，基於以上限制，對於行動端性能測試應首先確保以下兩點：

1. 確保應用不會把 CPU、記憶體、電池等重要資源吃光。

2. 確保在滿足第一點的前提下，應用反應依然敏捷。

對於前者，可以用各平台的分析工具，像是 Android Profiler（*https://oreil.ly/cHq6p*）以及 XCode Instruments（*https://oreil.ly/s6GPN*），要驗證對資源的消耗，也可以把相關的自動化測試放到 CI 去跑，以此達成持續性的性能測試，而前面提過的 Appium 也有類似的性能 API，稍後演練的部分會再提到。

而對於後者，也有一些需要特別關注的點，包括應用啟動時間，即用戶從點擊到應用開起來的時間，這時間應該要在 5 秒以內（*https://oreil.ly/cujWm*），而進入應用後，任何操作的回應時間則應該要在三秒內，否則跳出率必然會加高，但因為需要與後端服務通訊，所以延遲與否也深受網速影響，對此我可以用模擬器的網速模擬功能來量測各種網路狀況下的回應速度。另一方面，在行動端也有壓力測試，這裡的壓力測試是同時發起多個行為，像是以多指觸控多個按鈕、快速做縮放操作、不斷發出請求、不斷換頁等等，以這種方式看會不會因此當掉，Android 有一款稱為 Monkey 的工具可以做自動化壓力測試，稍後的演練也會提到這款工具。

總而言之，如同以上別種面向的測試，對於性能測試，我們也應該永遠把裝置、應用、網路三方面都納入考量。

可用性測試

W3C WAI 也有針對行動應用提供詳細的 WCAG 2.0 指南（*https://oreil.ly/WpOyC*），該指南有著相同的四大原則：感知性（perceivable）、操作性（operable）、理解性（understandable）、穩固性（robust），具體落實到測試上，就會是能否縮放、小螢幕的閱讀性（readability）為何、頁面元素的顏色對比是否足夠、按鈕間的間隔是否足夠、是否有一致的版面規劃、是否有安排合理的元素讓用戶免於滑動翻找等等的測試項目。iOS 與 Android 都有專門的可用性測試工具，下面會一一帶到，不過這方面的自動化工具就略為缺乏了。

iOS

iOS 有以下工具可適用於可用性測試：

- 實機與模擬器都有內建的螢幕閱讀器 VoiceOver，可用於 E2E 可用性測試。

- XCode Accessibility Inspector（*https://oreil.ly/lcUcw*）可以檢查模擬器內的元素，確認它們是否有適當的可用性屬性。

Android

Android 有較多工具，也能更好的使可用性測試左移，從開發階段最前面的工具開始說起：

- Android Studio（*https://oreil.ly/1c2Q9*），這是 Android 官方的 IDE，它的靜態程式碼分析工具支援可用性檢查，可以在開發的同時就替我們找出可用性問題。

- Espresso（*https://oreil.ly/jFxWD*）（以及 Robolectric 4.5 以前版本）是 Android 應用 UI 的自動化檢查工具，可以檢查每個頁面的可用性，並且它的測試套件可以與 CI 整合。

- TalkBack，這是 Android 內建的螢幕閱讀器，可用於 E2E 可用性測試。

- Accessibility Scanner（*https://oreil.ly/8cYmG*），它能掃描裝置內應用的可用性問題，適合於手動情境測試使用。

另外，Android 有 Switch Access 功能，可以讓我們透過外部輔助工具（統稱為開關（switch））來操縱 Android，它還能連接點字顯示器供盲人使用，也支援語音控制。此外，在我們提交應用送審時，Google Play 商店也會提供一份可用性稽核報告供我們參考。

跨功能需求測試

第 10 章談的跨功能需求在行動端也依然存在，像稽核性（auditability）、移植性（portability）、可靠性（reliability）、相容性（compatibility）等特性也都是行動端追求的特性，另外有一些特性在行動端需要特別在意，包括安全性（security）、可用性（accessibility）等，敘述如下：

使用性（*usability*）

仔細想想，其實像手機這樣的行動裝置是滿私人的東西，前面說過平均每人每天花在手機上的時間有兩到三小時，手機就像我們的第三隻手，因為手機是如此貼近又如此頻繁，它的使用性也因此顯得更加重要，用戶雖然會受到行銷影響來下載我們的應用，但想要讓他們上癮就得要滿足他們的個人偏好，像有的人習慣用左手，有的習慣用右手，也有的人喜歡一次開很多應用，有的人喜歡開車用手機，也有的人喜歡多語系介面，有的人喜歡這個有的人喜歡那個，這些種種都是可用性測試必須考慮到的面向，當然我們也不可能滿足這世界上 77 億人的口味，重點是我們得要有重視使用性的態度。第 10 章談及可用性的部分也依然適用於行動端，我們建議以此為基礎，對目標市場的用戶行為進行前期研究，對此可參考 Think with Google 網站的範例（*https://oreil.ly/me2Vw*），它們對多個國家的用戶行為做了研究並做了相關的資訊圖表，裡面也有相當多與行動端有關的報告可以參閱。

中斷性（*interruptions*）

中斷性是行動裝置特有的跨功能需求之一，它算是可靠性的一種，由於行動裝置往往是多用途的，既可以傳訊息也可以打電話，因此任何應用都被預期有在任意時刻被中斷的能力，典型的行為是把應用轉到背景執行，而用戶則切換到另一個應用上去從事別的操作，像是接電話或回訊息之類的，直到事情處理完畢再切回原本的應用繼續使用。

因此在行動測試時確認中斷時的行為也是相當重要的，如果應用突然移到背景，那當下正發出去的請求會怎樣呢？當應用暫停一段時間後又被切回前景，原有的身分認證資訊又會如何呢？在發送請求的途中如果應用突然被終止會怎樣呢？如果運行到一半電池突然沒電又會如何呢？注意到以上種種都並非單一功能的問題，而是跨功能的，因此在測試時也必須更為全面性進行。

安裝性（*installability*）與升級性（*upgradability*）

從不同的應用商店測試安裝過程是一定要的，這個安裝的過程包括確認空間夠不夠，以及 app 會向用戶提出申請權限許可的對話方塊（例如相機、麥克風、聯絡人、照片、地理位置等軟硬體權限），這些都是需要被測試的環節，除了正向的情境外，也要測試負向的情境，像是空間不夠、權限申請被拒絕、OS 版本不合等等問題也都應該納入測試。另一方面，升級時也要確保沒有破壞原有的特性，舉例來說，假使升級會異動資料庫架構，那也不可以影響到既有功能的正常運作，另外，也不可以因為升級就把用戶登出，還有在測試升級時，也要測試從更舊的版本升級，不可以只測試從前一個版本升級，如果升級需要申請新的權限，那這個過程也應該要納入測試。

由於安裝也是要靠網路，所以也應該把各種網路情況納入測試情境內，另一方面，應用的移除也是要被測試的一環，確保移除的過程也是沒問題的。

監控

不像網頁，行動端的應用當掉的狀況頗為常見，也因此監控就成了重要的課題，有時候導致應用當掉的原因難以重現，這時候就要靠專門的監控工具（Firebase Crashlytics、Dynatrace、New Relic 等）來協助，我們最好在開發階段就把這些監控工具整合進程式內，以便後面做測試時能更好的除錯。

上面這些跨功能需求測試中，有些是可以透過自動化工具進行的，像是安裝測試、升級測試、中斷測試（*https://oreil.ly/xIGHC*）等等，讀者可以回顧第 4 章的作法，以此來取得各方面經常性的品質回饋。

關於行動端的跨功能需求測試至此告一段落，接著我們開始實作，實作的工具也都是前面有提過的。

演練

這部分演練會帶讀者設置 Java-Appium 測試框架，以此為基礎建立功能與視覺測試，之所以選擇 Appium（*https://appium.io*）就如同前面說的，它支援多種應用型態（原生、網頁、混合），又支援 iOS 和 Android。

Appium

Appium 是一款開源的工具，它有著活躍的社群，作為一款跨平台自動化工具，它底層綁定了各 OS 的自動化框架，包括 XCUITest（來自 Apple 的 iOS 自動化框架）和 UiAutomator（來自 Google 的 Android 自動化框架），再把它們以高階的 API 做一致性封裝，這套高階 API 也就是我們第 3 章見過的 WebDrive API，Appium 也用 DesiredCapabilities 來實例化 driver 物件，並用該物件來與應用互動，另外，findElements(By.id)、click()、isElementPresent() 等 API 也都是相同的，所以如果您已經很熟悉 Selenium WebDriver 的話，Appium 的學習曲線將會非常平緩，此外 Appium 與 WebDriver 一樣都是跨語言的，這表示我們可以用 Ruby、Python、Java、JavaScript 等語言與各自的套件來撰寫測試案例。

Appium 新的主要版本 2.0 已經發佈，這一版主要重新設計了 Appium server、自動化驅動（automation driver）、外掛等元件，在 Appium 1.x 版內建的自動化驅動到了 2.x 版變為需要另外安裝的元件，在本書撰寫時 2.0 版還處於 beta 階段，預計會在 2022 年發佈正式版，因為 Appium 已經確定會走向 2.0，因此本書的演練也會以 2.x beta 版為主，並且搭配 Android 做示範，在 iOS 方面，因為 Appium 支援跨平台，所以步驟、用法也應該是類似的。

Appium 也是 RPA 工具！

RPA（robotic process automation，機器人程序自動化）是近來產業間熱門的話題，這是一種可以把商業流程自動化的工具，藉此可減少高重複性的人工作業並提昇營運效率。具體地說，它可以把「從試算表複製資料，貼到某個內部系統，按下某個鈕開始處理，確認有沒有發佈上線」這類的流程以自動化的方式進行。

Appium 1.x 主要是針對行動端的自動化，但透過別的驅動（driver）也可以支援 Windows（*https://oreil.ly/X57PT*）或 Mac（*https://oreil.ly/468q8*）桌面端的自動化，並且在這樣的機制下，被測的應用也不需要是我們自己開發的（即不需要原始碼），因此，透過 Selenium WebDriver API，我們也能把 Appium 1.x 當作一款 RPA 工具（*https://oreil.ly/yGqUT*）！希望這些特性在 Appium 2.x 也可以保留。

讓我們開始吧！

前置需求

它的前置需求與我們第 3 章提到的其他自動化工具差不多，所以您可能已經安裝過了，參閱以下需求：

- Node.js（*https://nodejs.org/en*），供 Appium server 之用。

- 最新版的 Java（*https://oreil.ly/Uq5Wk*）（我們會用 Appium 的 Java 套件來實作）。

- IntelliJ（*https://oreil.ly/y90qz*）或其他 IDE。

- Maven（*https://oreil.ly/FAOuB*）。

Android 模擬器

在前置需求都備齊之後，依照下列步驟設定 Android 模擬器，後續會用它跑 Appium 測試：

1. 下載並安裝 Android Studio（*https://oreil.ly/5hRn0*），並裝好 Android SDK 和相關的工具。

2. 打開 Android Studio，在啟動畫面選 More Actions → AVD Manager。（AVD 為 Android Virtual Device 之縮寫。）

3. 點選 Create Device，會跳出一系列內建的硬體清單，有手機、有平板、也有手錶等各種裝置，此處以手機為例，選 Pixel 2，5.0 吋機種，然後點選 Next。

4. 此處要選 Android 版本，在此以 Android 8.0 為例，如果電腦中沒有該版本映像檔可以透過畫面中的小箭頭下載。

5. 選好版本後，輸入模擬機名稱，在此以「Oreo」為例，輸入後點選 Finish，應該就可以看到這台 Android 8.0 的 Pixel 2 出現在虛擬裝置清單內了。

6. 選擇該設備，點選 play/run 圖示把它跑起來。

為了完成後續的演練，請到 Appium 的 GitHub 頁面（*https://oreil.ly/uNfNs*）下載示範應用，檔名為 *ApiDemos-debug.apk*，下載後可以透過拖放的方式把它傳入模擬器中安裝，裝完把它開起來把玩熟悉一下。

Appium 2.0 設置

依照下列步驟設置 Appium：

1. 以下面命令安裝 Appium v2.0：

```
$ npm install -g appium@next
```

注意，此步驟可能在 Appium 2.0 發佈後變更。

2. 以下面命令安裝 UiAutomator2 驅動：

```
$ appium driver install uiautomator2
```

如果是 iOS，則安裝 XCUITest 驅動，命令為 **appium driver install xcuitest**。

3. 以下面命令啟動 Appium server：

```
$ appium server -ka 800 -pa /wd/hub
```

4. 下載 Appium Inspector（*https://oreil.ly/QAXmU*），這是用於檢查行動裝置應用中元素位置的 GUI 工具。

工作流程

前面提過，Appium 利用 DesiredCapabilities 去實例化與行動應用間的連線，在 Appium Inspector 中，我們可以用它的 GUI 介面來配置連線參數以及檢查應用內之元素，下面我們以示範應用為例來做檢查：

1. 開啟 Appium Inspector，依照圖 11-5 設定 Desired Capabilities 區塊，然後存檔供往後使用。

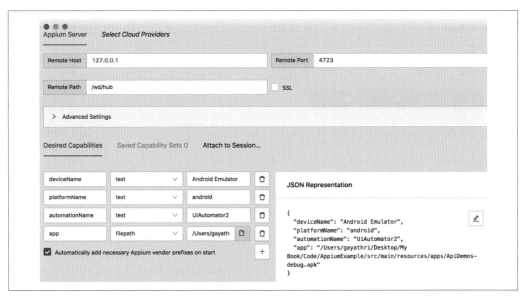

圖 11-5　設定 Desired Capabilities 來連接到示範應用

2. 點選 Start Session，應該會出現示範應用的檢查畫面。

3. 點選 Select Elements 圖示（上方工具列的第三個），然後把游標移到應用畫面，游標碰到的元素會以高亮顯示，點一下要檢查的元素，右邊就會顯示出該元素的性質，如圖 11-6。

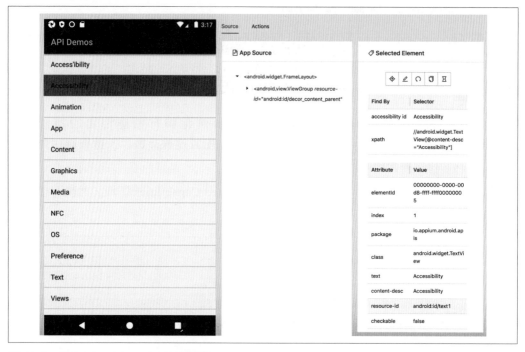

圖 11-6　以 Appium Inspector 檢查元素

畫面右側為元素的屬性，有 resource-id、class、text 等資訊，它們可以作為元素定位器（element locator），注意到 package 的值 io.appium.android.apis，這在稍後寫測試時會用到。此處也可以與元素互動，透過右側面板可以下 Tap、Send Keys、Clear 等命令，這對於除錯滿好用的，假使按了 Tap 那就會帶我們跳進下一頁囉。

是不是很簡單？UI 測試框架就是這麼簡單。

而在 Java-Appium 框架部分，有點類似第 3 章的 Java-Selenium，我們一樣可以拿 Maven 和 TestNG 和 Appium 互相搭配使用，也一樣可以以 POM（Page Object Model，頁面物件模型）為基礎來進行測試。

讓我們做個簡單的自動測試案例：自動把示範應用開起來，驗證首頁第二個元素的文字是否為「Accessibility」，步驟如下：

1. 打開 IntelliJ，建立新 Maven 專案，取名為 AppiumExample。

2. 在 *pom.xml* 添加 Appium Java 與 TestNG 兩個依賴套件。（如果忘記了可以看第 3 章回憶一下。）

3. 在 */src/main/resources* 建立新資料夾，取名為 *apps*，把示範應用的檔案 *ApiDemos-debug.apk* 複製到此處。

4. 在 */src/main/java* 建立一個 pages package，並在 */src/test/java* 建立 tests 與 base package，在 pages package 內有 page 類別、tests package 內有 test 類別，而 base package 內則有 setup 類別。

5. Base 類別內為 Appium 的測試設定以及測試後的拆卸方法（teardown method），裡面有一系列 DesiredCapabilities 的配置敘述，包括應用的套件名稱、路徑、模擬器名稱、裝置名稱、平台名稱、自動化框架名稱等等，如範例 11-1。

範例 *11-1* 用於設定 *Appium* 的 Base 類別

```
// src/test/java/base/Base.java

package base;

import io.appium.java_client.MobileElement;
import io.appium.java_client.android.AndroidDriver;
import io.appium.java_client.remote.MobileCapabilityType;
import org.openqa.selenium.remote.DesiredCapabilities;
import org.testng.annotations.*;
import java.io.File;

public class Base {
    protected AndroidDriver<MobileElement> driver;

    @BeforeMethod
    public void setUp(){
        File appDir = new File("src/main/resources/apps");
        File app = new File(appDir, "ApiDemos-debug.apk");

        DesiredCapabilities capabilities = new DesiredCapabilities();
        capabilities.setCapability(MobileCapabilityType.DEVICE_NAME,
                    "Android Emulator");
        capabilities.setCapability(MobileCapabilityType.PLATFORM_NAME,
                    "android");
```

```
        capabilities.setCapability(MobileCapabilityType.AUTOMATION_NAME,
                        "UiAutomator2");
        capabilities.setCapability(MobileCapabilityType.APP,
                        app.getAbsolutePath());
        capabilities.setCapability("avd", "Oreo");
        capabilities.setCapability("appPackage", "io.appium.android.apis");
        driver = new AndroidDriver<MobileElement>(capabilities);
    }

    @AfterMethod
    public void tearDown(){
        driver.quit();
    }
}
```

6. 範例 11-2 為 HomePage 類別，裡面的方法會透過 id 來定位出首頁的第二個元素內之文字，此處的 id 之值來自前面的 resource-id 屬性。

範例 *11-2 HomePage 類別，定位元素並取得文字*

```
// src/main/java/pages/HomePage.java

package pages;

import io.appium.java_client.MobileElement;
import io.appium.java_client.android.AndroidDriver;
import org.openqa.selenium.By;

public class HomePage{

    private AndroidDriver<MobileElement> driver;
    private By textItem = By.id("android:id/text1");

    public HomePage(AndroidDriver<MobileElement> driver) {
        this.driver = driver;
    }

    public String getFirstTextItem(){
        return driver.findElements(textItem).get(1).getText();
    }
}
```

7. 範例 11-3 為 HomePageTest 類別，它會開啟應用，並以 TestNG 的斷言方法驗證首頁第二個元素的文字內容。

範例 *11-3* HomePageTest 類別，我們的第一個測試

```java
// src/test/java/tests/HomePageTest.java

package tests;

import base.Base;
import org.testng.Assert;
import org.testng.annotations.Test;
import pages.HomePage;

public class HomePageTest extends Base {

    @Test
    public void verifyFirstTextItemOnHomePage() throws Exception {
        HomePage homePage = new HomePage(driver);
        Assert.assertEquals(homePage.getFirstTextItem(), "Accessibility");
    }
}
```

8. 您可以從 IDE 執行此測試，或在終端機以 `mvn clean test` 執行，執行時也會叫起模擬器（如果沒有事先開啟模擬器，Appium 會自己把模擬器開起來），如果是從命令列執行測試，測試後的報告會在 */target/surefire-reports/*。

可以把這個測試案例加到 CI 納為行動端持續測試的一環，如果需要動用其他的自動化 API，像是點選、捲動、滑動等，可以參閱 Appium 文件（*https://oreil.ly/okAa5*）。

Appium 視覺測試外掛

Appium 視覺測試外掛會用 OpenCV 來做影像比對，OpenCV 是一款開源的影像處理工具，相較於第 6 章的 Applitools Eyes，這支外掛功能較有限，舉例來說，Applitools Eyes 會自己捲動網頁做整頁的比對，不需自行寫程式控制，但 Appium 這邊就需要自己寫程式捲動、抓圖、把它們拼接起來，然後才能做整頁的影像比對，但 Appium 外掛的優點是開源，一方面成本較低，一方面又可以與 Appium 無縫接軌，還是頗適合簡單的視覺測試之用。

讓我們為前面的測試加上視覺測試的部分吧！

設置

依下列步驟設置外掛：

1. 安裝 OpenCV：

```
$ npm install -g opencv4nodejs
```

2. 安裝 Appium 視覺測試外掛：

```
$ appium plugin install images
```

3. 啟動 Appium server：

```
$ appium server -ka 800 --use-plugins=images -pa /wd/hub
```

工作流程

這個 images 外掛有兩個用於視覺測試的 API，其一是比較基準圖與實際圖，如下所示：

```
SimilarityMatchingResult result =
    driver.getImagesSimilarity(baselineImg, actualScreen, options);
```

其二是取得 result 之相似性分數，可以拿這分數設界線當作失敗的下限，低於此一下限即視為失敗，用法如下：

```
result.getScore() < 0.99
```

此處的分數範圍是 0 到 1，最理想的狀況是 1 分，但由於各種細微的差異，實際上不太可能拿到 1 分，我們也可以拿界線值來控制測試的敏感度，請根據自身的實際狀況找出適當的界線值。

用上面兩支 API 來做視覺測試的流程滿簡單的，先幫應用拍一組基準圖，然後拿測試圖來做比較，如果分數低於下限就判定為測試失敗，範例 11-4 為前面的測試案例加上視覺測試的程式碼，它會在第一次跑時建立基準圖，注意您需要自行建立 BasePage 類別，並加入相關的初始化程式。

範例 11-4　以 Appium 2.0 外掛建立的自動化視覺測試

```
// src/main/java/pages/BasePage.java

package pages;

import io.appium.java_client.MobileElement;
import io.appium.java_client.imagecomparison.SimilarityMatchingOptions;
import io.appium.java_client.imagecomparison.SimilarityMatchingResult;
```

```java
import org.openqa.selenium.OutputType;
import io.appium.java_client.android.AndroidDriver;
import java.io.File;
import org.apache.commons.io.FileUtils;

public class BasePage {
    private File baselineDir = new File("src/main/resources/baseline_screenshots");

    public void checkVisualQuality(String screen_name,
        AndroidDriver<MobileElement> driver) throws Exception {
        File baselineImg = new File(baselineDir, screen_name + ".png");
        File actualScreen = driver.getScreenshotAs(OutputType.FILE);

        if (baselineImg.exists()) {
            SimilarityMatchingOptions options = new SimilarityMatchingOptions();
            options.withEnabledVisualization();
            SimilarityMatchingResult result =
                        driver.getImagesSimilarity(baselineImg, actualScreen, options);

            if (result.getScore() < 0.99) {
                File imageDiff = new File("src/main/resources/baseline_screenshots"
                                + "FAIL_" + screen_name + ".png");
                result.storeVisualization(imageDiff);
                throw new Exception("Visual quality hampered");
            }
        } else {
            FileUtils.copyFile(actualScreen, baselineImg);
        }
    }
}

// src/test/java/tests/HomePageTest.java

public class HomePageTest extends Base {

    @Test
    public void verifyFirstTextItemOnHomePage() throws Exception {
        HomePage homePage = new HomePage(driver);
        Assert.assertEquals(homePage.getFirstTextItem(), "Accessibility");
        BasePage basePage = new BasePage();
        basePage.checkVisualQuality("home_page", driver);
    }
}
```

這支外掛還有另一個 result.storeVisualization() API，可以用來檢視測試失敗時兩張圖片的差異，這裡也來了解一下它的用法，首先在命令列執行 mvn clean test，這會在 */src/main/resources/baseline_screenshots* 建立應用首頁的基準圖片，然後再跑一次，因為沒有任何變動，所以這次應該會 pass，如果要故意讓測試失敗，拿一張改過的 *.png* 圖取代原本的基準圖，然後再跑一次，您就可以在 baseline_screenshots 資料夾內看到測試失敗的比對圖，如圖 11-7。

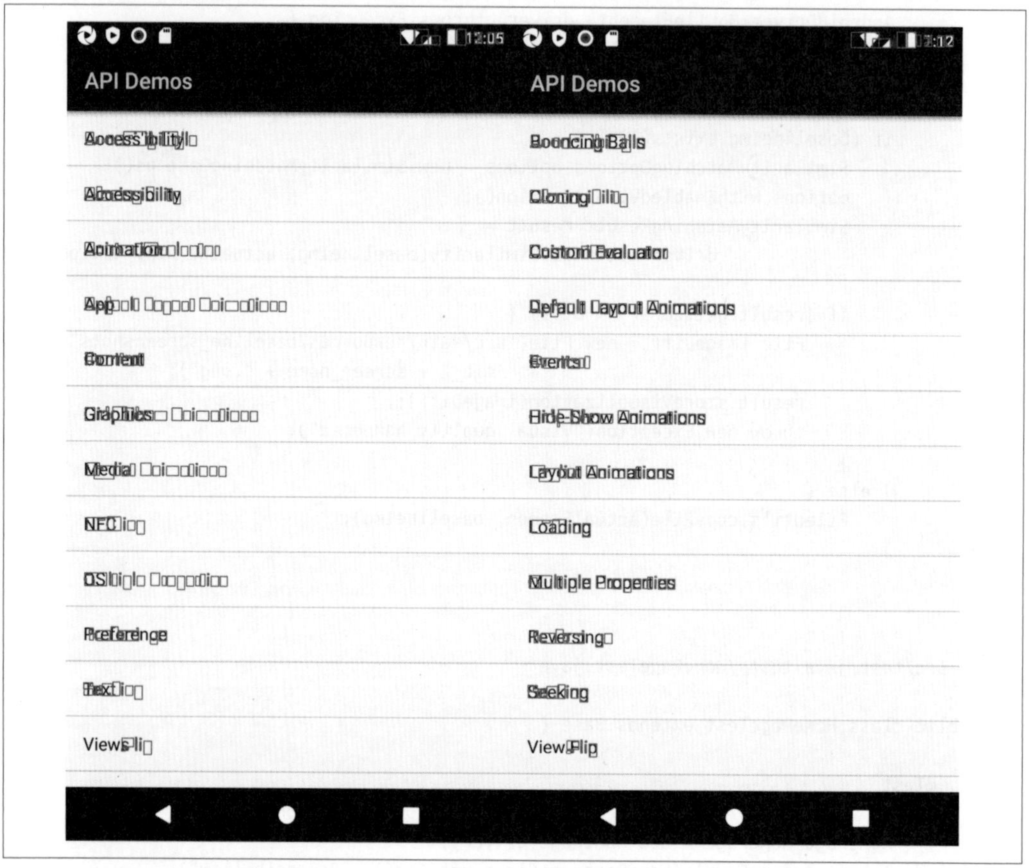

圖 11-7　視覺測試失敗結果圖

至此我們用 Appium 一步步建構了自動化的行動應用測試，並對其功能行為與視覺品質做了驗證，這也是行動端最為常見的兩方面測試，接著我們來認識一些別的行動測試工具。

其他測試工具

本節我們會認識一些用來做性能、安全、可用性、資料等方面的測試工具，雖然這幾種測試還沒有被廣泛的在行動端被採納，但建議可以在適當的時機導入，就像在網頁測試時那樣。

 這裡介紹的工具與流程大多以 Android 為主，但這些流程多半也適用於 iOS，或者某些工具在 iOS 有對應的產品，其中一些在前面的策略一節有介紹過。

Android Studio Database Inspector

如果您想查看行動本地端的資料庫，可以用 Android Studio 內附的 Database Inspector 工具（*https://oreil.ly/Lf1vF*），它有親切的 GUI，就像別的資料庫客戶端工具一樣，可以用它對資料增刪查改。

使用步驟如下：

1. 在 Android Studio 啟動畫面選 More Actions → Profile or Debug APK，然後選擇 .apk 檔案，注意此檔案必須打開 debug 開關才能用這個方法。

2. 選 Select → Tool Window → App Inspection，這會在螢幕下方開啟 App Inspection 面板。

3. 按綠色鈕啟動模擬器。

4. App Inspection 面板會出現 Database Inspector，注意我們此前用的示範應用並沒有使用本地 DB，圖 11-8 為另一支應用的範例，僅供參考。

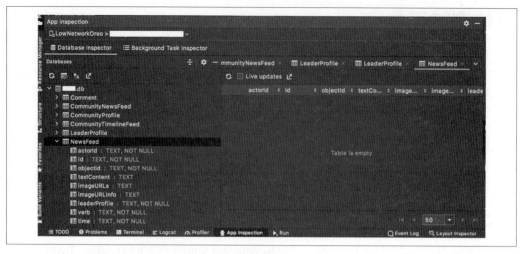

圖 11-8　Android Studio Database Inspector 工具畫面

通常來說，我們會用這個工具來確認資料有沒有存進去，也可驗證離線時的使用性，另外也可以看個資是不是有經過加密才儲存。

性能測試工具

在第 320 頁「性能測試」一節我們談到了在行動端性能的幾個面向，這裡我們會介紹實際會用到的三款工具。

Monkey

Monkey（*https://oreil.ly/fp9oQ*）可以視為 Android 的混沌工程工具，它會發起隨機的操作，包括觸控、輸入、點選等不同的手勢動作，並且偵測應用是否會因此當掉，Monkey 本身是個簡單的命令列工具，如果您已經裝好 Android Studio 的話，可以用它來玩一下前面的示範應用，它可以用在模擬器也可以用在實體設備，命令如下：

```
$ adb shell monkey -p "io.appium.android.apis" -v 2000
```

這條命令會發出 2,000 個動作事件，您可以在模擬器或實體機上看到它的動作，如果應用因此被玩壞，Monkey 會暫停並回報問題，您也可以以參數來控制它的行為，詳情請參閱它的文件（*https://oreil.ly/fp9oQ*）。

延伸控制項：網路節流閥

前面提過，對於行動端性能測試，其中一個主要的面向是網速的快慢，Android 模擬器可以讓我們模擬不同的網路型態，從 GSM、GPRS、Edge 到 LTE 都可以，還可以模擬信號的好壞，從最差到最好有四級，要使用這些控制項，可以在模擬器的側邊面板選「More options」，再選擇 Cellular，就會看到如圖 11-9 的畫面，其中除了前面講過的網路類型與信號外，還有資料狀態、語音狀態等其他控制項，可依您的測試需求隨喜選用。

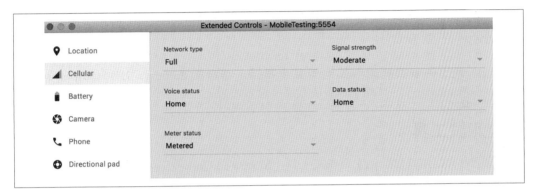

圖 11-9　Android 模擬器的網路節流閥

Appium 性能 API

Appium 提供了一支能量測 Android 記憶體、CPU、電池、網路的 API，您可以在跑測試的同時也呼叫這支 API 來測量彼時的性能表現，典型的用法如下：

```
driver.getPerformanceData("package_name", "perf_type", timeout);
```

其中 package_name 為應用的 package 名稱，可參考前面的自動化測試範例，perf_type 為要監測的對象，可以像是 CPU、網路之類的、timeout 為該 API 詢問性能資料的時間上限，超過會報錯。這裡的 perf_type 具體的值可以得自另一支 getSupportedPerformanceDataTypes() API，目前可用的值為：cpuinfo、memoryinfo、batteryinfo、networkinfo。

這支 API 內部是呼叫 Android 的 dumpsys 命令，這支命令會輸出系統的診斷資訊，因此這支 API 也只能用於 Android。

透過這支 API，我們可以在執行測試期間得到不同階段的性能數據，並且也可以對性能數據下斷言，舉例而言，我們可以在某個複雜的作業執行時取得其時之記憶體耗用數據，參照範例 11-5，範例中為示範應用開啟後的記憶體消耗數據。

範例 11-5　Appium 性能 API 輸出示範應用開啟後的記憶體消耗量

```
driver.getPerformanceData("io.appium.android.apis","memoryinfo", 10);

// 輸出內容
[[totalPrivateDirty, nativePrivateDirty, dalvikPrivateDirty, eglPrivateDirty,
glPrivateDirty, totalPss, nativePss, dalvikPss, eglPss, glPss, nativeHeapAllocatedSize,
nativeHeapSize], [11432, 4708, 1692, null, null, 20807, 4926, 1717, null, null, 12648,
14336]]
```

關於這些輸出內容的解讀與如何對其下斷言，請參閱 dumpsys 文件（*https://oreil.ly/qZ3wo*）。

安全測試工具

這裡我們會介紹兩款自動化安全測試工具：MobSF 與 Qark。

MobSF

前面介紹過，MobSF（Mobile Security Framework）是開源的安全測試工具，它能以靜態或動態的形式分析 Android、iOS、Windows 應用，還能用於惡意軟體分析，要使用 MobSF，請見下列步驟：

1. 下載並安裝 Docker Desktop（*https://docs.docker.com/get-started*），把它打開。（這裡讀者不需要很懂 Docker 沒關係，但在此得提醒：Docker Desktop 僅限個人免費使用，如果要裝在公司電腦請遵循公司政策。）

2. 跑 MobSF Docker 容器：

```
$ docker run -it -p 8000:8000
  opensecurity/mobile-security-framework-mobsf:latest
```

3. 這會在本機跑起 MobSF 服務，打開 *http://0.0.0.0:8000* 就會看到 MobSF 網頁了。

4. 從網頁上傳 Android APK，也可以用 InsecureBankv2 APK（*https://oreil.ly/YR5dX*），這是為了學習，故意做的有漏洞的應用。

5. MobSF 會掃描該支應用，並在頁面上顯示掃描結果，如圖 11-10，嚴重程度以顏色標示。

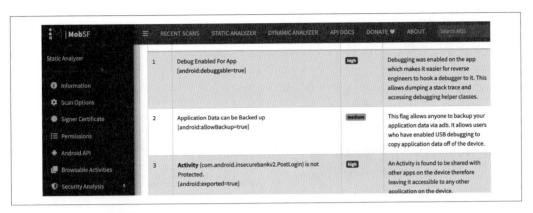

圖 11-10　MobSF 掃描結果

也可以參閱文件（*https://oreil.ly/nm84B*）把它與 CI 整合，如此就能自動掃描每次提交的程式了。

Qark

Qark（*https://github.com/linkedin/qark*）是另一款開源的 Android 應用安全掃描工具，它可以掃描 APK 檔案也可以掃描原始碼，它以 Python 開發，要用 Python 的套件管理工具 pip 安裝：

```
$ pip install qark
```

要掃描 APK 的指令如下：

```
$ qark --apk ~/path/to/apk --report-type html
```

掃描後會產出 HTML 格式的報告，裡面會標示有問題的地方。

如第 7 章所示，這類安全掃描工具能讓我們把安全測試左移到開發階段的前面，但取決於團隊專長與專案特性，在開發的後期仍然有可能需要外部的安全專家參與測試。

無障礙功能掃描工具

無障礙功能掃描工具是在 Google Play 上架（*https://oreil.ly/zSNKd*）的一款可用性掃描工具，安裝並授予權限後，開啟任一款應用，按藍色勾勾鈕即可開始掃描，畫面上會顯示錄製操作過程的按鈕，如圖 11-11。

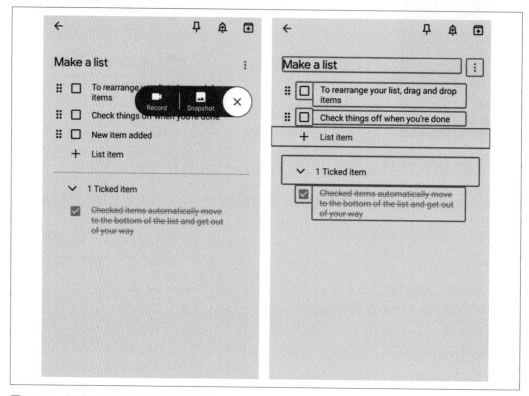

圖 11-11　無障礙功能掃描工具掃描結果

立刻馬上來試一下，打開一個應用，開始錄製，在應用內任意瀏覽，瀏覽結束後再按一次藍色勾勾停止錄製，然後就會顯示出該應用中每一頁的掃描結果，有問題或可以改善的地方會加以高亮標示，如圖 11-11，點選高亮處會顯示此處的問題解說，這個掃描工具也可以盡早在開發過程中導入使用，能及早發現可用性缺漏問題。

到這邊可以為自己來個愛的鼓勵，對於行動端的功能、跨功能測試工具，我們已經認識這麼多了，好棒！

觀點：行動測試金字塔

認識過這麼多行動端的自動化測試工具之後，我們要看怎樣才能把它們互相搭配使用，使它們各司其職，也要看看怎樣才能符合我們理想中的測試金字塔模型，這就開始吧！

前面說過，行動應用與網頁應用的基本架構是類似的：應用呼叫服務，服務呼叫 DB，所以底層的測試依然符合測試金字塔，這裡幫讀者回顧一下，測試金字塔是指越下層的測試越微觀、數量越多，越往上層越宏觀、數量越少，但對於行動測試，要不要遵守測試金字塔就有點爭議了，有些人認為在行動端的最佳模型是反金字塔，也就是在 UI 層有大量的手動測試，而單元測試只有一點點，會這樣說的人主要是基於兩個原因：其一是在行動端的單元測試或 UI 測試的範圍是受限的，其二是由於行動應用往往與裝置、OS 有著高度的相關性。

更明白地說，行動端的單元測試和別的單元測試沒什麼不同，一樣是針對單一類別或函式的小規模測試，但是行動應用的特性是許多功能大量依賴 OS API，這導致普通的單元測試難以驗證 OS API 的行為，雖然理論上 OS 廠商應該要負責測試自己的 API，但由於碎片化等種種問題，我們還是需要進行大量的 E2E 測試才能真正確保在這麼多裝置類型上每一家的 OS API 都如預期般運作，此外，相機、感測器等硬體相關功能以及滑動順不順、手勢能不能用等使用性相關的特性也都難以透過單元測試或自動化 UI 測試驗證，這些都是在行動端上必然需要手動測的部分。

在單元測試與 UI 測試都有所受限的情況下，行動端的測試模型是不是要金字塔就取決於應用本身的特性了，如果應用有大量的功能邏輯，並且與裝置硬體、OS API 沒有過多的瓜葛，那原本的金字塔模型依然適用，那些大量的功能邏輯之測試都交給單元測試，相反地，如果應用沒有太多自身的功能邏輯，並且大量依賴裝置機能的話，那的確它的測試模型就會是反金字塔，在這種情況，我們就必須準備更多的測試量能，因為一方面要撰寫大量的 UI 自動測試，另一方面又需要大量的手動回歸測試，還得要確保兩者間勞務的平衡。

本章要點

以下為本章要點：

- 隨著人們對行動裝置的依賴日益加深，以及企業在行動裝置上的日益投入，我們可以預見未來行動應用的開發只會越來越多，身為軟體開發者與測試者，我們應當準備好行動測試的技能以應付新的需求。

- 行動測試與網頁測試有著方方面面的不同,本章從三個方面著手,分別是裝置、應用與網路,這三大面向及其內的各項特性對於軟體開發團隊而言是一種挑戰,它的整個開發週期,從設計、到開發、到測試都不同於以往。

- 我們的行動測試策略應該做全面性規劃,意即應該要有微觀、宏觀的測試案例,也要有測試左移,更要有跨功能面向,像是安全、性能、可用性等等。

- 本章的演練和其他測試工具之中詳細介紹了各種用於行動測試的工具,包括功能、跨功能,手動、自動都有。

- 行動端的測試金字塔有可能是反過來的,取決於應用本身的特性與功能,要採用哪種模型最好盡早決定才能對後面的測試量能做出最好的安排。

第十二章

邁出測試之外

常人從法，職人從理。

到目前為止，我們談了許多身為軟體專業人員所應具備的測試技能，透過這些技能讓我們得以交付高品質的應用，測試是一項包羅廣泛且持續發展中的專業，經歷數十年的發展，不斷的有新流程、工具、方法誕生，前面十個章節中我們分別探討了當代測試的十大面向，然而隨著時代的演進，未來的測試需求只會更多，但不變的是測試的基本原則，這些是所有測試技術與領域的根本，我們應該試著去理解這些第一性原則，它能為構築起我們對測試的基礎架構與認知，不論未來測試的外在世界如何演變，保有核心的原則才是帶領我們走向成功的途徑。

本章會概略介紹測試的第一性原則與它們的主要優勢，並且看看哪些現有的工具與實踐方法是基於這些原則發展的，另外也會談到身為個人，該如何利用自身的軟技能與硬技能來貢獻給團隊，使團隊得以交付高品質的軟體，最終取得全面性成功。

測試的第一性原則

圖 12-1 展示了七項測試的第一性原則，下面的章節我們會逐一說明。

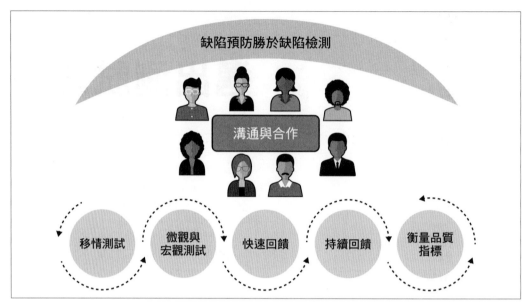

圖 12-1　測試的第一性原則

缺陷預防勝於缺陷檢測

雖然我們說測試是為了找出應用中的問題，但測試的核心意義應該是預防缺陷發生，至於為什麼要避免缺陷，主要是因為缺陷的事後修正成本往往都相當昂貴，就好比在已經開裂的牆上補灰泥（plaster），或是在已經粉刷完的牆上再蓋一層漆，新漆往往要在整面牆上刷好幾遍才能蓋掉原漆，軟體工程也有類似的問題，伴隨缺陷而來的往往是可觀的架構重構，不僅耗時耗錢也耗工，因此這項核心教條告訴我們，那些實踐、工具、方法的重點應該是預防缺陷的發生，並在發生的第一時間就解決掉，而不是等到最後才檢測再修修補補。

當代軟體世界中對於實現此一原則的具體實踐方式有以下這些：

- 迭代規劃會議（iteration planning meeting，IPM），在每次迭代 / 衝刺（sprint）前舉辦，用於確認用戶情境（user story）和細節，這是個開放的小天地，團隊成員可以在過程中以腦力激盪的方式想想有哪些漏掉的整合情境或極端案例。

- Three amigos（三友）流程（*https://oreil.ly/9v2hs*），在分析階段，由商業代表、開發人員、測試人員三方共同詳細檢討每個功能，這個流程旨在蒐集三方面的意見，確保所有的整合情境與極端案例都有經過審閱沒有遺漏。

- 與前面類似的情境啟動會議（user story kickoff），在某張情境卡片要開始實作時舉辦，用於再一次確認三友流程的結論，實務上這場會議也常常用於討論測試項目，如此也達成了測試左移的目的。

- ADR（architecture decision record，架構決策紀錄）（*https://oreil.ly/qSMX4*）與測試策略，這兩者記載了我們專案具體要達成的品質目標，也是團隊的行動綱領。

- TDD（test-driven development，測試驅動開發）可以促使我們在開發期間去思考任何的極端案例，包括極端中的極端。

- 雙人編程（pair programming），這是另一種能早期預防爛 code 缺陷的開發方法，它也能避免遺漏某些極端案例。

- 程式碼靜態分析器（linter），也能在開發的同時幫我們抓出不良的程式。

如您所見，這些都是實務上用來做缺陷預防的措施，預防勝於檢測不僅適用於測試，也適用於任何其他領域。

同感測試

測試是讓自己化身成某個代表終端用戶的角色，當我們戴上測試的帽子，我們應該以角色的利益為中心，擺脫業務需求和技術細節的干擾，我們不能只滿足於通過驗收，應該要追求持續改善，我們必須站在用戶的立場去探索應用，因此，在開始測試之前，認識您的用戶，讓自己能夠與他們產生共感就相當重要了。通常，開發團隊會根據複雜性和時間等因素對用戶的需求進行權衡調整，然而身為測試者，我們應該與用戶站在同一陣線，把他們的觀點放在首位，以用戶利益為優先來重新思考所謂的權衡，儘管我們也是團隊的一份子，但在測試時我們應該站在用戶至上的角度。

微觀與宏觀測試

在第 1 章提到，高品質的軟體來自微觀與宏觀兩種層級的測試，回顧此一概念，所謂的微觀測試，指的是針對小規模功能或程式的測試，它針對的是細部的邏輯，像是總金額算的對不對這樣的測試，也包括該功能的各種極端案例（負的金額、很多小數等等），而宏觀測試驗證的是一系列動線的正常與否，包括跨模組的資料正不正確、元件間的整合運作正不正確等更高層次的問題，舉例來說，像是驗證訂單從無到有的這整段流程，其中涉及到與第三方服務的串接有沒有異常、UI 動線有沒有問題、訂單建立有沒有成功等等各方面的驗證。

在第 3 章，我們談到了自動化功能測試，包括它的策略規劃、它的微觀、宏觀測試等主題，簡而言之，單元測試、整合測試、規約測試這幾種測試針對的規模較小，也就是所謂的微觀測試，而 API 測試、前端 UI 功能測試、視覺測試等覆蓋的面積較大，也就是所謂的宏觀測試，此外，我們也談到了微觀與宏觀測試間比重分佈的議題，一旦分佈失衡就會使反饋難以即時取得，進而影響到產品的品質。

測試比重不平衡帶來的另一個大問題是使生產環境埋下更多的潛在缺陷，只注重宏觀面測試的團隊必然會忽略小細節，舉例來說，某個只追求宏觀測試的團隊只會看訂單建立流程成不成功，或者如果缺貨那訂單建立流程有沒有失敗這樣的問題，然而他們可能會忽略萬一金額是負的，或者某個小數點位數變超多的情況，這些邊邊角角的問題一樣有可能導致訂單異常，一旦忽略就埋下了潛在的缺陷，所以我們在規劃測試時應該同時站在微觀與宏觀的角度去設想，確保沒有遺漏任何細節。

快速回饋

快速回饋是另一項基礎原則，追求的是盡早找出缺陷，讓缺陷能更快修復，也讓發佈能更快，一項缺陷修正所需時間與它有多快被發現兩者是強相關的，一項功能在開發期間有問題，開發人員當下最能掌握程式的邏輯也能最快找到真因做修正，一旦等到開發人員轉去做別的功能時才又要跳回去重構原本的功能，他們早就忘了當時該功能的邏輯細節，因此要花更久的時間才能修正。

再者，調查缺陷的時間越長也會導致修正缺陷的時間越久，舉例來說，有個嚴重的臭蟲在功能做完兩個禮拜才發現，我們不僅要為該臭蟲開立工卡、標示嚴重度、往回翻程式碼看是哪次提交引發的、最後再找到對的人看他有沒有時間處理，然後等到開始著手處理又要幾天時間，甚至幾週，更糟的是，過這麼久有時候還是修不好，必須傷筋動骨的大範圍重構，如此使得原本就很久的時間變得更久了，這就是缺陷太晚被發現所必須付出的代價，也是我們追求快速回饋的主要原因。

天下武功唯快不破，但到底怎樣才是快？本書每一章都在講測試左移講這麼多都是為了這四個字「快速回饋」，來回顧一下從第 2 章到第 4 章的內容，我們談到一些能實現快速回饋的實踐方法，像是 dev-box 測試（在開發機跑自動化測試），又或者是講測試分配的金字塔模型，這些都是可以參考的實際方法，另外，情境卡片制定好後交由產品負責人或商業代表簽名畫押，然後在一個衝刺（sprint）告一段落、該張卡片工項完成之後展示給所有關係人（stakeholder）看，他們也能當場確認想的和做的是否一致，有沒有漏掉什麼，這也算是一種快速回饋的具體做法。

簡而言之，快速反饋就好比在最好的時間收穫的莊稼，一旦晚了，品質也就差了。

持續回饋

快速回饋的下一步是持續回饋，如果每個功能都只測試一次是絕對不夠的，隨著新功能的加入和既有程式的重構，我們必須以回歸測試來確保原有功能的正常，透過持續回饋機制，我們才有可能在問題還小的時候發現它，避免到最後才發現影響到發佈時程，另外，持續回饋也是持續交付得以實現的基礎。

如第 4 章所言，實現持續回饋的主要方法就是落實持續測試，這邊再次強調持續測試的施行重點：把微觀、宏觀、跨功能測試都納入 CI，讓每次的提交都經過測試，如此就可確保每個提交在各種品質面向上的狀態，也就有了所謂的持續回饋，進而才有可能建構後面的持續交付。

衡量品質指標

幾乎任何事物都可以經過量測後加以改善，所以我們有了一大堆的 KPI，這些 KPI 催促著我們想辦法提升自己的績效數字，因此對於品質的追求，首要之務也是要知道當下的品質狀態，但話說回來，如果過份看重表面的數字指標，那必定只會落入追求數字或玩弄數字的遊戲而忘了指標背後真正的意義，因此對於指標的追求應該拿捏合度，明智的決策才有可能帶領團隊朝向共同的品質目標邁進。

下面是一些能為我們帶來益處的品質指標：

自動化測試抓到的缺陷數

　　自動化測試就像是保護我們的安全網，它能在前期就替我們捕捉到大部分的問題，讓我們在施作新功能時能更有信心，不會擔心加了這個壞了那個而瑟瑟發抖，同時這項指標也表示自動測試安全網的強健程度。

從提交到部署花費的時間

　　前面提過，快速回饋是讓專案往前推進的重要原則，除了前面提過的部分，對於所有的提交，也都應該在 CI 中發起對該提交的自動測試，並且自動部署到 QA 環境做進一步的探索性測試，然而有些團隊可能因為測試本身的不穩定或者環境的問題，導致 CI 跑測試或建置的時間超級久，這導致了原本的快速回饋變成龜速回饋，也導致了生產力的降低。

自動化部署到測試環境的次數

這項指標與前一項可以分別用來表示對於新的提交我們能多快進行部署，以及這些部署又有幾次是成功的，最理想的狀況當然是希望自動測試這張安全網足夠完善，讓測試和部署都能又快又順利，然而如果您發現自動部署到測試環境的成功次數偏低的話，原因可能來自基礎設施、測試本身等各種原因，不論原因為何，這種現象表示我們的回饋循環過程必定有地方需要再改進。

在情境測試中出現回歸缺陷的數量

在情境測試中出現回歸缺陷（regression defect）表示缺乏相關的使用案例或者自動化測試案例，舉例來說，某個查詢功能應該要以 equals 條件查詢，但自動測試這邊卻用了 like 查詢，導致查詢依然被接受，但實際上回傳的結果是錯的，測試案例應該也要配合測試對象做改版，如同第 3 章提到的，一旦出現回歸缺陷，那背後更深層的原因可能是團隊陷入了某種反模式，對此我們應該立即找出內部的真因並且改進我們的流程。

以測試重要性為基礎的覆蓋率指標

詳細記錄覆蓋率的變化以及對於重要測試的覆蓋率讓我們得以達成清空工項（backlog）的目標，也能藉此得知那些工項應該列入下個迭代的重點項目，藉由逐次迭代把它們一一解決。

生產環境的缺陷數及嚴重程度

追蹤生產環境的缺陷能讓我們知道我們忽略了哪些問題，包括有哪些遺漏的使用案例、哪些錯誤的配置、哪些不正確的資料等等，找出這些問題的真因，並且撰寫相關的測試案例確保爾後不再復發，另外也要適時地隨著專案的演進更新我們的測試策略，讓測試策略也像專案一樣與時俱進。

終端用戶的使用性評分

在開發階段就開始收集終端用戶對用戶體驗（UX）的反饋，這有助於我們去改善 UX 設計，也能使相關指標持續提升（像是要獲得資訊要經過幾個按鈕、文字好還是圖示好之類的使用數據指標）。

基礎設施故障的問題數

追蹤基礎設施發生的問題，例如測試環境一下好一下壞、CI 跑一跑失敗、測試和開發環境的配置不一致等等的問題，有時候要讓基礎設施能夠擴展或更穩定還需要償還一下前面留下的技術債。

跨功能相關指標

持續量測關鍵指標並且呈現給團隊同仁，在每次迭代的成果展示中納入安全掃描找到的問題，也納入跨功能需求測試的覆蓋率數據及相關指標（跨瀏覽器測試覆蓋率、混沌工程測試結果、本地化測試覆蓋率等等）。

以上提到的這些追蹤指標都與第 4 章的四大關鍵指標相呼應，這些指標重視的是程式碼的穩定性與交付的節奏，這兩者也是我們所著重的品質面向之一，以四大關鍵指標的**交期**（從程式碼提交到部署至生產環境的時間）為例，高級的 elite 團隊應該要在一天內達成，在已經有足夠多的自動測試安全網的情況下，我們就可以更有信心應付任何快速的內外在變動並滿足如此緊迫的要求。

四大關鍵指標的**部署頻率**對於 elite 級團隊的要求是「根據需求」，從這兩項指標我們可以得知自身的交付節奏，而下一項指標**改版改壞比例**則用於表示發生在生產環境的缺陷（意即發佈到生產環境後問題發生的比例），這項指標的要求是 0-15%。以上這幾項重要的指標，只要對它們進行常態追蹤，就能激勵團隊自發地追求製作出高品質的軟體。

品質的關鍵是溝通和合作

測試不能只是一個人的獨角戲，要賦予測試更大的價值就必然要多方面溝通，要完善測試就必須了解商業需求、領域知識、技術框架、環境細節等等不同方面的事務，這些事務都需要與團隊中不同的角色進行長期的合作與交流，具體可以透過一些敏捷開發中的方法，像是站立會議、情境啟動會議（story kickoff）、迭代規劃會議（iteration planning meeting，IPM）、dev-box 測試等等，也可以透過一些文件來幫助分析與彙整結果，像是 ADR（architecture decision record，架構決策紀錄）、測試策略、測試覆蓋率報告等等。由於當今工作走向全球化，我們不能期待溝通百分之百有效，必須透過文件、錄影、email 等媒介把紀錄留存作為往後行事的依據，也做為全球分工下彼此交流的根據。

綜合本節，此處介紹了七項軟體測試的主要原則，只要牢記這些原則，就算往後有新的領域、新的技術，在原則的綱領之下也還是可以發展出有效的測試策略，這也是我的親身體驗，不論一個專案有哪些新技術或新領域，只要把握好這幾個指導原則，它都能帶我們產出高品質的成果。

用軟技能建立品質第一思維

這裡首先再次回顧軟體開發的幾個主要面向－設計、分析、開發、基礎設施等等，它們都是建立高品質軟體不可或缺的要素，而品質測試也是另一個主要而且相對重要的面向，我們有必要讓所有的團隊同仁都建立起對品質的共同目標，品質並非一己之力，也沒有任何人能把品質置身事外，維持品質就像一場接力賽，只要有人落後一點點就可能導致整體落後，對於建立品質第一思維，軟技能扮演了重要的關鍵，如果您是測試人員，下面是一份可用來建立起全團隊品質思維的軟技能列表：

推動成果的能力

只要團隊的每個人都能專注於做出品質，眾志成城之下自然產品也會是高品質的，UX 設計師負責做出最合乎用戶直覺的介面與體驗、產品負責人／商業代表負責規劃出最貼近用戶需求的產品、開發人員負責建立最棒的架構以及最強健的程式，而測試者也要負責做好測試工作，除此之外，測試者也肩負推動品質實踐的工作，把品質最佳實踐落實到每個人的日常工作中，包括確保同仁都有採用那些缺陷預防的方法與工具、確認持續測試是否有徹底進行、追蹤自動化測試的覆蓋率、唯有通過自動測試後才把工卡視為完成，以及本書所談論的其他種種具體品質措施等都應該全面落實到人人的日常工作中。

合作

只有透過與所有團隊成員、客戶與商業夥伴的密切合作，才能灌輸品質是團隊責任的心態，我們不可能只靠獨善其身就做出好的產品，必須要採取更廣泛的合作，以制定測試策略為例，不可能只靠您我和開發人員就能制定出完善的測試策略，還需要與商業代表共同合作，找出那些我們未知的測試案例，唯有如此才可能產出足夠完善的測試策略，也更能預防未來潛在的缺陷。

有效溝通

有時候，任務的成功與否取決於溝通的方式，所謂有效的溝通，指的是在對的時機以對的方式進行溝通，身為測試者，我們應該讓團隊成員清楚的知道，產品的品質要求在哪裡，以及我們該怎麼做才能達到要求。

優先次序

如果沒有排定優先次序測試將成為一場無盡的任務，有時候在開發端的小任務到了測試端卻有著不成比例的大量工作，這種情況會使測試排程陷入混亂，要避免此類情事發生，我們應該在動手前先針對每則情境去規劃測試工作的優先順序，並估算在一次完整的迭代中，這些測試工作所需要耗費的測試能量，如此才能讓我們在不犧牲品質的情況下準時交付。

關係人管理

一個專案的關係人（stakeholder）包括客戶、經理、同事、主管，以及所有影響專案走向的相關人等，我們必須公平地滿足它們對各自在乎的品質的期望，有些客戶會希望百分之百的自動測試覆蓋率，但這是不現實的，而另一方面，相較於品質，經理更在意能不能如期上市，對於這些分歧，唯有靠我們透過積極的合作與溝通，喬出大家都認可的優先順序，才有可能讓專案走向成功。

訓練與指導

新人到職是常有的事，對於新人我們不能期待他們有多天才，但是在人人有品質的概念下，每個人的確都應該要知道自身在品質事務上所需要落實的測試方法與工具，因此，身為測試者我們（及其他同仁）應該主動協助新人熟悉我們的工作流程，分享我們的知識讓他們能快速達到我們需要的水準。

而且要注意到，這裡所謂的訓練或指導並非只是一般的入職課程，而是一種持續的學習活動，讓新人能精進它們的軟技能，最終讓他們能自我激勵變成團隊的品質模範生。

擴散影響力

影響力是重要的，尤其是身在大型團隊與面對新客戶時，沒有影響力，就算規劃得再漂亮也沒有人會買單，影響力也是獲得支持的關鍵，它能幫助您說服老闆採用您的方法和工具，但當然，建立影響力沒有公式也沒有捷徑，我們只能努力產出高品質的成果，並展現前面的六項軟技能，用成績為我們自己建構影響力。

比起硬的技術，軟技能有時更顯得難以駕馭，需要勤加練習，但只要夠努力，有一天您會驚訝地發現您已經能掌握住它們了，只要適時運用就會發現這些技能能為您帶來相當大的好處，也能為團隊帶來更大的成功。

結語

對於確保應用品質的方法與技巧，這個議題是如此龐大，但終究也來到了本書的終點，此刻我必須說，測試是一段持續學習的旅程，本書所討論之一系列實踐方法，只要能積極運用，未來也將帶給您自己更多對於測試的自我見解，另外，就像開頭說的，測試是一塊高速發展中的新興領域，隨時都有新的工具、流程、實踐產生，這種快速增長有時似乎令人措手不及，這時我們可以稍停下來，要知道這些事物的發展本質上必定都是呼應我們前面提過的測試第一性原則，我們只要靜下來弄清楚想明白這些基本的道理，然後搞懂他們的定位與作用也不過就是一塊蛋糕的事罷了，最後，結合本書講授的全棧測試技能與您自身的軟技能，將能使您走向高效交付高品質軟體的大道。

至此我們已經到達本書的結尾，但後面還有同場加映專門介紹最新技術的一章，裡面會介紹四種新技術以及它們各自的特性，希望讀者能享受這部分內容，並帶領您以不同於網頁或行動端的觀點來看測試。

在此我要感謝讀者對開拓自身視野的勇氣，也要感謝您陪我一同走過這條漫長的路，您的行動表示了對於軟體品質的重視，這樣的態度值得令人稱讚！希望這本書在測試技能方面能帶給您有效的指導，也希望書中的實踐方法能落實到工作中，祝各位讀者一切順利，後會有期，感謝您給我機會與您一起閱讀本書！:)

第十三章

新興技術測試簡介

科技的日新月異既令人振奮又令人目眩！

科技在過去十年中取得了巨大的飛躍，許多在小時候科幻片裡的事物突然成為真實一無人偵察機、指紋登入、智慧助理、全沉浸遊戲等等等，我們也開始越來越常聽到這些流行詞彙—AI、ML、人本 AI、區塊鏈、AR、VR、MR、機器人等等等，滿滿的新詞彙有時令人霧裡看花，想要了解這些當代流行的技術，可以先把它們分門別類，在此我們將它們分為幾個主題一一探討：

類人互動

長久以來，我們與電腦的互動都是透過鍵盤與滑鼠，而近來，有更豐富也更接近人類直覺的互動形式開始出現，觸碰、語音、手勢等等，例如 Fitbit 手環和 Alexa 音箱，它們與我們之間的互動，與其說是互動，更精確的說是交談。

擴增智慧

增強人類智能，使我們的生活更加輕鬆的技術，像是智慧助理、個人化推薦、聊天機器人等，這些新科技都已經永遠地改變了我們的生活方式。

標準平台

當前的趨勢是把資料、服務、基礎設施等包裝成技術平台（*https://oreil.ly/SEKEk*），使底層的技術框架有更好的重用性與擴展性，讓新的產品能以平台為基礎快速發展迎合市場需求，我們把這類應用稱為**超級應用**（*https://oreil.ly/an6sR*），典型的代表有 Uber、WeChat、Grab、Gojek 等等，它們都分別打造了自己的技術平台。

萬物相連

不只是人，物也都開始上網了，我們活在一個手機、手錶、咖啡機可以互相溝通的時代。

Thoughtworks 的 podcast 節目 *Seismic Shifts*（*https://oreil.ly/ijGuG*）和 *Looking Glass* 報告（*https://oreil.ly/V6IjS*）都有談到更多關於這些前沿科技的議題，有興趣的讀者可以進一步了解。

這些新興黑科技有些還沒有成為主流應用，因此它們的測試手法多半也不夠健全，但我們可以超前部署好在未來的第一時間對它測而試之。本章我們會介紹四種新興技術，分別為 AI/ML、AR/VR、區塊鏈、IoT，並且討論它們與測試有關的那一面，但顯然以一章的篇幅不可能完整塞入這四個主題，因此本章只會著重在這些科技是什麼以及它們的發展方向。

AI 與 ML

AI（artificial intelligence，人工智慧）是電腦科學界的一門領域，它讓機器也能做到只有人類才能從事的工作，或者說模仿人類的智慧，而其中的*強 AI* 理論上可以做任何人類會做的事，AI 的訓練是透過 ML（machine learning，機器學習），這是電腦科學界的另一門相關領域，指的是電腦可以透過程式自主學習，而不是透過固定的程式邏輯執行任務。

現今 AI 與 ML 常常被人們混用，它們不同的點在於，任何能展現出近似人類行為的都可以被稱為 AI，而 ML 專指透過機器自我學習來衍生出自身行為模式的 AI，舉例來說，在過往我們會用既有資料與複雜的邏輯去建構 AI，但這種 AI 就不能稱為機器學習，這兩者的區別在後面談到 ML 程式時會更明確。

ML 簡介

一般來說，我們寫程式都是一行行的邏輯，電腦也一行行的執行，這也是長久以來我們習以為常的模式，但現在有一種程式它讓電腦可以自主學習，不用靠人類去一行一行的寫，聽起來很神對吧！這也表示像社群媒體的仇恨言論過濾器可以不用依賴人工設條件而能自行決斷，像這樣的例子也讓我們更好明白機器學習和傳統手刻程式的差別。

以上面提到的仇恨言論過濾器為例，在傳統的程式中，我們必須要逐條列出哪種內容的仇恨值高，再把它們寫成程式的形式，舉例來說，我們可能會用關鍵字判斷，凡是有自殺、性之類的關鍵字就觸發警示，或者更粗暴一點直接把特定出口成髒的用戶 ID 標記成黑名單，讓他們的發文不要出現在別人的訊息流中污染眼睛。

但這種方式有效嗎？就算我們列了一百個關鍵字，人們還是會生出一千個關鍵字讓我們抓不勝抓，黑名單也是一樣，嘴臭的人被封也可以開新帳號繼續發他的垃圾話，這類問題的根源在於條件本身就是變動的，以致於用傳統程式很難做出萬全的解決方案，這也是機器學習較傳統程式更能使得上力的地方。

而如果是走 ML，那就會像圖 13-1，我們把大量事先標記好仇恨、非仇恨的資料餵給機器學習模型，這項工作我們稱為訓練，這裡的模型本質上是一些數學演算法，它會根據標記與內容去學習，這種方式就像人類大腦的學習過程一樣，當我們看過各種被稱為蘋果的東西，各種尺寸、各種外型、各種顏色、各種角度，幾年之後，當看到類似的東西不需要別人告訴我，我們就能知道眼前這東西就是蘋果，而且也絕不會把蘋果當成柳丁。

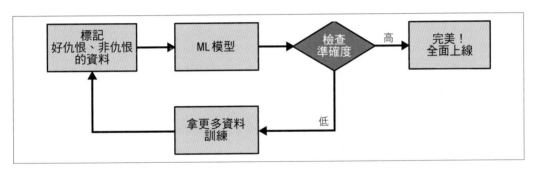

圖 13-1　ML 的仇恨言論過濾器

模型訓練好之後，它就可以告訴我們一篇貼文是不是仇恨貼文了，雖然剛開始它的判斷可能還不是非常準確，就像我們人類的小朋友一樣，我們也要持續訓練它，並且每次訓練也要拿新的資料來驗證它的準確性，這些用於驗證的資料是無標記的，稱為測試組，而用於訓練的則稱為訓練組，一旦訓練到準確度夠高了，就可以部署到生產環境，並且往後也還是要持續訓練，因為人類的詞彙也總是隨著時間而演變。

以事先標記好的資料訓練的模式稱為監督式學習，有的 ML 演算法也可以拿完全無標記的資料學習，它們會自動去學習區分資料中的特徵模式，這種學習模式稱為非監督式學習。

簡而言之，ML 從收集大量資料開始，然後對資料作標註，分出訓練組與測試組，拿訓練組餵給 ML 模型，再拿測試組驗證模型的準確性，如果 OK 就部署上線，最後再持續訓練，市面上有一些機器學習框架可以幫忙我們做這些事，像是 scikit-learn、PyTorch、TensorFlow 等等，機器學習大多應用於醫療、銀行、社群媒體等產業，未來會有更多的產業也投入 ML 應用，下面我們來認識一下它的測試。

ML 應用測試

多數的 ML 應用也是走典型的前後端架構，只是在後端服務中整合 ML 機能，以前面的言論過濾器為例，它的通訊流程大約是這樣：用戶發一篇貼文、前端 UI 把貼文內容傳給服務端，交給模型判斷有沒有仇恨，如果有仇恨，服務端回報給前端，前端再把仇恨貼文對外隱藏起來，因此在測試方面，也是採用既有的模式，但必須額外考量以下幾點：

驗證訓練資料

訓練資料的良莠很大程度影響模型的優劣，簡單說就是垃圾進垃圾出，所以在 ML 應用中對於訓練資料的品質是必須要把關的。因為訓練的資料量要夠大，所以我們可能會從各個來源找資料，有可能來自公開的資料庫，也有可能來自各路爬蟲、用戶輸入、系統紀錄等，這些來源不一的資料導致資料的格式與形式各異，總之就是亂七八糟，在我過往的經歷裡，某個資料集來自社群媒體的貼文，有文字的，也有含圖片的、影片的、動圖的，有留言的、有 hashtag 的等等各式各樣的，裡面又有不同的尺寸、檔案格式、背景色等各種樣式，如果都沒整理直接餵給模型，模型會難以辨認到底哪些才是重點，它會分不清楚仇恨內容的特徵是什麼，如果是關鍵字它也會因為雜訊太多訊號弱而難以正確識別。

典型的作法是對資料做清洗、去除雜訊、轉換成標準格式，最後才餵給模型訓練，這段清洗與轉換的過程也是需要測試的，下面是幾種需要測試的項目：

- 如果數值的數量級差異過大，例如有些是小數點有些是指數，那就要統一轉換成一致的數量級，這個轉換機制也需要測試。

- 如果資料內有空值或空白，也應該以預設值填入，或是把它們剷除。

一般來說，資料中一些與應用領域有關的部分也要測試到，像是社群媒體的貼文有字數上限，這也會影響到資料的品質，必須驗證每則貼文的內容是不是完整的，通常我們會以單元測試來驗證這些清理與轉換機制的正確性。

驗證模型品質

一個模型的品質可以有多方面的指標，像是錯誤率、準確率、混淆矩陣、精確率、召回率等等，這些指標都可以透過計算獲得，這裡介紹其中的精確率與召回率：

- **精確率**，顧名思義，就是表示一個模型能多正確預測結果（也就是真假陽性中真陽性的佔比），舉個簡單的例子，假設模型判為仇恨言論的 100 篇貼文中有 99 篇的確是仇恨，那它的精確率就是 0.99。

- **召回率**，相較於上面，這個指標用於表示在所有仇恨貼文中，被模型正確識別出來的有多少（即真陽性和假陰性總數中真陽性的數量），如果在 110 則仇恨貼文中模型識別出其中 99 則，那召回率就是 0.90。

前面提到的幾個 ML 框架也都有計算模型品質指標的功能，在開發新模型時可以拿這些指標當作跑 CI 成功或失敗的依據，另外還可以用 MLflow（*https://mlflow.org*），這是一款開源工具，它可以用來檢視每個模型版次的績效數據。

驗證模型偏見

資料品質的差異是一個問題，而更糟的是模型會有偏見，最近 Twitter 的影像裁切 ML 演算法就上演了一場輿論風暴（*https://oreil.ly/lVoeN*），有人發現他們的裁切算法會優先保留白人的臉，而黑人的臉有可能被忽視，這導致 Twitter 只能先把這個自動裁切功能下線，這種偏見來自訓練資料的不平衡，如果訓練資料都只有特定族群，那訓練出來的模型也就只能辨識出該族群的特徵，所以不論是資料本身或是模型都要去測試它們是否有某種偏見或偏差，這方面可以使用開源的 Facets（*https://oreil.ly/wVyQt*），它可以用視覺化的方式呈現出數據的分佈模式。

整合驗證

後端資料層、模型層、API 層三者之間的整合也應該要測試，可以用規約測試或整合測試進行。

只要做好這幾項測試，也就能做到持續交付，另外，我的一些同事在 Martin Fowler 網站上也有發表一些關於機器學習持續交付（Continuous Delivery for Machine Learning，CD4ML）的文章（*https://oreil.ly/3v0gl*）。

區塊鏈

John Hargrave 爵士和 Evan Karnoupakis 在他們的《What Is Blockchain》(*https://oreil.ly/SNWNJ*)中用一句話解釋區塊鏈：「區塊鏈是貨幣互聯網。」如果我們把貨幣理解為有價證券，那它可以是股票、債券、紅利點數的互聯網，它們以網際網路為平台做點對點的資訊交換，站在這個角度看，區塊鏈可以被視為交換任何資訊的平台。

區塊鏈之所以叫區塊鏈，是因為它的每筆交易（價值交換）成立都會有一個「區塊」，裡面是該筆交易的資訊，以及前一筆交易的雜湊值，透過雜湊值，每個區塊都可以指向前一個區塊，因此串而成「鏈」，也就是區塊鏈，參見圖 13-2。

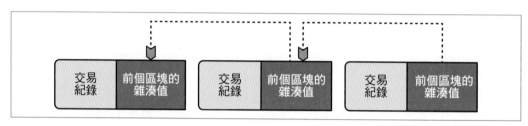

圖 13-2　帶有交易資料的區塊串聯成鏈

這就是區塊鏈的安全所在，如果有偷改了某一區塊的內容，那它的雜湊值和下一個區塊的記錄的雜湊值就會對不起來，造成斷鏈，透過這樣的機制，我們可以說區塊鏈的內容是不可變的，新的區塊可以加入，但既有的區塊一旦生成就再也無法變更了，一般來說，區塊鏈的雜湊演算法會用 SHA-256 這類的高端算法，這讓駭客難以破解。

創造這樣一個強固系統背後的理念是什麼？2008 年，一位自稱為 Satoshi Nakamoto（中本聰）的人士發表了比特幣白皮書《Bitcoin: A Peer-to-Peer Electronic Cash System》(*https://oreil.ly/50nLa*)，裡面談到了所謂數位貨幣或電子現金的概念，這是一種無須透過像銀行這樣的中間機構介入的轉帳機制，這背後的思維很簡單：賺錢不容易，應該要能夠自己掌控，也就是錢取之於我，用之於我的概念，這個概念點燃了開發社群的興趣，他們很快開始實做白皮書中的理論，隨後成為今日區塊鏈技術的基礎，這個技術的幾個關鍵特性是，區塊鏈是去中心化的點對點交易，而安全性是此模式能成立的重要關鍵，特別是牽涉到錢這件事時。

區塊鏈概念簡介

下面我們來談談區塊鏈的組成元素，以及區塊鏈需要進行哪些測試的話題。

去中心化帳本

帳本用於記錄帳戶的進出資料（即交易的流入、流出），區塊鏈的帳本是去中心化的，也就是說，帳本不歸特定人所有，而是由全體用戶共同持有，所有想要進行交易的個體都可以取得帳本的副本，分散式帳本的好處是提昇了可信度，沒有人能偷改既有的紀錄，然而分散的問題是要時刻保持所有人的帳本同步就需要額外的成本。

節點

節點是指加入區塊鏈網路的電腦或主機，節點可以由個人營運或由機構營運，每個節點都有一份去中心化的帳本，每當有新的交易產生，每份帳本都會更新加入該筆交易，如圖 13-3，節點之間互相通訊讓帳本同步，這項同步的技術稱為*分散式帳本技術*（*distributed ledger technology*，DLT）（*https://oreil.ly/hv375*）。

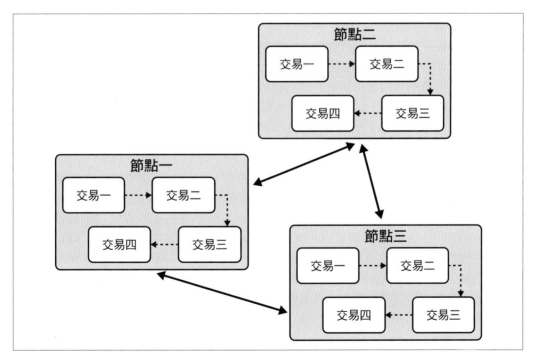

圖 13-3　分散式帳本技術，每個節點持有一份區塊鏈帳本的副本

共識機制

在區塊鏈，帳本是分散的，全體節點都持有共同的帳本，而交易則紀錄在帳本上，對比於傳統中心化的銀行，帳本的正確性由銀行管理與稽核，但這種角色在節點中並不存在，那誰才能在區塊鏈上添加新交易紀錄呢？這就是**共識機制誕生的原因**啦！

共識機制簡單說就是全體節點都同意加入一筆交易的機制，當然實際上這個機制必須是由程式自動運行的，這當中用到的共識演算法有許多種，例如**工作量證明**或**持有量證明**，其中的工作量證明，會讓節點去解算一些複雜的數學問題，先把問題解算出來的就有加入新區塊的權利，而其他節點也會對新區塊的資料正確性做驗證，沒問題才會把該區塊加入自己的帳本，當一個節點首先解算成功加入新區塊，它會獲得一點數位貨幣作為獎勵（這就是所謂的**挖礦**），這種機制的問題是為了解算問題需要耗費大量的運算資源，而另外一種共識機制持有量證明走的是比較誰手上託管的數位貨幣較多，託管越多則挖礦的權利佔比也越大，這種機制的問題是往往最大的節點，因為它手上有最多別人委託給它的貨幣，有最大的挖礦權，又會吸引更多人把貨幣委託給它，因此造成滾雪球效應、富者愈富的問題。

智慧合約

銀行系統有一套既定的規則和條件來確保交易成立，像是在申辦房貸時，銀行會先看您的收入、存款、屋況來決定核貸與否，而在區塊鏈這邊，類似的邏輯可以寫成**智慧合約**，每個節點也都持有合約的副本，並依照合約的成立與否來決定交易的成立與否，這種方式的好處是它是完全無紙化的交易系統，也沒有仲介的存在因此也沒有佣金，並且在這樣的智慧合約機制下，交易的各方在執行交易上也是自動進行的，相較於傳統方式更為簡單。

以上是區塊鏈的基本元素，接著把這些元素組合在一起，來看看整體運作流程是怎樣的，以 Alice 為例，她想要向 Bob 以 10 以太幣（另外一個主流的加密貨幣）買一些蕃茄，Alice 發起交易並轉帳，而智慧合約會保留這筆款項直到 Bob 交付它的蕃茄，想要證明真的有交付，Bob 可以隨貨出一張 QR code，只要 Alice 掃描這張 QR code，就表示它真的收到貨了，交易成功，智能合約就會把錢轉給 Bob，而如果 Bob 沒有出貨，一段時間過後 Alice 就會收到當初轉帳的退款，在這段過程中，鏈上的節點會進行解題競爭，勝者可以獲得把該筆交易加入成為新區塊的權利，它也有把智慧合約中的交易紀錄加入該區塊的權利，在它把區塊加到鏈上之後，所有其他的節點也都會同步這個區塊。

要實現區塊鏈有許多現成的開發框架，包括以太坊（Ethereum）、HyperLedger Fabric、Stellar 等等，另外智慧合約也有專門的開發工具，像是 OpenZeppelin 與 Solidity，區塊鏈數位貨幣（特別是以太坊貨幣）的錢包則大多用 MetaMask 這款軟體錢包。

區塊鏈應用測試

在討論了區塊鏈技術的整體工作流程之後，這裡有幾個重點測試領域：

功能性測試

測試任何應用的第一步都是確認它的功能有沒有正常，我們可以透過 E2E 測試來做驗證，以前面的買蕃茄為例，功能邏輯都寫在智慧合約裡，所以我們測試必須要找出合約中有沒有漏洞，對於智慧合約的測試也可以以單元測試的形式進行。

API 測試

多數情況下，區塊鏈應用的外層也是有 API 的，用於供應服務給前端，因此我們也要對它做 API 測試，包括功能測試、整合測試、規約測試、錯誤處理測試等等。

安全測試

區塊鏈應用涉及多項安全相關的測試，從帳號建立、授權機制、貨幣兌換、餘額管理等等，到異常交易監控、區塊雜湊計算等等多方面的安全問題都必須加以測試。

性能測試

區塊鏈交易之成立都依賴於節點的存在與共識機制，而一個交易成立所需要的時間也不應該比一般的網頁應用還要長，因此也有必要對性能與延遲處理機制的功能加以測試。

專門的區塊鏈測試

多數的區塊鏈應用是搭建在既有的區塊鏈網路上，例如在以太坊上面部署智慧合約，這種情況一般來說不需要專門針對區塊鏈本身做測試，但如果您有需要專門針對區塊鏈做測試，下面是一些需要注意的項目：

加入交易

每筆交易的紀錄不應該有遺漏的資訊，這是區塊鏈最基本的要求，區塊鏈上的區塊應該有正確的雜湊指向正確的前一區塊，並且節點間的同步機制也應該要正確運作。

區塊大小

在區塊鏈的設計中，多筆交易會被集中到一個區塊中存放，直到該區塊大小到達上限為止（以比特幣為例，原始設計的區塊大小為 1 MB），我們需要測試當超過設計大小時是不是會建立新的區塊。

鏈的大小

隨著交易的增加，鏈也會變得更肥大，我們必須確認當鏈的大小很大時應用的性能表現如何。

節點測試

節點是區塊鏈運行的基礎，節點應該要能正確執行鏈的共識機制，節點也應該要能正確同步鏈上的資料，並且新的節點應該也要能正確的加入鏈的運作。

彈性

節點短暫故障回復後，它們應該可以順利的重新回到鏈上而不破壞原有功能之正常，如果鏈上的節點離線的時間較久，那終端應用應該要能妥善的處理這樣的問題。

碰撞

有可能有一種狀況，兩個節點同時解算出數學問題，導致彼此競爭加入新交易的權利，我們也必須針對此狀況加以測試。

資料損毀

在分散式系統中，一個行為異常的節點稱為拜占庭節點（*https://oreil.ly/7Yj4j*），當這種節點出現時，有可能導致鏈上的資料損毀，實務上有幾種方式可以防止這類問題發生，我們也需要去測試這些措施的有效性。

像是 Ethereum Tester（*https://oreil.ly/PuEWT*）與 Populus（*https://oreil.ly/epHUN*）都是頗實用的乙太坊區塊鏈應用的測試工具，而如果是比特幣則有 bitcoinj（*https://bitcoinj.org*）和 testnet（*https://oreil.ly/8zyWG*）可供用於測試比特幣交易。

如您所見，區塊鏈在強安全性、全數位化交易、消除中間人、對抗少數獨大等方面有巨大優勢，但同時它也有令人難以使用的劣勢，最大的問題是它的運行會耗費大量的算力與電力來解算數學問題以及做帳本同步，另外共識演算法與節點的不穩定性也會導致交易的時間被拉長，根據報導，信用卡組織 Visa 每秒能處理 1,700 筆交易（*https://oreil.ly/f7hLq*），而區塊鏈這邊光是一筆交易就要花 10 分鐘，因此性能問題是當前的主要推展瓶頸。

IoT

IoT（Internet of Things，物聯網）是連接物理世界與數位世界的新科技，它讓我們周遭的裝置（「物」）更智慧，它們能透過網路與其他裝置互相通訊，還能在沒有人為介入的情況下自動對周圍環境的變化做出反應，例如智慧溫控器，它會根據當前濕度等大氣條件以及用戶的喜好設置合適的溫度，IoT 已經被證明是能夠滿足各種大小規模需求的解決方案，其中一個具代表性的應用領域就是智慧家庭解決方案，2022 年全球智慧家居市場價值預計將超過 530 億美元（*https://oreil.ly/01Bct*），我們透過各式裝置改善基礎設施、空氣、交通、能耗等方面來提昇人們的生活品質。

IoT 裝置通常由以下三者構成：感測器、致動器、通訊媒介，感測器負責偵測外界狀態，例如溫度、脈搏、移動速度等，致動器負責根據環境變化觸發相對應之動作，像是有煙就觸發警報，或是自動開關閥門來調節溫度等，通訊媒介可以是顯示器或語音，讓 IoT 裝置能與用戶進行互動。

建立一套端到端的 IoT 解決方案同時需要軟體與硬體的能力，軟體的部分會嵌入在硬體內，作為控制硬體以及對用戶收發資訊的角色，另外還有一部分軟體存在於硬體之外，負責彙整與分析各路裝置的資料並採取動作，舉例來說，健身裝置會收集用戶的脈搏，這樣的場景中，裝置內的軟體會開啟硬體的感測器去測量數據並顯示在螢幕上，同時軟體也會把資訊傳到雲端，雲端會分析收到的脈搏、睡眠週期等資料，如果有異常會通知裝置內的軟體發出警報。

想要讓這麼多元件共同工作，有感測器、網路、通訊和路由協定、資料處理器、終端應用、雲端等，會需要大量的串接整合，下面我們會介紹 IoT 的五層式架構，讓讀者能更了解這些元件之間的關係糾葛。

IoT 五層架構簡介

對於 IoT 架構的分層模型，存在多種觀點，有三層的、四層的、五層的（*https://oreil.ly/ TNAJq*），圖 13-4 為五層式架構的示意圖，對於一款端到端 IoT 應用所涉及之技術，該圖提供了既廣泛又深入的一覽視角，後面我們會逐一檢視各層的特性以及認識與之相關的測試項目。

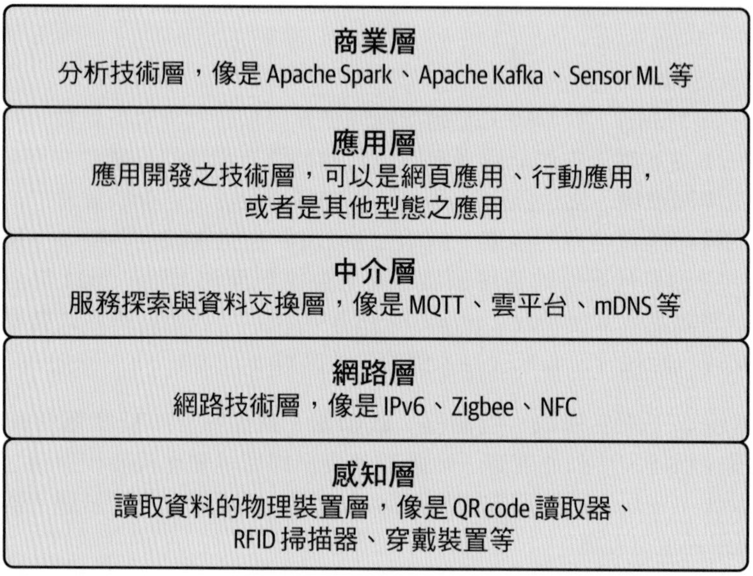

```
┌────────────────────────────────────────────────────────┐
│  ┌──────────────────────────────────────────────────┐  │
│  │                    商業層                          │  │
│  │  分析技術層，像是 Apache Spark、Apache Kafka、Sensor ML 等 │  │
│  └──────────────────────────────────────────────────┘  │
│  ┌──────────────────────────────────────────────────┐  │
│  │                    應用層                          │  │
│  │      應用開發之技術層，可以是網頁應用、行動應用，            │  │
│  │            或者是其他型態之應用                         │  │
│  └──────────────────────────────────────────────────┘  │
│  ┌──────────────────────────────────────────────────┐  │
│  │                    中介層                          │  │
│  │    服務探索與資料交換層，像是 MQTT、雲平台、mDNS 等        │  │
│  └──────────────────────────────────────────────────┘  │
│  ┌──────────────────────────────────────────────────┐  │
│  │                    網路層                          │  │
│  │      網路技術層，像是 IPv6、Zigbee、NFC              │  │
│  └──────────────────────────────────────────────────┘  │
│  ┌──────────────────────────────────────────────────┐  │
│  │                    感知層                          │  │
│  │    讀取資料的物理裝置層，像是 QR code 讀取器、            │  │
│  │          RFID 掃描器、穿戴裝置等                      │  │
│  └──────────────────────────────────────────────────┘  │
└────────────────────────────────────────────────────────┘
```

圖 13-4　IoT 五層架構

讓我們簡單認識一下各層的內容也了解一下相關的測試議題。

感知層

這是最下面的一層，此層的硬體元件會讀取真實世界的資料並傳送至它層，此處的硬體元件分為被動式、半被動式、主動式三種，取決於它對單向或雙向通訊的支援性，舉例來說，QR code 掃描器就是被動式，因為它只能進行單向通訊，也因此它的通訊距離是有限的，但這種模式對貨物追蹤來說已經足夠了，另外要注意的是，被動式元件通常不具有足以運算的電力。主動式元件則可以接收也可以傳送資料，並且有較大的電力供應運算之用，典型的例子像是智慧致動器，它能做一些機械運動，還有穿戴裝置中的感測器、GPS 接受器等，這類元件也可以做更長距離的通訊傳輸。

網路層

裝置必須在網路有各自的識別碼才能讓別的裝置與之通訊，IPv4 或 IPv6 是主流的網路位址標準，它讓網路上的每台裝置都有自己的獨立 IP（建議採 IPv6），有了位址之後，想要把資料傳送到某個位址，還要有標準化的路由協定，例如可以採用 RPL（Routing Protocol for Low-Power and Lossy Networks，低功耗有損網路路由協定），這些路由協定的底層也是採用 Wi-Fi、Zigbee、NFC、藍牙這類的標準通訊協定來傳送與接收資料。

中介層

IoT 應用應該要能透過位址或網址來聯絡到實體裝置並請求服務（例如讀取現在的溫度、用戶的心跳之類的），而不需要知道底層基礎設施的技術細節，而中介層就提供這樣的服務探索能力，它也負責從實體裝置取得資料以及把資料回傳給用戶，中介層是 IoT 解決方案中的核心角色，其中的服務探索協定可以走 Avahi 或 Bonjour，而資料交換協定可以走 CoAP（Constrained Application Protocol，受限制的應用協議）或 MQTT（Message Queuing Telemetry Transport，訊息佇列遙測傳輸），這些都是相當主流的選擇。

應用層

本層負責讓用戶能透過網頁或行動應用來使用服務，用戶無須知道一款應用背後是透過怎樣的機制運作，應用層包括對多個裝置的資訊的處理邏輯，包括彙整、處理、儲存等。

商業層

本層負責分析來自硬體或服務的資訊，利用分析來回饋、強化自身應用，一些大數據工具，像是 Apache Spark、Apache Kafka 都能承受來自多重 IoT 裝置的大量數據，這裡的分析層主要是為了應用內部的管理改善之用，而不是針對終端用戶。

一些 IoT 平台，像是 AWS IoT 或是 IBM Watson 都具備以上這些的綜合特性，讓我們可以在它們的基礎之上輕鬆的開發 IoT 應用。

IoT 應用測試

測試物聯網解決方案時需要關注的一些細節如下：

軟硬體整合

任何的 IoT 應用之運作都有賴於良好的軟硬體整合，因此我們必須要測試各種極限案例下應用的功能是否正常，舉例來說，智慧手錶的心跳監測必須要正確顯示來自感測器的心跳數字，而如果心跳紀錄的功能有問題，那軟體就應該要能以適當的方式處理這個錯誤，這類的整合測試應該在安裝時測試過，也要在軟硬體升級時再測試過，另外，這類裝置常有的記憶體和電力短缺的情況也必須在功能測試時納入考量。

網路

從雲端到裝置之間的網路連線也是 IoT 解決方案中重要的測試項目，有些裝置支援多種通訊協定，例如 Wi-Fi 與藍牙，這種裝置就必須各自測試兩種通訊方式的有效性。

互通性

在 IoT 的互通性指的是不同的裝置之間，即使它們走的是不同的標準或協定，而依然可以互相交換資訊的能力，以 IoT 智慧運輸解決方案為例，交通的感測裝置、事故偵測服務、自動交管系統這三者雖然跑著不同的技術方案或協定，但它們必須能夠順暢的交換資訊，互通性是打開 IoT 應用潛力的關鍵鑰匙，但也因此必須加以小心測試。

安全與隱私

有些通訊協定，像是 Z-Wave，並不十分安全，所以有必要為它們添加額外的安全機制來預防攻擊，例如 IPsec，另外，存在雲端的資料也要從最初就規劃好它們的保護機制，未經同意存儲個人的生物資料和其他個資不僅是不道德的，並且在法律上也是不允許的，我們必須遵守相關的個資保護規定（參見第 10 章）。

性能

性能是 IoT 解決方案中重要的品質指標，在一個 IoT 方案中，可能有許多設備會互相通訊，設備與中央服務之間也會有許多的資訊交換，所以我們必須要知道每個硬體裝置回覆命令的時間有多長，也要知道整體服務的總回應時間又要多久（例如取得脈搏要多久），以及如果一個 IoT 網路中有很多很多的裝置，那資料收集的時間又要多久（例如智慧城市應用）。

使用性

　　使用性很重要，尤其是在個人居家方面特別重要，以智慧手錶或智慧電視而言，它們就有許多使用性方面的考量，像是手錶要隨著手腕移動而做出反應，手錶又有各種不同的尺寸，也有不同的按鍵與手勢，它還有震動和音效通知，又要可以戴在左右手上，等等諸如此類的使用性都必須加以測試，此外，教導用戶裝置有哪些功能的引導程序也是必要的測試項目，完整的使用性測試是一款產品成功的必備條件。

以我自身經手過的智慧咖啡機專案來說，我可以保證 IoT 的測試絕對是複雜的，因為有太多不同設備和狀態，彼此間又有很多交叉組合，為了協助管理像這樣多的交叉組合排列的測試案例，我籌劃了一套名為 IoT Testing Atlas 的測試框架（*https://oreil.ly/uMEX2*），有興趣的讀者可以深入一探究竟！

AR 和 VR

AR（Augmented reality，擴增實境）是把圖形、文字、影像等多種感官資訊疊加到真實世界的技術，用戶可以透過 AR 獲得一些額外的感官體驗，這個技術最初是作為戰鬥機飛行員的輔助科技，飛行員必須在飛行時精確地攻擊目標，AR 在他們的顯示器上展示了戰場的資訊，以幫助他們同時專注於飛行與攻擊兩項事務。另外一款最新的 AR 應用是賓士（Mercedes-Benz）開發的 HUD（heads-up display，抬頭顯示器），它將地圖和速限等一些行車重要資訊投射到車輛的擋風玻璃上。

現今有許多遊戲也用上了這類智慧眼鏡或智慧 HUD 裝置，也有一些遊戲和手持式 AR 裝置也能帶給我們 AR 的體驗，您可能本身就有聽說過或親自玩過 Google、Vuzix、Epson、Nreal 出產的 AR 裝置，在這些新玩具之中，最平易近人的應該還是帶有 AR 功能的手機，不論是 Android 或 iOS 都有發展自身的 AR 工具或框架，像是 ARCore、ARKit、Unity AR Foundation 等等，但除此之外硬體端也必須配有特定元件才能做到良好的 AR 相容性（這類手機有 Pixel 5、Nokia 8、Moto G 等）。

相對於 AR 是擴充我們的現實世界，*VR*（virtual reality，虛擬實境）就是讓用戶完全沉浸在虛擬世界了，除了最廣泛的遊戲應用，這項技術也有利於模擬火災或空襲等危險環境，並訓練專業人士應對這些環境，在商業領域 VR 的使用也日趨普及，有的用於產品客製化，像是室內設計的 VR 預覽，或是虛擬的產品體驗，像是虛擬試衣間之類的應用。

VR 需要 HMD（head-mounted display，頭戴式顯示器）裝置才能獲得良好的沉浸式體驗，市場上一些主流的選擇有 Oculus Quest、Oculus Go、HTC VIVE、Sony PlayStation VR 等，同樣地，手機端也有較便宜的選擇，像是 Google 的 Cardboard。

除了 AR 和 VR，還有 *MR*（mixed reality，混合實境），它綜合了 AR 與 VR，讓用戶能在真實的世界與 3D 物件互動，典型的範例是遊戲 Pokémon Go（*https://oreil.ly/0IuTI*），另外還有更進一步的 *XR*（eXtended Reality，延展實境），它讓 AR、VR、MR 裝置能與真實世界的其他裝置互動，像是家電、感測器等，AR、VR、MR 和 XR 的世界正在不斷擴大，我們絕對應該加以關注。

AR/VR 應用測試

AR 和 VR 技術令人感到著迷，也為用戶帶來令人振奮的體驗，但同時也帶來了更高的複雜性，開發與測試這類產品都需要有多方面的專業，包括生物學（人類對圖像的感知、眼睛的圖像形成機制、深度感知等），也要懂空間數學（spatial mathematics）、HMD 技術等，所幸像 Unity 這樣的開發平台已經把這些高深的東西抽象化，而且近年來 HMD 的品質和性能也有了很多改進，這些都能讓我們能更方便的去開發或測試。

雖然如此，但在這領域的測試工具仍然是相當欠缺，所以實務上它們的測試方式都是依照每個個案的需求去進行的，Thoughtworks 最近開發了適用於 Unity 的功能測試自動化工具，稱為 Arium（*https://oreil.ly/0F6mV*，它是一款開源的工具，以 Unity 套件的形式發佈，下面讓我們簡單地看一下 Unity 的一些概念，以了解如何使用此工具進行測試[1]。

在 Unity 中，場景（scene）表示遊戲的環境，一般而言，一道關卡就是一個場景，每個場景之內還有許多物件，在 Unity 中稱為 *GameObject*，物件可以是一個道具，例如球球，也可以是玩家角色，這些物件可以透過程式賦予它們能力，在 Unity 中物件的能力稱為 *component*（表示連結到 GameObject 的特性或功能），Unity 編輯器中有許多現成的基本 component，像是燈光、碰撞行為等，以燈光為例，我們可以把燈光這個 component 附加到某個 GameObject 來定義該物件的發光屬性，此外，每個物件都有預設的 *Transform* component，用於表示該物件的位置、尺寸、旋轉角度等屬性。

---

1 想要更深入的介紹，請見 Casey Hardman 的《Game Programming with Unity and C#: A Complete Beginner's Guide》一書（Apress 出版）。

在 Arium 方面，它提供了以下幾個用於 Unity 自動化測試的功能：

- _arium.FindGameObject("Ball")，用於以名稱找尋 gameObject。

- _arium.GetComponent<*name_of_component*>(<*name_of_gameObject*>)，用 於 取 得 gameObject 旗下的 component，可用於後續的驗證工作。

- _arium.PerformAction(new UnityPointerClick(), "<*name_of_gameObject*>")，用 於 讓 gameObject 執行動作。

Arium 也可以透過擴展來進行更多測試，包括使用性測試、體驗和沉浸測試、性能測試、XR 應用相容性測試等等。

以上是對於幾個新興技術以及它們在測試方面的簡單介紹，這些新科技帶來的新浪潮只會越來越大，它們的流行速度可能會超乎我們的想像，我們就繼續拭目以待吧！

索引

※ 提醒您：由於翻譯書籍排版的關係，部分索引內容的對應頁碼會與實際頁碼有一頁之差。

A

A/B testing [A/B 測試], 281

acceptance testing stage, continuous testing [持續測試的驗收測試階段], 103

accessibility [可用性]
  Accessibility Scanner, 309
  alternate text [替代文字], 257
  Android Studio and, 309
  assistive technologies [輔助科技], 254
  ATAG（Authoring Tool Accessibility Guidelines）[無障礙創作工具指南], 255
  audio control [聲音控制], 257
  captions [字幕], 257
  colors [顏色], 258
  Espresso and, 309
  keyboard navigation [鍵盤瀏覽], 258
  legal requirements [法規要求], 252
  mobile testing strategy [行動測試策略], 309
  operability [操作性], 258
  page hierarchy [頁面層次], 258
  perceivability [感知性], 257
  robustness [穩固性], 259
  screen readers [螢幕閱讀器], 255-256
  transcripts [文稿], 257
  UAAG（User Agent Accessibility Guidelines）[用戶代理無障礙指南], 255
  understandability [理解性], 258
  user agents [用戶代理], 254
  user personas [用戶角色], 253-254

  WCAG（Web Content Accessibility Guidelines）[Web 內容無障礙指南], 255
  web development tools and practices [網頁開發工具與實踐], 254
  XCode Accessibility Inspector, 309

accessibility enabled development frameworks [具可用性的開發框架], 260

Accessibility Scanner, 309, 327

accessibility testing [可用性測試], 8, 251
  Axe-core, 272-273
  exercises [演練]
    Lighthouse, 268-270
    Lighthouse Node module [Lighthouse Node 模組], 270-271
    WAVE, 264-268
  Pa11y CI Node Module [Pa11y CI Node 模組], 272
  strategies [策略], 260
    automated auditing tools [自動化稽核工具], 262
    checklists [檢查清單], 261-262
    manual testing [手動測試], 262-264
  visual testing [視覺測試], 164

accessibility tree, screen readers and [可用性樹、螢幕閱讀器], 255

ADRs（architecture decision records）[架構決策紀錄], 333

Agile development [敏捷開發]
  dev-box testing [dev-box 測試], 29
  shift-left testing and [左移測試], 4

AI（artificial intelligence）[人工智慧], 342

Applitools Eyes visual testing tool [Applitools Eyes 視覺測試工具], 173-174
  Visual AI, 173
alternate text, accessibility [可用性替代文字], 257
Android
  accessibility testing [可用性測試], 309
  Database Inspector, 323-324
  emulators [模擬器], 306, 313
Android Studio, accessbility and [Android Studio 的可用性], 309
antipatterns in automated functional testing [自動化功能測試的反模式]
  cupcake [杯子蛋糕], 91
  ice cream cone [霜淇淋甜筒], 90
Apache Benchmark, 222, 232
Apache JMeter, 47
Apache Spark, 126
API（application programming interface）[應用程式化介面]
  RESTful, 29
  Selenium WebDriver, 60-61
API testing [API 測試], 29
  blockchain apps [區塊鏈應用], 348
  discovery paths [探索路徑], 32
  Postman, 33-34
  WireMock, 34-36
APM（application performance management）tools [應用性能監控工具], 221
Appium, 312
  Android emulator [Android 模擬器], 313
  Appium 2.0 setup [Appium 2.0 設置], 313
  Java-Appium framework [Java-Appium 框架], 316
  performance API [性能 API], 325-326
  RPA（robotic process automation）and [機器人程序自動化], 312
  visual testing plugin [視覺測試外掛], 319-322
  workflow [工作流程], 314-319

application architecture, manual exploratory testing and [手動探索測試與應用架構], 27
application layer, IoT（Internet of Things）[物聯網應用層], 353
application misconfiguration [應用配置錯誤], 186
application performance monitoring（APM）tools（見 APM（application performance monitoring））[應用性能監控工具]
application vulnerabilities [應用漏洞]
  authentication [認證], 186
  code injection [程式碼注入], 184-185
  known vulnerabilities, unhandled [未處理的已知漏洞], 185
  misconfiguration [錯誤配置], 186
  secrets exposure [密文暴露], 186-187
  session management [連線管理], 186
  SQL injection [SQL 注入], 184-185
  unencrypted data [未加密資料], 186
  XSS（cross-site scripting）[跨站腳本], 185
applications [應用]
  mobile [行動], 300
    architecture [架構], 302-303
    hybrid applications [混合型應用], 301
    mobile web [行動版網頁], 301
    native applications [原生應用], 301
    PWAs（progressive web apps）[漸進式網頁應用], 302
  secrets exposure [密文暴露], 186-187
Applitools Eyes, 173-174, 308
Appvance, 88
AR（augmented reality）[擴增實境], 355
  application testing [應用測試], 355-356
architecture decision records（ADRs）[架構決策紀錄], 333
architecture design, performance and [性能與架構設計], 213
architecture testing, CFR testing [架構測試、跨功能需求測試], 287-289
ArchUnit, 287

artificial intelligence（AI）（見 AI（artificial intelligence））[人工智慧]

assets [資產], 179

assistive technologies [輔助科技], 254

ATAG（Authoring Tool Accessibility Guidelines）[無障礙創作工具指南], 255

attacks（見 cyberattacks）[攻擊]

audio, accessibility [聲音], 257

augmented intelligence [擴增智慧], 341

augmented reality（AR）（見 AR（augmented reality））[擴增實境]

auth service, access token and [access token 與認證服務], 122

authentication [認證]
 application vulnerabilities and [應用漏洞], 186
 functionalities and [功能], 24
 GitHub, 110

Authoring Tool Accessibility Guidelines （ATAG）[無障礙創作工具指南], 255

authorization, functionalities and [功能與授權], 24

automated functional testing [自動化功能測試], 8, 47, 53
 AI/ML tools [AI/ML 工具]
  test authoring [測試撰寫], 88
  test governance tools [測試治理工具], 89
  test maintenance [測試維護], 88
  test report analysis [測試報告分析], 89
 antipatterns [反模式]
  cupcake [杯子蛋糕], 91
  ice cream cone [霜淇淋甜筒], 90
 code coverage percentage [程式碼覆蓋率], 91-93
 exercises [演練], 56
  service tests [服務測試], 75-79
  UI functional tests [前端 UI 功能性測試], 57-75
  unit tests [單元測試], 79-84
 implementing [實現], 49
 Karate, 87

macro test types [宏觀測試型態], 49
 contract tests [規約測試], 52
 end-to-end tests [端到端測試], 53
 integration tests [整合測試], 51
 service tests [服務測試], 52-52
 UI functional tests [UI 功能性測試], 52-53
 unit tests [單元測試], 50-51

micro test types [微觀測試型態], 49
 contract tests [規約測試], 52
 end-to-end tests [端到端測試], 53
 integration tests [整合測試], 51
 service tests [服務測試], 52
 UI functional tests [UI 功能性測試], 52-53
 unit tests [單元測試], 50-51

Pact, 84-87

tracking automation test coverage [自動化測試覆蓋率追蹤], 56

automated testing, shift-left testing and [左移測試與自動化測試], 4

AutoTester, 47

Avahi, 353

Axe-core, 272-273

B

B2C（business-to-customer）applications, visual testing and [視覺測試與 B2C 應用], 155

backend performance testing [後端性能測試], 211-213
 performance goals [性能目標], 213

BackstopJS
 backstop.json config file [backstop.json 配置文件], 165
 Node.js and, 164
 Puppeteer, 164
  scripts [腳本], 166
  viewports array [視埠陣列], 166
 Resemble.js, 164
 setup [設置], 164-165
 Visual Studio Code and, 164

workflow [工作流程], 165-169

bandwidth throttling [頻寬節流], 324

batch processing [批次處理], 126-127

BDD（behavior-driven development）[行為驅動開發], 69

benchmarking [評價], 218

Bitbucket, 108

blockchain [區塊鏈], 345

  API testing and [API 測試], 348

  consensus [共識機制], 347

  functional testing and [功能測試], 348

  ledgers [帳本], 347

  nodes [節點], 347

  performance testing and [性能測試], 349

  security and [安全], 345

  security testing and [安全測試], 349

  smart contracts [智慧合約], 348

blockchain-specific testing [專門的區塊鏈測試], 349-350

Bonjour, 353

bounce rate [跳出率], 211

boundaries, value testing [值域測試邊界], 13-15

boundary value analysis [邊值分析], 13-15

broken builds, pushing to [推送有問題的建置版], 101

browsers [瀏覽器]

  caching, performance testing and [性能測試與快取], 236

  cross-browser testing [跨瀏覽器測試], 162

  framework support [框架支援], 162

  web UI testing [網頁 UI 測試], 36-37

BrowserStack, 37

brute force attacks [暴力攻擊], 180

bug bashes [捕蟲大會], 163

Bug Magnet, 37-38

builds, broken [有問題的建置版], 101

business layer, IoT（Internet of Things）[IoT 商業層], 353

business priorities, manual exploratory testing and [手動探索測試與業務優先度], 26

C

caches [快取], 125-126

captions, accessibility [可用性字幕], 257

cause-effect graphing [因果圖], 17

CD（continuous delivery）[持續交付], 95

  automated deployment [自動化部署], 99

  versus CD（continuous deployment）[持續交付與持續部署], 100

CD（continuous deployment）versus CD（continuous delivery）[持續交付與持續部署], 100

CDNs（content delivery networks）[內容散佈網路], 235

CFR testing [跨功能需求測試], 283.

  architecture testing [架構測試], 287-289

  chaos engineering [混沌工程], 283-287

  compliance testing [合規測試]

    GDPR（General Data Protection Regulation）[一般資料保護規則], 292-293

    PCI DSS（Payment Card Industry Data Security Standard）[支付卡產業資料安全標準], 293

    PSD2（Payment Services Directive）[支付服務指令], 294-294

  infrastructure testing [基礎設施測試], 289

    compliance [合規], 291

    end-to-end testing [端到端測試], 290

    IaC（Infrastructure as Code）[基礎設施程式碼化], 289

    operability [操作性], 291

    security [安全], 291

    Terraform, 289

    TFLint, 290

  mobile testing strategy [行動測試策略], 310-311

  strategies [策略], 278

    functionality [功能], 279, 280

    performance [性能], 279, 282

    reliability [可靠度], 279, 281-282

    supportability [支援性], 279, 282-283

usability [使用性], 279, 281

CFRs（cross-functional requirements）[跨功能需求], 9, 275

   definitions [定義], 276-278

   versus non-functional requirements [跨功能需求與非功能需求], 276

change blindness [變化盲視], 153

chaos engineering [混沌工程], 282

   CFR testing [跨功能需求測試], 283-287

Chromatic, 174

Chrome DevTools, 208-209, 246-247

   cookies, 41

   first-time users [新用戶], 39

   number of requests from page [頁面發出的請求數量], 39

   page errors [頁面錯誤], 38

   service down behaviors [服務下線之行為], 41

   UI and API integration [前端 UI 與後端 API 串接], 40

   UI behavior, slow networks [慢速網路時的前端 UI 行為], 39

Chrome, cross-browser testing [跨瀏覽器測試], 162

ChromeDriver executable [ChromeDriver 執行檔], 65

CI（continuous integration）[持續整合], 95, 96

   description [說明], 96

   JMeter, 231

   versus continuous testing [持續整合與持續測試], 105

CI server [CI 主機], 96

   build and test stage [建置與測試階段], 98

   commits [提交], 100

CI/CD（Continuous Integration/Continuous Delivery）, shift-left testing and [左移測試與 CI/CD], 4

CI/CT/CD process [CI/CT/CD 流程]

   etiquette [準則], 100-102

   principles [準則], 100-102

VCS（version control system）[版控系統], 96

cloud-hosted testing platforms [雲端測試平台], 37

coaching, soft skills [訓練], 339

CoAP（Constrained Application Protocol）[受限制的應用協議], 353

code complexity, performance and [性能與程式複雜度], 213

code injection [程式碼注入], 184

collaboration [合作]

   continuous testing and [持續測試], 107

   first principles and [第一性原則], 337

   soft skills and [軟技能], 338

colors, accessibility [顏色], 258

commenting out failing tests [隱藏失敗的測試], 101

commits [提交]

   frequency [頻率], 101

   Git VCS [Git 版控系統], 98

   self-tested code [自我測試過的程式], 101

communication [溝通]

   first principles and [第一性原則], 337

   soft skills and [軟技能], 338

compliance testing, CFR testing [合規測試]

   GDPR（General Data Protection Regulation）[一般資料保護規則], 292-293

   PCIDSS（Payment Card Industry Data Security Standard）[支付卡產業資料安全標準], 293

   PSD2（Payment Services Directive）[支付服務指令], 294

compromises, security [安全性損害], 179

configuration, application misconfiguration [配置], 186

conformance certification, accessibility [合規認證], 263

connected things [連接的物品], 342

consensus, blockchain and [區塊鏈與共識機制], 347

consistency models [一致性模型], 124

Constrained Application Protocol（CoAP）［受限制的應用協議］, 353

containers, Testcontainers［容器］, 147-148

content delivery networks（CDNs）［內容散佈網路］, 235

continuous delivery（CD）（見 CD（continuous delivery））［持續交付］

continuous integration（CI）（見 CI（continuous integration））［持續整合］

Continuous Integration Certification Test［持續整合認證測試］, 101

continuous testing［持續測試］, 8

  acceptance stage［驗收測試］, 103

  build-test stage［建置測試階段］, 102, 103

  change fail percentage［變更失敗比例］, 117

  collaboration and［合作］, 107

  common quality goals［一般性品質目標］, 107

  delivery ownership［交付負責人］, 107

  deploy stage［部署階段］, 103

  deployment and［部署］, 107

  deployment frequency［部署頻率］, 117

  early defect detection［早期缺陷偵測］, 107

  exercises［演練］

    Git, 108-111

    Jenkins, 111

  functional testing stage［功能測試階段］, 103

  lead time［交期］, 117

  mean time to restore［平均回復時間］, 117

  metrics［指標］, 116-118

  nightly regression stage［夜間回歸測試階段］, 106

  smoke testing［煙霧測試］, 105

  strategies［策略］, 102-107

  versus CI（continuous integration）［持續測試與持續整合］, 105

contract tests［規約測試］, 52

cookie forging [cookie 偽造], 181

criteria-specific sampling［特定標準抽樣］, 20

cross-browser testing［跨瀏覽器測試］

from the left［從左邊開始］, 163

functional feedback［功能回饋］, 162, 163

visual testing［視覺測試］, 162-163

cross-functional requirements（CFRS）（見 CFRs（cross-functional requirements））［跨功能需求］

cross-functional requirements testing（見 CFR testing）［跨功能需求測試］

cross-site scripting（XSS）［跨站腳本］, 180

CRUD operations［增刪查改作業］, 122

cryptojacking［加密劫持］, 181

CSS（Cascading Style Sheets）, testing and［測試與階層樣式表］, 155

CT（continuous testing）［持續測試］, 95

Cucumber, 87

cupcake antipattern［杯子蛋糕反模式］, 91

customer impact, visual testing and［視覺測試與用戶衝擊］, 157

cyberattacks［網路攻擊］

  brute force［暴力攻擊］, 180

  cookie forging [cookie 偽造], 181

  cryptojacking［加密劫持］, 181

  phishing［釣魚］, 180

  ransomware［勒索病毒］, 181

  social engineering［社交工程］, 180

  web scraping［網頁爬蟲］, 179

  XSS（cross-site scripting）［跨站腳本］, 180

cybercrime［網路犯罪］, 177-179

Cypress, 169-172

D

DAST（Dynamic Application Security Testing）［動態應用安全測試］, 195

data skew［資料傾斜］, 127

data testing［資料測試］, 8, 119

  batch processing［批次處理］, 126-127

  caches［快取］, 125-126

  databases［資料庫］, 122

    boundary values［邊值］, 123

    concurrency,［並行］126, 123

    order consistency,［排序一致性］128, 125

reading writes [讀取最近的寫入], 124

relational databases [關聯式資料庫], 122

replication [複寫], 124

schema, 122

SQL [結構式查詢語言], 122

test cases [測試案例], 122

time traveling [時間回溯], 124

write conflicts [寫入衝突], 125

Deequ, 148-150

event streams [事件串流], 128

exercises [演練]

JDBC [Java 資料庫連接], 137-139

Kafka, 139-147

SQL [結構式查詢語言], 132-137

Zerocode, 139-147

functional testing and [功能性測試], 120

mobile testing strategy [行動測試策略], 307-308

pyramid and [金字塔], 138

strategies [策略], 130

functional automated testing [功能自動測試], 131

manual exploratory testing [手動探索測試], 130

performance testing and [性能測試], 131

security and privacy [安全與隱私], 131

Testcontainers, 147-148

data transfers, performance testing and [性能測試與資料傳輸], 236

data-driven performance testing [資料驅動性能測試]

JMeter, 230

Database Inspector, 323-324

DB (databases) [資料庫], 49, 122

boundary values [邊值], 123

concurrency [並行], 123

CRUD operations [增刪查改作業], 122

ordering consistency [排序一致性], 125

performance and [性能], 213

relational databases [關聯式資料庫], 122

UUIDs [通用唯一辨識碼], 122

replication [複寫], 124

scalability [擴展性], 124

schema, 122

test cases [測試案例], 122

time traveling [時光回溯], 124

write conflicts [寫入衝突], 125

writes, reading [讀取最近的寫入], 124

DDoS (distributed denial of service) attack [分散式阻斷服務攻擊], 184

dead letter queue [死信隊列], 129

decision table [決策表], 16-17

Deequ, 148-150

delivery ownership, continuous testing and [持續測試與交付負責人], 107

deployment [部署]

continuous testing and [持續測試], 107

frequency [頻率], 95, 117

design systems [設計系統], 156

design, shift-left testing and [左移測試與設計], 4

dev-box testing [dev-box 測試], 29

development, shift-left testing and [左移測試與部署], 4

devices [裝置]

IoT (Internet of Things) [物聯網], 350

mobile [行動裝置]

device manufacturer [裝置製造商], 300

hardware [硬體], 299

operating system [作業系統], 299

pixel density [像素密度], 299

screen resolution [螢幕解析度], 299

screen size [螢幕尺寸], 298

digitalization [數位化], 1

DNS (Domain Name Service) lookups [域名服務查詢], 235

Docker, 142

domains, manual exploratory testing and [領域], 26

DoS (denial of service) attack [阻斷服務攻擊], 184

drivers, Selenium WebDriver [Selenium WebDriver 驅動器], 60

Dynamic Application Security Testing（DAST）
[動態應用安全測試], 195

E

early defect detection, continuous testing [早期
發現缺陷], 107
ecommerce UI [電商 UI], 49
edge case [極端案例], 12
empathetic testing [同感測試], 333
emulators [模擬器], 306
Android, 313
encryption [加密], 179
unencrypted data and [未加密資料], 186
end-to-end tests [端到端測試], 53
equivalence class partitioning [等價劃分], 13
error guessing method [錯誤猜測法], 20-21
error handling [錯誤處理], 23
escalation of privileges [特權提升], 184, 191
Espresso, accessibility and, 309
event streams [事件串流], 128
Apache Kafka, 128
Google Cloud Pub/Sub, 128
near real-time [類即時], 129
publisher [發佈者], 128
RabbitMQ, 128
subscribers [訂閱者], 128
topics [主題], 128
events [事件], 128
eventual consistency [最終一致性], 124
explicit wait strategy [顯示等待策略], 62
exploratory testing [探索測試], 11
（參見 manual exploratory testing）
frameworks [框架], 12
boundary value analysis [邊值分析], 13-
15
cause-effect graphing [因果圖], 17
decision table [決策表], 16-17
equivalence class partitioning [等價劃
分], 13
error guessing method [錯誤猜測法], 20-
21

pairwise testing [成對測試], 18-19
sampling [抽樣], 19-20
state transition [狀態轉移], 15-16
monkey testing [猴子測試], 25
expressions, SQL [SQL 表達式], 135
Extreme Programming（XP）[極限編程], 6

F

failure screenshots [失敗截圖], 68
failures [失敗], 23
owning [承擔], 101
feature testing, accessibility [可用性特性測試],
263
features [特性], 12
feedback, first principles of testing [回饋], 334,
335
first principles [第一性原則]
collaboration [合作], 337
communication [溝通], 337
continuous feedback [持續回饋], 335
defects, prevention over detection [缺陷預防
勝於缺陷檢測], 332-333
empathetic testing [同感測試], 333
fast feedback [快速回饋], 334
macro-level testing [宏觀測試], 333
metrics [指標], 335-337
micro-level testing [微觀測試], 333
Flipkart, 2
fluent wait strategy [fluent 等待策略], 62
FORTRAN, testing and, 47
FriendFinder attack [FriendFinder 攻擊], 180
frontend performance testing [前端性能測試],
233-235
browser caching [瀏覽器快取], 236
CDNs（content delivery networks）[內容散
佈網路], 235
code complexity [程式複雜度], 235
data transfers [資料傳輸], 236
DNS lookups [DNS 查詢], 235
exercises [演練], 238
Lighthouse, 242-244

WebPageTest, 239-241

macro-level tests [宏觀測試], 157

metrics [指標], 237-238

micro-level tests [微觀測試], 157

network latency [網路延遲], 235

visual testing [視覺測試], 157, 163

    accessibility testing [可用性測試], 164

    cross-browser tests [跨瀏覽器測試], 162-163

    frontend performance testing [前端性能測試], 163

    functional end-to-end tests [功能性端到端測試], 161

    integration/component tests [整合／元件測試], 158-159

    snapshot tests [快照測試], 160-161

    unit tests [單元測試], 158

    visual tests [視覺測試], 161

full outer joins [全外連接], 135

functional automated testing [功能自動化測試]

    data testing and [資料測試], 131

    mobile testing strategy [行動測試策略], 307

functional end-to-end tests, visual testing and [功能端到端測試], 161

functional feedback, cross-browser testing [功能面回饋], 162

functional test automation [功能性測試自動化], 195

functional testing [功能性測試]

    automated functional testing [自動化功能測試], 8

    blockchain apps [區塊鏈應用], 348

    data testing and [資料測試], 120

functional testing stage, continuous testing [功能測試階段], 103

functionalities [功能]

    cross-functional aspects [跨功能面], 23-24

    discovery paths [探索路徑], 22, 24

    error handling [錯誤處理], 23

    failures [故障], 23

    functional user flow [功能面使用動線], 22-23

    UI（user interface）[用戶介面]

        look and feel [外觀與風格], 23

functionality [功能]

    CFR testing [跨功能需求測試], 280

    definition [定義], 12

Functionize [功能化], 88

functions, SQL [函式], 135

G

Gatling, 222

GDPR（General Data Protection Regulation）[一般資料保護規則], 292-293

geolocation, performance and [地理位置], 214

Gherkin statements [Gherkin 陳述句], 87

Git, 108

Git VCS system [Git 版控系統系統], 98

GitHub, 108

    authentication [認證], 110

    repositories [儲存庫], 108

Google Cardboard, 355

Gradle, 57

graphing, cause-effect [因果圖], 17

H

change fail percentage [變更失敗比例], 95

hardware, mobile devices [硬體], 299

hashing [雜湊計算], 179

honeycomb test shape [蜂窩狀測試模型], 55

HTC VIVE, 355

HTML, snapshot tests [HTML 快照測試], 160

human-like interaction [類人互動], 341

hybrid applications [混合型應用], 301

I

IaC（Infrastructure as Code）[基礎設施程式碼化], 289

IAST（Interactive Application Security Testing）[互動式應用安全測試], 196

ice cream cone antipattern [霜淇淋甜筒反模式], 90

image scanning [映像檔掃描], 195

implicit wait strategy [隱式等待策略], 62

influence, soft skills and [影響力], 339

information disclosure [資訊揭露], 183

Infrastructure as Code（IaC）[基礎設施程式碼化], 289

infrastructure testing [基礎設施測試], 282

infrastructure testing, CFR testing [基礎設施測試], 289

    compliance [合規], 291

    end-to-end testing [端到端測試], 290

    IaC（Infrastructure as Code）[基礎設施程式碼化], 289

    operability [操作性], 291

    security [安全], 291

    Terraform, 289

    TFLint, 290

infrastructure, performance and [基礎設施], 214

input tampering [輸入竄改], 183

integration tests [整合測試], 51

integration/component tests, visual testing [整合、元件測試], 158-159

IntelliJ, Maven project, 64

Interactive Application Security Testing（IAST）[互動式應用安全測試], 196

internationalization, usability testing and [國際化], 281

Internet of Things（IoT）（見 IoT（Internet of Things））[物聯網]

iOS accessibility testing [iOS 可用性測試], 309

IoT（Internet of Things）[物聯網], 350

    application layer [應用層], 353

    application testing [應用測試]

        hardware/software integration [軟硬整合], 353

        interoperability [互通性], 354

        network connectivity [網路連線], 353

        performance [性能], 354

        privacy [隱私], 354

        security [安全], 354

        usability [使用性], 354

    business layer [商業層], 353

    devices [裝置], 350

    middleware layer [中介層], 353

    network layer [網路層], 352

    perception layer [感知層], 352

IPMs（iteration planning meetings）[迭代規劃會議], 5, 332

J

Java-Appium framework [Java-Appium 框架], 316

Java-REST Assured Framework [Java-REST Assured 框架], 75-79

Java-Selenium WebDriver, 138

    Maven, 57-58

    Page Object Model [頁面物件模型], 62-64

    prerequisites [前置需求], 57

    Selenium WebDriver, 58

        components [元件], 60

    setup [設置], 64, 69

    TestNG, 58

JavaScript, backward-compatibility [JavaScript 向後相容性], 163

JavaScript-Cypress Framework [JavaScript-Cypress 框架], 69

    Cypress, 70-73

    prerequisites [前置需求], 70

    setup and workflow [設置與工作流程], 73-75

JDBC（Java Database Connectivity）[Java 資料庫連接], 137-139

Jenkins

    build triggers [建置觸發器], 115

    dashboard [儀表板], 112

    setup [設置], 111-112

    workflow [工作流程], 112-116

Jest, 160

Jira, 56

JMeter, 47, 222, 224

    Aggregate Report, 226

    CI integration [CI 整合], 231

    data-driven performance testing [資料驅動 性能測試], 230

    GUI, thread group [圖形用戶介面], 225

    listeners [監聽器], 226

    load testing [負載測試], 227

    performance test case design [性能測試案例 設計], 229

    setup [設置], 224

    soak tests [沉浸測試], 229

    View Results Tree view [View Result Tree 檢 視], 226

    workflow [工作流程], 225-229

joins [連接], 135

JUnit, 51, 79-84

    Spring Data JPA, 51

K

k6, 222

Kafka

    brokers [訊息代理器], 141

    installation, with Docker [安裝], 142

    messages [訊息], 140

    offset [位移], 141

    partitions [分區], 140

    retention [保留期], 141

    schemas [資料格式與結構], 141

    setup [設置], 142-143

    topics [主題], 140

    Zerocode and, 143

Karate, 87

keyboard navigation, accessibility [鍵盤瀏覽], 258

KPIs（key performance indicators）[關鍵性能 （績效）指標], 214-216

    target [目標], 222

    test cases [測試案例], 223

L

lead time [交期], 95

    continuous testing [持續測試], 117

left joins [左連接], 135

libraries, Selenium WebDriver [套件], 60

Lighthouse, 242-244

Lighthouse accessibility evaluation tool [可用性 評估工具 Lighthouse], 268-270

Lighthouse Node Module accessibility evaluation tool [可用性評估工具 Lighthouse Node 模組], 270-271

load patterns, performance testing and [負載模 式]

    peak-rest pattern [間歇模式], 218

    steady ramp-up pattern [穩步爬升模式], 217

    step ramp-up pattern [分段爬升模式], 217

load testing, Scala [負載測試], 231

load/volume tests [負載 / 容納量測試], 216

localization, usability testing and [本地化], 281

M

machine learning（ML）（見 ML（machine learning）)[機器學習]

macro test types [宏觀測試類型], 49

    contract tests [規約測試], 52

    end-to-end tests [端到端測試], 53

    integration tests [整合測試], 51

    service tests [服務測試], 52

    test pyramid and [測試金字塔], 53

    UI functional tests [UI 功能性測試], 52-53

    unit tests [單元測試], 50-51

macro-level testing [宏觀層測試], 333

    frontend testing strategy [前端測試策略], 157

manual exploratory testing [手動探索性測試], 7, 11, 196

    （見 exploratory testing）

    application and [應用], 25

        application architecture [應用架構], 27

business priorities [業務優先度], 26
configuration and [配置], 26
domain [領域], 26
infrastructure [基礎架構], 26
user personas [用戶角色], 26
data testing and [資料測試], 130
exercises [演練]
API testing [API 測試], 29-36
web UI testing [網頁 UI 測試], 36-41
in parts [分部], 27-28
mobile testing strategy [行動測試策略],
306-307
repeating, phases [階段性重複], 28-29
manual testing, accessibility testing [手動測試],
262
conformance certification testing [合規認證
測試], 263
feature testing [特性測試], 263
release testing [發佈測試], 263
user story testing [使用情境測試], 263
Maven, 57-58
mean time to restore [平均回復時間], 95
continuous testing and [持續測試], 117
mentoring, soft skills [指導], 339
Mercury Interactive, 47
Message Queuing Telemetry Transport
（MQTT）[訊息佇列遙測傳輸], 353
metrics, first principles of testing [指標], 335-
337
micro test types [微觀測試類型], 49
contract tests [規約測試], 52
end-to-end tests [端到端測試], 53
integration tests [整合測試], 51
service tests [服務測試], 52
test pyramid and [測試金字塔], 53
UI functional tests [UI 功能性測試], 52-53
unit tests [單元測試], 50-51
micro-level testing [微觀層測試], 333
frontend testing strategy [前端測試策略],
157

middleware layer, IoT（Internet of Things）[中
介層], 353
ML（machine learning）[機器學習], 342
application testing [應用測試]
integration validation [整合驗證], 345
model bias validation [模型偏見驗證],
344
model quality validation [模型品質驗
證], 344
training data validation [訓練資料驗證],
343-344
model training [模型訓練], 343
test set [測試組], 343
training set [訓練組], 343
mobile application architecture [行動應用架
構], 302-303
mobile landscape [行動領域], 297
applications [應用], 300
hybrid [混合], 301
mobile web [行動版網頁], 301
native [原生], 301
PWAs（progressive web apps）[漸進式網
頁應用], 302
devices [裝置]
device manufacturer [裝置製造商], 300
hardware [硬體], 299
operating system [作業系統], 299
pixel density [像素密度], 299
screen size [螢幕尺寸], 298
network [網路], 302
mobile networks [行動網路], 302
mobile test pyramid [行動測試金字塔], 328
mobile testing [行動測試], 9, 297
Accessibility Scanner, 327
Database Inspector, 323-324
exercises [演練]
Appium, 312-319
Appium visual testing plug-in [Appium 視
覺測試外掛], 319-322
mobile landscape [行動領域], 297
devices [裝置], 298-300

performance testing tools [性能測試工具]
  Appium performance API [Appium 性能
    API], 325-326
  MobSF, 326-327
  Monkey, 324
  network throttler [網路節流閥], 324
  Qark, 327
strategies [策略], 304-306
  accessibility testing [可用性測試], 309
  CFR testing [跨功能需求測試], 310-311
  data testing [資料測試], 307-308
  functional automated testing [功能自動
    化測試], 307
  manual exploratory testing [手動探索測
    試], 306-307
  performance testing [性能測試], 308
  security testing [安全測試], 308
  visual testing [視覺測試], 308
mobile web applications [行動版網頁應用],
  301
MobSF（Mobile Security Framework）, 308, 326-
  327
monkey testing [猴子測試], 25
Monkey testing tool [Monkey 測試工具], 324
MQTT（Message Queuing Telemetry
  Transport）[訊息佇列遙測傳輸], 353
multiple-user flows [多用戶動線], 23
mutation testing, code coverage and [變異測
  試], 91

N

native applications [原生應用], 301
near real-time [類即時], 129
nested queries in SQL [SQL 巢狀查詢], 135
NetArchTest, 287
network latency, performance testing [網路延
  遲], 213, 235
network layer, IoT（Internet of Things）[網路
  層], 352
network throttling, mobile testing [網路節流],
  324

networks, mobile [網路], 302
NFRs（non-functional requirements）[非功能
  需求], 9
  versus CFRs（cross-functional requirements）
    [與跨功能需求], 276
nightly regression stage, continuous testing [夜
  間回歸測試階段], 106
nodes, blockchain [節點], 347
non-functional requirements（NFRs）[非功能
  需求], 9
NUnit, 51

O

OAuth 2.0, 121
Oculus Go, 355
Oculus Quest, 355
operability, accessibility [操作性], 258
operating systems, mobile devices [作業系統],
  299
operators, SQL [運算子], 135
outcomes, soft skills [成果], 338
OWASP Dependency-Check, 197-198
OWASP ZAP（Zed Attack Proxy）
  CI integration [CI 整合], 204-206
  scanning [掃描], 203-204
  setup [設置], 198
  workflow [工作流程], 198-200
  ZAP spider [ZAP 爬蟲], 202

P

Pa11y CI Node Module [Pa11y CI Node 套件],
  272
Pact, 84-87
Page Object Model [頁面物件模型], 62-64
PageSpeed Insights, 245-246
pairwise testing [成對測試], 18-19
partitioning, equivalence class [等價劃分], 13
Payment Card Industry Data Security Standard
  （PCI DSS）[支付卡產業資料安全標
  準], 293

Payment Services Directive（PSD2）[支付服務指令], 294

PCI DSS（Payment Card Industry Data Security Standard（PCI DSS）[支付卡產業資料安全標準], 293

peak-rest load pattern [間歇負載模式], 218

penetration（pen）testing [滲透測試], 196

perceivability, accessibility [可感知], 257

perception layer, IoT（Internet of Things）[感知層], 352

performance [性能]
  architecture design and [架構設計], 213
  CFR testing [跨功能需求測試], 279, 282
  code complexity and [程式複雜性], 213
  databases and [資料庫], 213
  geolocation and [地理位置], 214
  infrastructure and [基礎設施], 214
  network latency and [網路延遲], 213
  tech stack and [技術堆疊], 213
  third-party components and [第三方元件], 214

performance testing [性能測試], 8, 211
  Apache Benchmark, 232
  backend performance testing [後端性能測試], 211-213
    performance goals [性能目標], 213
  blockchain apps [區塊鏈應用], 349
  Chrome DevTools, 246-247
  data testing and [資料測試], 131
  exercises [演練]
    data prep [準備資料], 223-224
    environment prep [環境準備], 223-224
    target KPIs [目標 KPI], 222
    test case scripting [測試案例腳本撰寫], 224-231
    test cases [測試案例], 223
    test cases, JMeter and [測試案例], 224-231
    tool prep [準備工具], 223-224
  frontend [前端], 233-235
    browser caching [瀏覽器快取], 236

CDNs（content delivery networks）[內容散佈網路], 235
code complexity [程式複雜性], 235
data transfers [資料傳輸], 236
DNS lookups [DNS 查詢], 235
network latency [網路延遲], 235

Gatling, 231

goals [目標], 213

IoT（Internet of Things）applications [IoT 應用], 354

KPIs（key performance indicators）[關鍵效能（績效）指標]
  load/volume tests [負載／容納量測試], 216
  soak tests [沉浸測試], 216
  stress tests [壓力測試], 216

length of time [時長], 222

load patterns [負載模式]
  peak-rest pattern [間歇模式], 218
  steady ramp-up pattern [穩步爬升模式], 217
  step ramp-up pattern [分段爬升模式], 217

mobile apps [行動應用]
  Appium performance API [Appium 性能 API], 325-326
  Monkey [猴子], 324
  network throttler [網路節流閥], 324

mobile testing strategy [行動測試策略], 308
  Android, 309

PageSpeed Insights, 245-246

RAIL model [RAIL 模型], 236

shift-left testing [左移測試]
  development phase [開發階段], 248
  in CI [在 CI], 249
  planning phase [規劃階段], 248
  release testing phase [發佈測試階段], 249
  user story testing phase [使用情境測試階段], 249

steps [步驟]

APM tools [APM 工具], 221

environment prep [準備環境], 220-221

scripting [製作腳本], 222

target KPIs [目標 KPI], 219

test cases [測試案例], 219

test data [測試資料], 221

tools [工具], 222

strategies [策略], 247-249

phishing attacks [釣魚攻擊], 180

pixel density, mobile devices [像素密度], 299

platforms as standards [標準平台], 341

POM（Project Object Model）[專案物件模型]
XML file [XML 檔案], 57

portability testing [可攜性測試], 148

Postman, 208-209

Postman API testing tool [Postman API 測試工具], 33-34

predicates, SQL [述詞], 135

prioritization, soft skills and [優先次序], 338

privacy [隱私]

data testing and [資料測試], 131

functionalities and [功能], 23

progressive web apps（PWAs）[漸進式網頁應用], 302

Project Object Model（POM）[專案物件模型], 57

（見 POM（Project Object Model））

PSD2（Payment Services Directive）[支付服務指令修正案], 294

Puppeteer, 164

PWAs（progressive web apps）[漸進式網頁應用], 302

Q

Qark, 327

queries, nested [查詢], 135

QuickTest, 47

R

RAIL model, frontend performance and [RAIL 模型]

animation [動畫], 236

idle [閒置], 237

load [載入], 237

response [回應], 236

random sampling [隨機抽樣], 20

ransomware [勒索病毒], 181

RASP（Runtime Application Self Protection）[即時應用自我防護], 196

rate limiting [速限], 26

react-test-renderer, 160

relational databases [關聯式資料庫], 122

release testing, accessibility [發佈測試], 263

reliability, CFR testing [可靠度], 279, 281, 282

repeat flows [重複動線], 22

replication [複寫], 124

report analysis tools [報表分析工具], 89

ReportPortal, 89

repudiation [行動否認], 183

requirements analysis, shift-left testing and [需求分析], 4, 5

Resemble.js, 164

RESTful APIs [RESTful API], 29

RESTful services [RESTful 服務], 49

right joins [右連接], 135

robustness, accessibility [穩固性], 259

Runtime Application Self Protection（RASP）[即時應用自我防護], 196

RXVP tool, automated testing [RXVP 工具], 47

S

SaaS（software-as-a-service）, Visual AI [軟體即服務], 173

Safari, cross-browser testing and, 162

sampling [抽樣], 19-20

criteria-specific [依條件], 20

random sampling [隨機抽樣], 20

SAST（Static Application Security Testing）[靜態應用安全測試], 194, 308

SCA（Software Composition Analysis）tools [軟體組成分析工具], 195

Scala script, load testing [Scala 腳本], 231

scalability, databases [擴展性], 124
SCCS（Source Code Control System）, 97
screen readers [螢幕閱讀器], 255-256
 TalkBack, 309
 VoiceOver, 309
screen resolution [螢幕解析度], 299
screen size, mobile devices [螢幕尺寸], 298
screenshots, failure screenshots [截圖], 68
security [安全]
 as habit [作為習慣], 209
 assets [資產], 179
 attacks [攻擊], 179
 blockchain and [區塊鏈], 345
 compromises [損害], 179
 cyberattacks [網路攻擊]
  brute force [暴力破解攻擊], 180
  cookie forging [cookie 偽造], 181
  cryptojacking [加密劫持], 181
  phishing [釣魚], 180
  ransomware [勒索軟體], 181
  social engineering [社交工程], 180
  web scraping [網頁爬蟲], 179
  XSS（cross-site scripting）[跨站腳本], 180
 data testing and [資料測試], 131
 encryption [加密], 179
 functionalities and [功能], 23
 hashing [雜湊], 179
 threats [威脅], 179
 vulnerabilities [漏洞], 179
security test cases [安全測試案例], 192-194
security testing [安全測試], 8, 177
 application vulnerabilities [應用漏洞]
  authentication [認證], 186
  code injection [程式碼注入], 184-185
  known vulnerabilities, unhandled [已知漏洞], 185
  misconfiguration [錯誤配置], 186
  secrets exposure [密文暴露], 186-187
  session management [連線管理], 186
  SQL injection [SQL 注入], 184-185

unencrypted data [未加密資料], 186
  XSS（cross-site scripting）[跨站腳本], 185
 blockchain apps [區塊鏈應用], 349
 exercises [演練]
  OWASP Dependency-Check, 197-198
  OWASP ZAP, 198-206
 IoT（Internet of Things）applications [IoT 應用], 354
 mobile apps [行動應用]
  Accessibility Scanner, 327
  MobSF, 326-327
  Qark, 327
 mobile testing strategy [行動測試策略], 308
 strategies [策略]
  DAST（Dynamic Application Security Testing）[動態應用安全測試], 195
  functional test automation [功能測試自動化], 195
  IAST（Interactive Application Security Testing）[互動式應用安全測試], 196
  image scanning [映像檔掃描], 195
  manual exploratory testing [手動探索測試], 196
  penetration（pen）testing [滲透測試], 196
  RASP（Runtime Application Self Protection）[即時應用自我防護], 196
  SAST（Static Application Security Testing）[靜態應用安全測試], 194
  SCA（Software Composition Analysis）tools [軟體組成分析], 195
 Synk IDE plug-in [Synk IDE 外掛], 207
 threat modeling [威脅模型], 182
  DDoS（distributed denial of service）[分散式服務阻斷], 184
  DoS（denial of service）[服務阻斷], 184
  escalation of privileges [特權提升], 184
  information disclosure [資訊揭露], 183
  input tampering [輸入竄改], 183

repudiation [行動否認], 183

spoofed identity [身份偽造], 182

Selenium, 47

Selenium Grid, 69

Selenium WebDriver, 58

Actions class [Actions 類別], 61

APIs [API], 60-61

components [元件], 60

explicit wait strategy [顯式等待策略], 62

fluent wait strategy [fluent 等待策略], 62

implicit wait strategy [隱式等待策略], 62

relative locators [相對定位器], 61

SEO（search engine optimization）,performance testing [搜尋引擎優化], 211

service tests [服務測試], 52

Java-REST Assured Framework [Java-REST Assured 框架], 75-79

session management [連線管理], 186

shift-left testing [左移測試], 4

Agile development and [敏捷開發], 4

analysis phase [分析階段], 5

automated testing and [自動化測試], 4

CI/CD and, 4

performance testing [性能測試]

development phase [開發階段], 248

in CI [在 CI], 249

planning phase [規劃階段], 248

release testing phase [發佈測試階段], 249

user story testing phase [使用情境測試階段], 249

story kickoff [情境啟動會議], 5

three amigos process [三友流程], 5

simulators [模擬器], 306

smoke testing, continuous testing [煙霧測試], 105

Snapdeal, 2

snapshot tests, visual testing and [快照測試], 160-161

Snyk JetBrains IDE plugin [Snyk JetBrains IDE 外掛], 195

soak tests [沉浸測試], 216

JMeter, 229

social engineering [社交工程], 180

soft skills [軟技能], 337-339

Software Composition Analysis（SCA）（見 SCA（Software Composition Analysis） tools）[軟體組成分析]

Sony Playstation VR, 355

Source Code Control System（SCCS）, 97

spoofing [身份偽造], 191

Spring Batch, 126

Spring Data JPA, 51

SQL（Structured Query Language）[結構化查詢語言], 122, 132, 133-135

creating tables [建立資料表], 132-133

deletes [刪除], 137

expressions [表達式], 135

functions [函式], 135

joins [連接], 135

null values [空值], 137

operators [運算子], 135

populating tables [插入資料表], 133

predicates [述詞], 135

prerequisites [前置需求], 132

queries [查詢], 135

nested queries [巢狀查詢], 135

reads [讀取], 133

sorting [排序], 135

updates [更新], 137

SQL injection [SQL 注入], 184-185

stakeholders, soft skills and [關係人], 339

state transition [狀態轉移], 15-16

Static Application Security Testing（SAST）tools [靜態應用安全測試工具], 194

steady-ramp up load pattern [穩步爬升負載模式], 217

step-ramp up load pattern [分段爬升負載模式], 217

story kickoff [情境啟動會議], 5

Storybook, 174

streams [串流], 128

stress tests [壓力測試], 216

STRIDE model, threats and [STRIDE 模型], 182

stubs, Contract tests, 52

supportability, CFR testing [支援性], 279

    architecture tests [架構測試], 282

    static code analyzer [靜態程式碼分析], 283

Synk IDE plug-in [Synk IDE 外掛], 207

T

Talisman, 195, 207-208

TalkBack, 309

tech stack, performance and [技術堆疊（技術棧）], 213

technologies [科技]

    augmented intelligence [擴增智慧], 341

    connected things [萬物相連], 342

    human-like interaction [類人互動], 341

    platforms as standards [標準平台], 341

Terraform, 289

test authoring tools [測試撰寫工具], 88

test case [測試案例], 12

test environment hygiene [測試環境健康], 41

    autonomous teams [團隊自主權], 43

    data hygiene [健康的測試資料], 42

    deployment and [部署], 42

    shared versus dedicated [共享或專屬的], 42

    third-party services [第三方服務], 43

test governance tools [測試治理工具], 89

test maintenance tools [測試管理工具], 88

test pyramid [測試金字塔], 53

    service-oriented web application [服務導向的網頁應用], 55

test report analysis tools [測試報告分析工具], 89

test runners [測試執行器], 58

test trophy test shape [測試獎盃型], 55

Test.ai, 88

Testcontainers, 147-148

TestCraft, 88

Testim, 88

testing [測試], 2

    ADRs（architecture decision records）[架構決策紀錄], 333

    blockchain-specific [區塊鏈專門的], 349-350

    cloud-hosted platforms [雲平台], 37

    first principles [第一性原則]

        collaboration [合作], 337

        communication [溝通], 337

        continuous feedback [持續回饋], 335

        defects prevention over detection [缺陷預防勝於缺陷檢測], 332-333

        empathetic testing [同感測試], 333

        fast feedback [快速回饋], 334

        macro-level testing [宏觀測試], 333

        metrics [指標], 335-337

        micro-level testing [微觀測試], 333

    IPMs（iteration planning meetings）[迭代規劃會議], 332

    portability testing [可攜性測試], 148

    shift-left testing [左移測試], 4

    shift-left testing and [左移測試], 4

    three amigos process [三友流程], 332

    user story kickoff [使用情境啟動會議], 332

testing skills [測試技能], 7

    accessibility testing [可用性測試], 8

    automated functional testing [自動化功能測試], 8

    continuous testing [持續測試], 8

    cross-functional requirements testing [跨功能需求測試], 9

    data testing [資料測試], 8

    manual exploratory testing [手動探索測試], 7

    mobile testing [行動測試], 9

    performance testing [性能測試], 8

    security testing [安全測試], 8

    visual testing [視覺測試], 8

TestNG, 51, 58, 69

TestRail, 56

TFLint, 290

third-party components, performance and [第三方元件], 214
threat modeling [威脅模型], 182, 187
  assets [資產], 188
  black hat thinking [黑帽思維], 188
  DDoS（distributed denial of service）[分散式服務阻斷], 184
  DoS（denial of service）[服務阻斷], 184
  escalation of privileges [特權提升], 184, 191
  exercise [演練], 188-192
  features, defining [特性], 188
  information disclosure [資訊揭露], 183, 191
  input tampering [輸入竄改], 183, 191
  prioritization [優先排序], 188
  repudiation [行動否認], 183, 191
  spoofed identity [身份偽造], 182, 191
  steps [步驟], 188
  STRIDE model [STRIDE 模型], 182
  test cases [測試案例], 192-194
threats, security [威脅], 179
three amigos process [三友流程], 5, 332
transcripts, accessibility [文稿], 257

U

UAAG（User Agent Accessibility Guidelines）[用戶代理無障礙指南], 255
UAT environment [用戶驗收環境], 100
UI（user interface）[用戶介面]
  ecommerce UI [電商 UI], 49
  look and feel [外觀與風格], 23
UI functional tests [前端 UI 功能測試], 52-53
  Java-Selenium WebDriver
    Maven, 57-58
    Page Object Model [頁面物件模型], 62-64
    prerequisites [前置需求], 57
    Selenium WebDriver, 58-62
    setup [設置], 64-69
    TestNG, 58
  JavaScript-Cypress, 69
    Cypress, 70-73

    prerequisites [前置需求], 70
    setup and workflow [設置與工作流程], 73-75
UI layer [UI 層], 121
  auth service [認證服務], 121
UI-driven automated testing [UI 驅動自動化測試], 153
UiAutomator, 312
UN CRPD（United Nations Convention on the Rights of Persons with Disabilities）[聯合國身心障礙者權利公約], 252
understandability, accessibility [理解性], 258
unencrypted data, application vulnerabilities and [為加密資料], 186
unit tests [單元測試], 50-51
  JUnit, 79-84
  visual testing [視覺測試], 158
United Nations Convention on the Rights of Persons with Disabilities（UN CRPD）[聯合國身心障礙者權利公約], 252
Unity, 356
usability testing [使用性測試]
  CFR testing [跨功能需求測試], 279
    internationalization [國際化], 281
    localization [本地化], 281
    user experience [用戶體驗], 281
  IoT（Internet of Things）applications [IoT 應用], 354
  UX（user experience）and [用戶體驗], 153
User Agent Accessibility Guidelines（UAAG）[用戶代理無障礙指南], 255
user flow [使用動線], 12
user personas, accessibility [用戶角色], 253-254
user personas, manual exploratory testing and [用戶角色], 26
user story kickoff [使用情境啟動會議], 332
UX（user experience）[用戶體驗], 5
  CFR testing [跨功能需求測試], 281
  usability testing and [使用性測試], 153

V

VCS（version control system）[版控系統], 96
  benefits [益處], 97
  Git, 98
version control system（VCS）（見 VCS
    （version control system））[版控系統]
virtual reality（VR）（見 VR（virtual reality））
    [虛擬實境]
Visual AI, 173
visual testing [視覺測試], 8, 153
  Applitools Eyes, 173, 174
  challenges [挑戰], 174
  change blindness [變化盲視], 153
  component level [元件層級], 156
  exercises [演練]
    BackstopJS, 164-169
    Cypress, 169-172
  frontend testing strategy [前端測試策略],
    157
    accessibility testing [可用性測試], 164
    cross-browser testing [跨瀏覽器測試],
      162-163
    frontend performance testing [前端性能
      測試], 163
    functional end-to-end tests [功能面端到
      端測試], 161
    integration/component tests [整合、元件
      測試], 158-159
    snapshot tests [快照測試], 160-161
    unit tests [單元測試], 158
    visual tests [視覺測試], 161
  mobile testing strategy [行動測試策略], 308
  project/business-critical use cases [專案與商
    業應用中的情境關鍵], 155-157
  Storybook, 174
  tool selection tips [工具挑選建議], 174
  versus snapshot testing [快照測試], 161
VoiceOver screen reader [VoiceOver 螢幕閱讀
    器], 309
VR（virtual reality）[虛擬實境], 355
  application testing [應用測試], 355-356
    Google Cardboard, 355
    HMD（head-mounted display）[頭戴顯示
      器], 355
    HTC VIVE, 355
    Oculus Go, 355
    Oculus Quest, 355
    Sony PlayStation VR, 355
vulnerabilities, security [漏洞], 179
  unhandled [未處理的], 185

W

W3C（World Wide Web Consortium）[全球資
    訊網協會], 252
WAI（Web Accessibility Initiative）[網絡無障
    礙倡議], 251
WAI-ARIA（WAI's Accessible Rich Internet
    Applications）[WAI- 高可用的多樣化網
    路應用], 259
WAVE accessibility evaluation tool [WAVE 可用
    性評估工具], 264-268
WCAG（Web Content Accessibility Guidelines）
    [Web 內容無障礙指南], 255
  guiding principles [指導原則], 256
  Level A [A 級], 256
    requirements [要求], 257-260
  Level AA [AA 級], 257
  Level AAA [AAA 級], 257
Web Accessibility Initiative（WAI）[網絡無障
    礙倡議], 251
Web Content Accessibility Guidelines（WCAG）
    （見 WCAG（Web Content Accessibility
    Guidelines））[Web 內容無障礙指南]
web scraping [網頁爬蟲], 179
web services [服務], 30
web UI testing [前端 UI 測試]
  browsers [瀏覽器], 36-37
  Bug Magnet, 37-38
  Chrome DevTools, 38-41
WebPageTest, 239-241
WireMock API testing tool [WireMock API 測
    試工具], 34-36

X

XCode Accessibility Inspector, 309

XCUITest, 312

XP（Extreme Programming）［極限編程］, 6

XSS（cross-site scripting）［跨站腳本］, 180, 185

Z

Zerocode, 139

    test creation［測試建立］, 143-147

關於作者

Gayathri Mohan 是充滿熱情的技術主管，她有橫跨多個產業的專業經驗，也經歷過多個不同的角色，Gayathri 在 Thoughtworks 成功的為客戶管理大型的 QA 團隊，這些成就足以表達她的膽識，現在，她是 Thoughtworks 的首席顧問，過往在任職於該公司的全球 QA SME 期間，她為 Thoughtworks 的 QA 制定了職務發展和所需的技能和架構，而在擔任技術主管時，Gayathri 致力於培養在地的技術社群、組織活動，並養成了橫跨多種技術的思想領導力。

Gayathri 也是《Perspectives of Agile Software Testing》（*https://oreil.ly/PoAST*）的共同作者，這是 Thoughtworks 在 Selenium 十週年之際推出的電子書。

出版記事

本書的封面動物為低地紋蝟（*Hemicentetes semispinosus*），這種小型食蟲哺乳動物是在馬達加斯加島上發現的許多馬島蝟之一，低地紋蝟通常出現在灌木叢、熱帶低地雨林、農田，甚至是島東側的一些鄉村花園中。

低地紋蝟很容易透過牠們長而尖的黑色鼻子、沒有尾巴的微小身形、帶有黑色與黃色條紋刺毛等特徵來識別，牠們的脖子後面有覆蓋一層黃色的刺冠，牠們的刺毛是可脫離的，可以用作防禦機制，低地紋蝟還使用刺進行交流，方法是將它們摩擦在一起，產生高音調的聲音，完全生長的低地紋蝟長約 5 到 7 英寸，重 4 到 10 盎司。

低地紋蝟是群居動物，最多 20 隻一組，牠們挖掘相互連接的洞穴，單獨或成群結隊地築巢和覓食蚯蚓和昆蟲，在冬天，牠們會進入蟄伏狀態，這是一種體溫降低和新陳代謝下降的狀態。雌性的低地紋蝟只有一年的可育期，並且在出生後第 25 天就進入繁殖活躍期，這使它們成為唯一可以在與自身出生同一季節進行繁殖的馬島蝟物種。由於分佈廣泛、物種豐富度高，以及對人口眾多的地區具有高度耐受性，低地紋蝟被 IUCN（International Union for Conservation of Nature and Natural Resources，國際自然保護聯盟）列為無危物種，然而許多其他 O'Reilly 封面上的動物都瀕臨滅絕，我們認為這個世界的所有的物種都一樣重要。

封面插圖由 Karen Montgomery 基於《English Cyclopedia》的黑白板畫繪製。

全棧測試｜交付高品質軟體的實務指南

作　　者：Gayathri Mohan
譯　　者：洪國梁
企劃編輯：蔡彤孟
文字編輯：江雅鈴
設計裝幀：陶相騰
發 行 人：廖文良

發 行 所：碁峰資訊股份有限公司
地　　址：台北市南港區三重路 66 號 7 樓之 6
電　　話：(02)2788-2408
傳　　真：(02)8192-4433
網　　站：www.gotop.com.tw
書　　號：A717
版　　次：2023 年 07 月初版
建議售價：NT$680

國家圖書館出版品預行編目資料

全棧測試：交付高品質軟體的實務指南 / Gayathri Mohan 原著；
洪國梁譯. -- 初版. -- 臺北市：碁峰資訊, 2023.07
面； 公分
譯自：Full stack testing : a practical guide for delivering high quality software
ISBN 978-626-324-546-4(平裝)
1.CST：軟體研發
312.23   112010050

讀者服務

- 感謝您購買碁峰圖書，如果您對本書的內容或表達上有不清楚的地方或其他建議，請至碁峰網站：「聯絡我們」\「圖書問題」留下您所購買之書籍及問題。(請註明購買書籍之書號及書名，以及問題頁數，以便能儘快為您處理)

http://www.gotop.com.tw

- 售後服務僅限書籍本身內容，若是軟、硬體問題，請您直接與軟體廠商聯絡。

- 若於購買書籍後發現有破損、缺頁、裝訂錯誤之問題，請直接將書寄回更換，並註明您的姓名、連絡電話及地址，將有專人與您連絡補寄商品。